林妙山　郭志忠　主　编　　张喜瑞　陈启优　副主编

计算机上网与组网应用技术

JISUANJI SHANGWANG YU ZUWANG YINGYONG JISHU

化学工业出版社
·北京·

本书以家用计算机为例，全面、系统地介绍了有关计算机上网和计算机组网实用技术。在内容安排上既强调了对一些基本概念的理解，又突出了计算机上网和计算机组网技术在实际生活中的应用；在编写过程中，力求结构清晰完整，内容丰富实用，讲解深入浅出。图文并茂，贴近实际生活。本书的主要内容包括互联网概述、网页浏览、搜索引擎、网上常用工具、网络娱乐休闲、防上网沉迷、网络安全防范、组网常用设备、组建简单网络、简单网络应用实务、网络常见故障排除和计算机常见故障排除等。

本书适用面广，可供计算机初级用户学习参考，也可供计算机培训教学使用，还可作为大、中专院校的计算机相关课程的教材。

图书在版编目（CIP）数据

计算机上网与组网应用技术 / 林妙山，郭志忠主编. —2 版.
北京：化学工业出版社，2015.12
ISBN 978-7-122-25632-4

Ⅰ. ①计… Ⅱ. ①林… ②郭… Ⅲ. ①计算机网络
Ⅳ. ①TP393

中国版本图书馆 CIP 数据核字（2015）第 264790 号

责任编辑：韩庆利　　装帧设计：刘丽华
责任校对：王素芹

出版发行：化学工业出版社（北京市东城区青年湖南街 13 号　邮政编码 100011）
印　　装：三河市延风印装有限公司
787mm×1092mm　1/16　印张 15¾　字数 419 千字　2016 年 2 月北京第 2 版第 1 次印刷

购书咨询：010-64518888（传真：010-64519686）　售后服务：010-64518899
网　　址：http: // www. cip. com. cn
凡购买本书，如有缺损质量问题，本社销售中心负责调换。

定　　价：**39.80 元**

前言

随着网络的快速发展及计算机的普及，现在家庭或个人拥有计算机和使用网络的越来越多，网络不仅仅是人们获取信息的重要渠道，还是人们生活与娱乐的重要平台，信息时代已经走进了普通老百姓的生活。

本书是针对计算机初级使用者编写，以家庭计算机为例，主要介绍了使用网络和局域网络应用实务及网络常见故障排除两个部分，在网络使用部分，介绍了网络的基本应用浏览网页、如何使用搜索引擎快速查找资料、网上常用工具和网上娱乐休闲、网络安全与防范等内容，而组网部分主要是介绍网络基本知识，家庭组网常用设备、家庭组网方式和简单应用、网络常见故障与排除等内容，在书的附录部分还附有计算机常见故障与排除，帮助用户动手维护维修计算机。书中内容大都是图文并茂，通俗易懂，并列举了很多例子，帮助初学者快速入门。

本书由林妙山、郭志忠担任主编，张喜瑞、陈启优担任副主编，陈文贤、王玉群、钟海建、王文、李柏林等参编。在编写过程中，编者根据多年来在计算机教学、科研和应用的经验，结合当前个人计算机发展的实际，编写了本书。

本书在编写过程中得到海南大学网教中心王世恭高级工程师和海南大学机电学院专家教授的大力支持，在此向所有对本书编写有帮助的各位同仁和参考文献的作者致以诚挚的感谢。

由于编者受水平和经验所限，加之时间紧迫，书中难免出现疏漏与欠妥之处，恳请广大读者和同仁们提出宝贵意见，进一步完善本书，在此将一并表示感谢。

本书受海南大学 2015 年度自编教材资助，项目 Hdzbjc1504。

编者

目录

第一章 互联网概述

人类文明的发展，经历了一个艰苦而漫长的过程。在沟通、交流方面，从语言的产生，从远古时候依靠在岩洞石壁上的刻画来记录文明、传播知识，到在竹简上刻字，再到用布片等柔软材料作为记录信息的载体，直到造纸术、印刷术的出现，终于可以大量而且方便地记录、交流信息了，当电话、电报、电视等现代电子通讯工具出现后，信息的传播与交流变得更加方便、快捷。而计算机网络的出现，则更超越了以往任何一种信息传播工具，它使得人类进入了一个全新的时代——信息时代。

现今社会，是一个信息化的社会，而信息传递，是依赖于网络的。Internet，是目前最大的信息网络。

第一节　因特网发展历史

Internet，又叫因特网，翻译为国际互联网。Internet 起源于美国。它的由来，可以追溯到 1962 年。当时，美国国防部为了保证美国本土防卫力量和海外防御武装在受到前苏联第一次核打击以后仍然具有一定的生存和反击能力，认为有必要设计出一种分散的指挥系统：它由一个个分散的指挥点组成，当部分指挥点被摧毁后，其他点仍能正常工作，并且这些点之间，能够绕过那些已被摧毁的指挥点而继续保持联系。为了对这一构思进行验证，1969 年，美国国防部国防高级研究计划署（DoD/DARPA）资助建立了一个名为 ARPANET（即“阿帕网”）的网络，这个网络把位于洛杉矶的加利福尼亚大学分校（UCLA）、位于圣芭芭拉的加利福尼亚大学（UCSB）、斯坦福大学，以及位于盐湖城的犹他州州立大学的计算机主机连接起来，位于各个结点的大型计算机采用分组交换技术，通过专门的通信交换机（IMP）和专门的通信线路相互连接。这个阿帕网就是 Internet 最早的雏形（图 1-1）。

图 1-1　ARPANET 最早的 4 个节点

1972 年，全世界电脑业和通信业的专家学者在美国华盛顿举行了第一届国际计算机通信会议，就在不同的计算机网络之间进行通信达成协议，会议决定成立 Internet 工作组，负责建立一种能保证计算机之间进行通信的标准规范（即“通信协议”）；1973 年，美国国防部也开始研究如何实现各种不同网络之间的互联问题。

至 1974 年，IP（Internet 协议）和 TCP（传输控制协议）问世，合称 TCP/IP 协议。这两个协议定义了一种在电脑网络间传送报文（文件或命令）的方法。随后，美国国防部决定向全世界无条件地免费提供 TCP/IP，即向全世界公布解决电脑网络之间通信的核心技术，TCP/IP 协议核心技术的公开最终导致了 Internet 的大发展。

到 1980 年，世界上既有使用 TCP/IP 协议的美国军方的 ARPA 网，也有很多使用其他通信协议的各种网络。为了将这些网络连接起来，美国人温顿·瑟夫（Vinton Cerf）提出一个想法：在每个网络内部各自使用自己的通信协议，在和其他网络通信时使用 TCP/IP 协议。这个设想最终导致了 Internet 的诞生，并确立了 TCP/IP 协议在网络互联方面不可动摇的地位。

Internet 的第一次快速发展源于美国国家科学基金会（National Science Foundation，简称 NSF）的介入，即建立 NSFNET。

20 世纪 80 年代初，美国一大批科学家呼吁实现全美的计算机和网络资源共享，以改进教育和科研领域的基础设施建设，抵御欧洲和日本先进教育和科技进步的挑战和竞争。

20 世纪 80 年代中期，美国国家科学基金会（NSF）为鼓励大学和研究机构共享他们非常昂贵的四台计算机主机，希望各大学、研究所的计算机与这四台巨型计算机连接起来。最初 NSF 曾试图使用 DARPANET 作 NSFNET 的通信干线，但由于 DARPANET 的军用性质，并且受控于政府机构，这个决策没有成功。于是他们决定自己出资，利用 ARPANET 发展出来的 TCP/IP 通信协议，建立名为 NSFNET 的广域网。

1986 年 NSF 投资在美国普林斯顿大学、匹兹堡大学、加州大学圣地亚哥分校、依利诺斯大学和康纳尔大学建立五个超级计算中心，并通过 56Kbps 的通信线路连接形成 NSFNET 的雏形。1987 年 NSF 公开招标对于 NSFNET 的升级、营运和管理，结果 IBM、MCI 和由多家大学组成的非盈利性机构 Merit 获得 NSF 的合同。1989 年 7 月，NSFNET 的通信线路速度升级到 T1（1.5Mbps），并且连接 13 个骨干结点，采用 MCI 提供的通信线路和 IBM 提供的路由设备，Merit 则负责 NSFNET 的营运和管理。由于 NSF 的鼓励和资助，很多大学、政府资助甚至私营的研究机构纷纷把自己的局域网并入 NSFNET 中，从 1986 年至 1991 年，NSFNET 的子网从 100 个迅速增加到 3000 多个。NSFNET 的正式营运以及实现与其他已有和新建网络的连接开始真正成为 Internet 的基础。

Internet 在 20 世纪 80 年代的扩张不但带来量的改变，同时亦带来某些质的变化。由于多种学术团体、企业研究机构，甚至个人用户的进入，Internet 的使用者不再限于纯计算机专业人员。新的使用者发觉计算机相互间的通信对他们来讲更有吸引力。于是，他们逐步把 Internet 当作一种交流与通信的工具，而不仅仅只是共享 NSF 巨型计算机的运算能力。

进入 20 世纪 90 年代初期，Internet 事实上已成为一个“网际网”：各个子网分别负责自己的架设和运作费用，而这些子网又通过 NSFNET 互联起来。NSFNET 连接全美上千万台计算机，拥有几千万用户，是 Internet 最主要的成员网。随着计算机网络在全球的拓展和扩散，美洲以外的网络也逐渐接入 NSFNET 主干或其子网。NSFNET 在 1986 年 7 月至 1988 年 7 月间的骨干网络节点如图 1-2 所示。

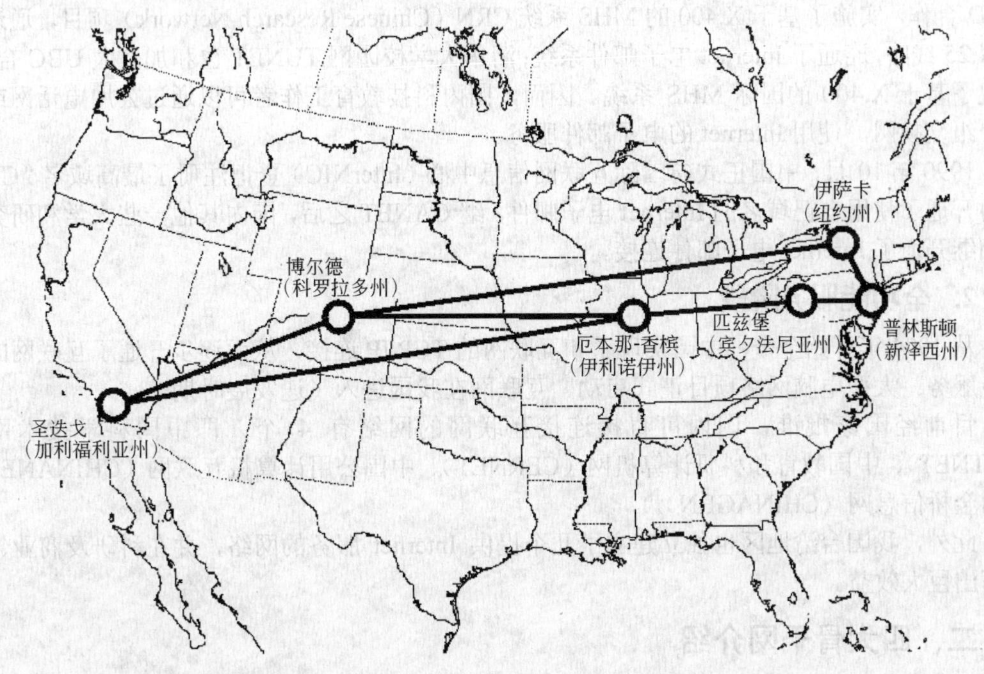

图 1-2　NSFNET 在 1986 年 7 月至 1988 年 7 月间的骨干网络节点

第二节　中国互联网

Internet 的迅速崛起，引起了全世界的瞩目，我国也非常重视信息基础设施的建设，注重与 Internet 的连接。目前，已经建成和正在建设的信息网络，对我国科技、经济、社会的发展以及与国际社会的信息交流产生着深远的影响。

一、中国互联网的发展阶段

中国的互联网，经历了这样两个发展阶段：电子邮件交换阶段、全功能服务阶段。

1. 电子邮件交换阶段

1987 年至 1993 年 Internet 在中国的起步阶段，国内的科技工作者开始接触 Internet 资源。在此期间，以中科院高能物理所为首的一批科研院所与国外机构合作开展一些与 Internet 联网的科研课题，通过拨号方式使用 Internet 的 E-mail 电子邮件系统，并为国内一些重点院校和科研机构提供国际 Internet 电子邮件服务。

1986 年，由北京计算机应用技术研究所（即当时的国家机械委计算机应用技术研究所）和德国卡尔斯鲁厄大学合作，启动了名为 CANET（Chinese Academic Network）的国际互联网项目。

1987 年 9 月，在北京计算机应用技术研究所内正式建成我国第一个 Internet 电子邮件节点，通过拨号 X.25 线路，连通了 Internet 的电子邮件系统。随后，在国家科委的支持下，CANET 开始向我国的科研、学术、教育界提供 Internet 电子邮件服务。

1989 年，中国科学院高能物理所通过其国际合作伙伴——美国斯坦福加速器中心主机的转换，实现了国际电子邮件的转发。由于有了专线，通信能力大大提高，费用降低，促进了互联网在国内的应用和传播。

1990 年，由原电子部十五所、中国科学院、上海复旦大学、上海交通大学等单位和德国

GMD 合作，实施了基于 X.400 的 MHS 系统 CRN（Chinese Research Network）项目，通过拨号 X.25 线路，连通了 Internet 电子邮件系统；清华大学校园网 TUNET 也和加拿大 UBC 合作，实现了基于 X.400 的国际 MHS 系统。因而，国内科技教育工作者可以通过公用电话网或公用分组交换网，使用 Internet 的电子邮件服务。

1990 年 10 月，中国正式向国际互联网信息中心（InterNIC）登记注册了最高域名“CN”，从而开通了使用自己域名的 Internet 电子邮件。继 CANET 之后，国内其他一些大学和研究所也相继开通了 Internet 电子邮件连接。

2. 全功能服务阶段

从 1994 年开始至今，中国实现了和互联网的 TCP/IP 连接，从而逐步开通了互联网的全功能服务；大型电脑网络项目正式启动，互联网在我国进入飞速发展时期。

目前经国家批准，国内可直接连接互联网的网络有 4 个，即中国科学技术网络（CSTNET）、中国教育和科研计算机网（CERNET）、中国公用计算机互联网（CHINANET）、中国金桥信息网（CHINAGBN）。

此外，我国台湾地区也独立建立了几个提供 Internet 服务的网络，并在科研及商业领域发挥出巨大效益。

二、四大骨干网介绍

1. 中国科学技术网络（CSTNET）

中国科学院系统的 CSTNET 目前有两个网络国际出口，一个主要为高能物理所所内科研服务，不对外经营；另一个是 1994 年 5 月与 Internet 连接的中国国家计算机与网络设施 NCFC（The National Computing and Networking Facility of China）。NCFC 经历了几个不同的工程发展阶段，即：NCFC、CASNET 和 CSTNET。

始建于 1990 年的中国国家计算机与网络设施（NCFC） 是由世界银行贷款的“重点学科发展项目”中的一个高技术信息基础设施项目，由国家计委、国家科委、中国科学院、国家自然科学基金会、国家教委配套投资和支持建设。该项目由中国科学院主持，联合北京大学、清华大学共同实施。1991 年 6 月，中国科学院高能物理所取得 Decnet 协议，直接连入了美国斯坦福大学的斯坦福线性加速器中心；1994 年 4 月正式开通与 Internet 的专线连接；1994 年 5 月 21 日完成我国最高域名 CN 主服务器的设置，实现与 Internet 的 TCP/IP 连接，从而可向 NCFC 的各成员组织提供 Internet 的全功能服务。

CASNET 是中国科学院的全国性网络建设工程，分为两大部分：一部分为分院区域网络工程，另一部分为广域网工程。随着 NCFC 的成功建设，中国科学院系统全国联网计划——“百所联网”项目于 1994 年 5 月开始进行，并于 1995 年 12 月基本完成。该项目实现了国内各学术机构的计算机网络互联，并接通 Internet。

CSTNET 是以中国科学院的 NCFC 及 CASNET 为基础，连接了中科院以外的一批中国科技单位而构成的网络。目前接入 CSTNET 的单位有农业 、林业、医学、电力、地震、气象、铁道、电子、航空航天、环境保护等近 20 个科研单位及国家科学基金委、国家专利局等科技管理部门。

2. 中国教育和科研计算机网（CERNET）

中国教育科研计算机网络 CERNET（China Education and Research Network）于 1994 年启动，由国家计委投资、国家教委主持建设。CERNET 的目标是建设一个全国性的教育科研基础设施，利用先进实用的计算机技术和网络通信技术，把全国大部分高等院校和有条件的中学连接起来，改善教育环境，提供资源共享，推动我国教育和科研事业的发展。该项目由清华大学、北京大学等 10 所高等学校承担建设，网络总控中心设在清华大学。

CERNET 包括全国主干网、地区网和校园网三级层次结构。CERNET 网管中心负责主干网的规划、实施、管理和运行。地区网络中心分别设在北京、上海、南京、西安、广州、武汉、成都等高等学校集中地区，这些地区网络中心作为主干网的节点负责为该地区的校园网提供接入服务。整个工作分两期进行。首期工程（1994～1995 年）着重于各级网络中心的建设、主干网的建设和国际通道的建立，CERNET 计划建立三条国际专线和 Internet 相连，1995 年底已开通了连接美国的 128Kbps 国际专线和全国主干网（共 11 条 64Kbps DDN 的专线），第二期工程（1996～2000 年），全国大部分高等院校入网，而且将有数千所中学、小学加入到 CERNET 中。同时，将提高主干网的传输速率，并采用各种最新技术为全国教育科研部门提供更丰富的网络资源和信息服务。

3. 中国公用计算机互联网（CHINANET）

原邮电部系统的中国公用计算机互联网（CHINANET）于 1994 年开始建设，首先在北京和上海建立国际节点，完成与国际互联网和国内公用数据网的互联。它是目前国内覆盖面最广，向社会公众开放，并提供互联网接入和信息服务的互联网。

1994 年 8 月，原邮电部与美国 Sprint 公司签订协议，通过 Sprint 出口接通 Internet。1995 年 2 月，CHINANET 开通了北京、上海两个出口，3 月北京节点向社会推出免费试用，6 月正式对外服务。

CHINANET 也是一个分层体系结构，由核心层、区域层、接入层三个层次组成，以北京网管中心为核心，按全国自然地理区域分为北京、上海、华北、东北、西北等 8 个大区，构成 8 个核心层节点，围绕 8 个核心节点形成 8 个区域，共 31 个节点，覆盖全国各省、市、自治区，形成我国 Internet 的骨干网；以各省会城市为核心，连接各省主要城市形成地区网，各地区网有各自的网管中心，分别管理由地区接入的用户。各地区用户由地区网接入，穿过骨干网通达 CHINANET 全国网。

4. 中国金桥信息网（CHINAGBN）

原电子工业部系统的中国金桥信息网（CHINAGBN）从 1994 年开始建设，1996 年 9 月正式开通。它同样是覆盖全国，实行国际联网，并为用户提供专用信道、网络服务和信息服务的基干网，网管中心设在原电子部信息中心。目前 CHINAGBN 已在全国 24 个省市发展了数千本地和远程仿真终端，并与科学院国家信息中心等各部委实行了互联，开始了全面的信息服务。

由于上述 4 大网络体系所属部委在国民经济中所扮演的角色不同，其各自建立和使用 Internet 的目的和用途也有所差别。CSTNET 和 CERNET 是为科研、教育服务的非营利性质 Internet；原邮电部的 CHINANET 和原电子部的 CHINAGBN 是为社会提供 Internet 服务的经营性 Internet。

三、中国 Internet 的现状

目前，中国 Internet 用户主要由科研领域、商业领域、国防领域、教育领域、政府机构、个人用户等组成。

中国目前是世界上互联网发展最快的国家，1987 年 9 月 14 日，北京计算机应用技术研究所发出了中国第一封电子邮件：“Across the Great Wall we can reach every corner in the world. ”（越过长城，走向世界），揭开了中国使用互联网的序幕。1994 年 4 月 20 日，北京中关村教育网开通国际专线，实现了与国际互联网的全功能连接，从此中国成为接入国际互

联网的第 77 个国家，当年全国网民数量不超过 60 万人。

2014 年 4 月，中国互联网迎来全功能接入全球互联网 20 周年。根据中国互联网信息中心的统计数据显示，目前，中国已建成全球最大的 4G 网络；拥有全球最大的用户规模，移动互联网用户总数达到 8.7 亿；在全球十大互联网企业中，中国占有 4 席；2014 年，电子商务步入到一个新的发展阶段，交易额突破 12 万亿元。中国互联网发展站在新的起点上，成为世界互联网格局中的重要一极。2014 年 5 月，工业和信息化部等 14 部委联合出台《关于实施“宽带中国”2014 专项行动的意见》，“宽带中国”战略加速实施落实。39 个城市(城市群)列为“宽带中国”示范城市(城市群)，“宽带乡村”试点工程快速推进，宽带网络能力持续增强，宽带接入水平稳步提升。4G 网络建设加速推进，用户总数预计达到 9000 万，基站总数超过 70 万个，信息消费规模将达到 2.8 万亿。

2014 年 11 月，中央网信办等部门联合举办首届国家网络安全宣传周活动，引导社会公众提高网络安全风险防范意识，共同维护网络安全。2014 年，信息泄露、木马病毒、网络侵权等安全问题再度给人们敲起了警钟。“维护网络安全”首次列入政府工作报告；国务院授权国家互联网信息办公室负责全国互联网信息内容管理工作；工业和信息化部发布了《关于加强电信和互联网行业网络安全工作指导意见》；有关政府部门围绕网络强国建设的总体目标，坚持多措并举，从行政决策、技术保障及公益宣传等多方面合力推动我国网络和信息安全保障体系建设。

第三节　互联网发展的几个定律

互联网的快速发展给我们带来了巨大的社会变革，但其发展与计算机、通信等相关技术密切相关。目前互联网的发展遵循着重要的定律：摩尔定律、吉尔德定律和梅特卡夫定律。

一、摩尔定律

高登·摩尔（Gordon Moore）在 1965 年文章中指出，芯片中的晶体管和电阻器的数量每年会翻番，原因是工程师可以不断缩小晶体管的体积。这就意味着，半导体的性能与容量将以指数级增长，并且这种增长趋势将继续延续下去。1975 年，摩尔又修正了摩尔定律，他认为，每隔 24 个月，晶体管的数量将翻番。

二、吉尔德定律

也称胜利者浪费定律。由乔治·吉尔德提出，最为成功的商业运作模式是价格最低的资源将会被尽可能地消耗，以此来保存最昂贵的资源。在未来 25 年，主干网的带宽将每 6 个月增加一倍。其增长速度超过摩尔定律预测的 CPU 增长速度的 3 倍！今天，几乎所有知名的电信公司都在乐此不疲地铺设缆线。当带宽变得足够充裕时，上网的代价也会下降。在美国，今天已经有很多的 ISP 向用户提供免费上网的服务。

三、梅特卡夫定律

梅特卡夫（Metcalfe）法则：是指网络价值以用户数量的平方的速度增长。网络外部性是梅特卡夫法则的本质。这个法则告诉我们：如果一个网络中有 n 个人，那么网络对于每个人的价值与网络中其他人的数量成正比，这样网络对于所有人的总价值与 $n\times(n-1)=n^2-n$ 成正比。如果一个网络对网络中每个人价值是 1 元，那么规模为 10 倍的网络的总价值等于 100 元；规模为 100 倍的网络的总价值就等于 10000 元。网络规模增长 10 倍，其价值就增长 100 倍。

第二章 网页浏览

随着 Internet 的飞速发展，它所提供的信息和功能也日益丰富起来。在 Internet 所有的应用中，World Wide Web（简称 WWW）是最基本也是最重要的一项功能，也是最容易使用的一项应用，用户不需要学习很多知识，就可以通过 WWW 在网上进行“冲浪”了。

WWW 诞生于 Internet 之中，后来成为 Internet 的一部分。而今天，WWW 几乎成了 Internet 的代名词。通过它，每个人能够在瞬间抵达世界的各个角落，只要将一根电话线或网线插入电脑（也可能是随身携带的笔记本电脑加上一部移动电话），此时全球的信息就在指尖下！

第一节 WWW 基本概述

WWW（World Wide Web）有时也叫 Web，中文译名为万维网，环球信息网等。WWW 由欧洲核物理研究中心（ERN）研制，用于描述 Internet 上的所有可用信息和多媒体资源。WWW 由遍布在 Internet 网上的称为 Web 服务器的计算机组成。

WWW 采用的是客户机、服务器的体系架构。WWW 的客户机是指向 Internet 站点提出资源请求的用户计算机，WWW 服务器则是指在 Internet 上保存各种 WWW 资源的计算机。服务提供商通过服务器管理各种 WWW 资源，并接收和响应客户机（即浏览器）提出的资源请求，客户机与服务器之间的通信与资源的传递通过超文本传输协议 HTTP 完成。

WWW 资源主要采用 HTML（Hyper Text Markup Language，超文本标识语言）以及各种后续文件格式（如 XHTML、XML、CSS 等）组织与描述，并且还支持图像和视频等多种文件格式的资源信息，通过 WWW 的超文本链接实现了 Internet 信息的迅速获取。超文本是指一种基于计算机的文档，用户在阅读这种文档时，从其中一个地方跳到另一个地方，或从一个文档跳到另一个文档，都是按非顺序的方式进行的，用户不必按从头到尾顺章节的传统方式去获取信息，而是可以随机地转换到其他文档。

WWW 采用了 URL（Uniform Resource Locator，统一资源定位）来标记每个 WWW 资源的地址。这种地址可以是本地磁盘，也可以是局域网上某台机器在，更多的是 Internet 上的站点，简单地说，URL 就是 Web 地址，俗称“网址”。URL 地址一般格式为：Scheme://Host:Port/Path，其中，Scheme 表示 Internet 的资源类型，如“http://”表示 WWW 服务，“ftp://”表示 FTP 服务，“gopher://”表示 gopher 服务。Host 为服务器地址，指出 WWW 页所在的服务器域名。Port 为端口号，当服务器提供的资源不是从缺省端口 80 提供时，访问这些资源就需要给出相应服务器提供的端口号。Path 为路径，指明服务器上某资源的位置。例如：http://www.hainu.edu.cn/faixuey/2009/index.html 就是一个 URL 地址。由这个地址可知此资源描述的是一个 WWW 服务，www.hainu.edu.cn 是这个资源所在网站服务器地址，/faixuey/2009/是这个服务器中的某个目录，index.html 则是该目录下的一个文件。

第二节　Web 浏览器

WWW 上的资源十分丰富，要迅速、准确获得所需的资源，就需借助一个有效的工具，这个工具便是 Web 浏览器，它是一个访问 Web 服务器的客户端软件。Web 浏览器其实就是一个程序，它的作用是帮助连接到 WWW 上。Web 就像一本大书，可以按照自己的兴趣选读书中各“页”。使用 Web 浏览器，就可以在 Web 上由这一页跳到另一页。通过 WWW 浏览器就可以浏览到 Web 中所能描述的文字、图形、声音、动画、表格等信息。

一、IE 浏览器

在浏览器市场上，占据最大市场份额，同时用户接受程度最大的产品非 IE（Internet Explorer）莫属，由于微软的操作系统从 Windows 98 开始就自带了 IE 浏览器，所以这个工具不需要安装。

下面我们以 Windows 的 Internet Explorer 8.0 为例，来讲讲 IE 浏览器的一些基本使用方法。

1. Internet Explorer8.0 浏览器的界面

（1）Internet Explorer 8.0 浏览器的启动　启动 IE 的方法有如下三种：

① 用鼠标左键单击桌面上任务栏中的 IE 图标。

② 用鼠标左键双击桌面上 IE 的应用程序图标。

③ 选择【开始】菜单【程序】选项中【Internet Explorer】命令。

（2）Internet Explorer8.0 浏览器窗口组成　Internet Explorer8.0 浏览器主窗口如图 2-1 所示，该窗口主要由标题栏、菜单栏、工具栏、地址栏、链接栏、Web 窗口、状态栏等组成，使用户易于接受和使用。

① 标题栏　浏览器窗口的标题栏位于浏览器窗口的顶部，显示当前页面名称，还包括了“最小化”、“最大化”和“关闭”按钮。

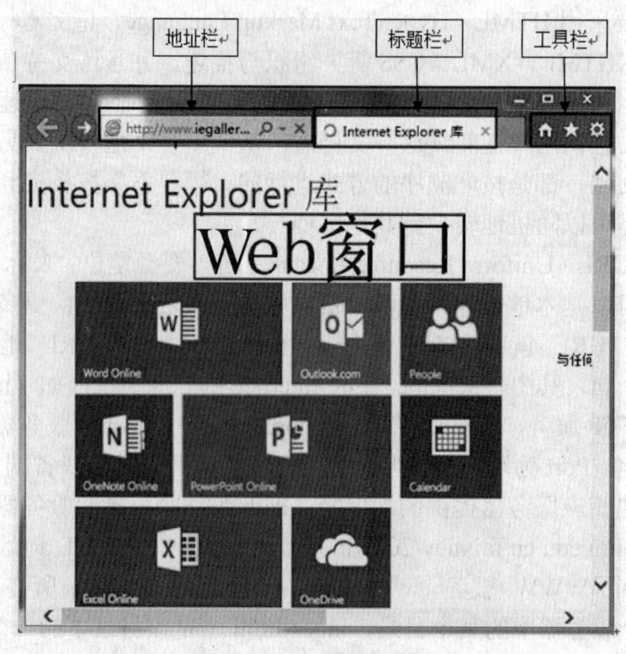

图 2-1　IE 浏览器窗口组成

② 菜单栏　浏览器窗口的菜单栏中有“文件”、“编辑”、“查看”、“收藏”、“工具”和“帮助”这几个菜单项，利用这些菜单命令可以浏览网页、查找相关内容、实现脱机工作、自定义 Internet 等操作。

③ 工具栏　浏览器窗口的工具栏给用户提供了一些浏览 Web 页面时经常使用的按钮，包括“后退”、“前进”、“停止”、“ 刷新”、“主页”、“搜索”、“收藏”、“历史”和“邮件”等按钮，使用户更加方便快捷地使用浏览器。

按钮的功能分别是：

后退：返回到在当前网页之前浏览过的上一个网页。

前进：使用“后退”按钮后再向下翻阅浏览过的页面。

停止：停止下载正在打开的网页。

刷新：从服务器下载网页来更新当前显示的网页。

主页：浏览器启动后显示的第一个网页。

搜索：对互联网上的信息资源进行搜集。

收藏：用于存放用户喜欢的网页。

历史：查看在最近几天或几星期内访问过的网页和站点的链接。

邮件：启动 Outlook Express 软件进行邮件的收发。

④ 地址栏　浏览器窗口的地址栏位于工具栏的下方，包括一个“地址”下拉列表框和一个“转到”按钮。在地址栏中输入地址后，再回车或者单击“转到”按钮，就可以访问相应的 Web 页。

⑤ 链接栏　位于地址栏旁，用于添加一些指向访问频繁的 Web 页的链接，方便用户浏览网页。

⑥ Web 窗口　浏览器窗口的 Web 窗口就是显示网页内容的主窗口，用户从网上下载的所有内容都将从该窗口显示。

⑦ 状态栏　浏览器窗口的状态栏位于 Web 窗口下面，显示了关于 Internet Explorer 当前状态的有用信息，查看状态栏左侧的信息可了解 Web 页地址的下载过程。

2. 使用 IE8.0 浏览 Web 页

浏览器最基本的功能就是浏览网页，IE 提供了很多种查看网页的方式。

（1）输入完整地址打开网页　如果已知一个站点或网页的地址，只需在地址栏中键入这个地址，然后键入回车（Enter）就可以浏览该页了。如在地址栏中输入 http://www.sohu.com 并回车后 Internet Explorer 将开始连接服务器，然后显示网页。

（2）输入部分地址打开网页　以前浏览过的网页，再次打开时，只要输入地址的一部分，IE 就会自动找到与之匹配的网页。输入了部分地址后按下 Ctrl+Enter 键，IE 就会自动创建一个完整的 URL，并显示该网页。例如：在地址栏中输入“sohu”，然后按下 Ctrl+Enter 键，IE 则会自动创建一个完整的地址 http://www.sohu.com，并显示该网页。

（3）通过命令打开网页　从“文件”菜单中选择“打开”命令，出现图 2-2 所示对话框，在该对话框中输入网页 URL，单击“确定”按钮，就可以打开该 URL。此外如果在对话框中单击“浏览”按钮，就可以寻找保存在硬盘上的网页。

图 2-2　用命令打开网页对话框

（4）通过超级链接浏览网页　通常用户讯问到某一个网址时，首先浏览到的是该服务器的主页，很多更详细、更具体的信息都是通过主页中的超级链接提供给客户的。当鼠标移动到页面的某一个对象时，光标变为“ ”形，说明该对象有超级链接，用左键单击它可以访问链接的下一级信息。

（5）查看以前浏览过的网页（图 2-3） 单击 IE 工具栏上的“前进”和“后退”按钮就可以查看刚才浏览过的网页，在两个按钮旁边还有一个下拉按钮，单击下拉按钮，可以见到刚才浏览过的网页列表，从中选择一个网页，就可以打开它，而不用重新从网络中下载。

在 IE 的工具栏上还有一个叫做“历史”的按钮，单击此按钮，在屏幕的左边将出现一个窗口，窗口中显示出你曾经浏览过的网页，单击这些链接可重新打开浏览过的网页（图 2-4）。

IE 地址栏能够自动记忆用户输入过的网址，单击地址栏右侧的箭头，将弹出以前访问过的网站的下拉列表，从列表中选择一个就可以再次访问浏览过的网页（图 2-5）。

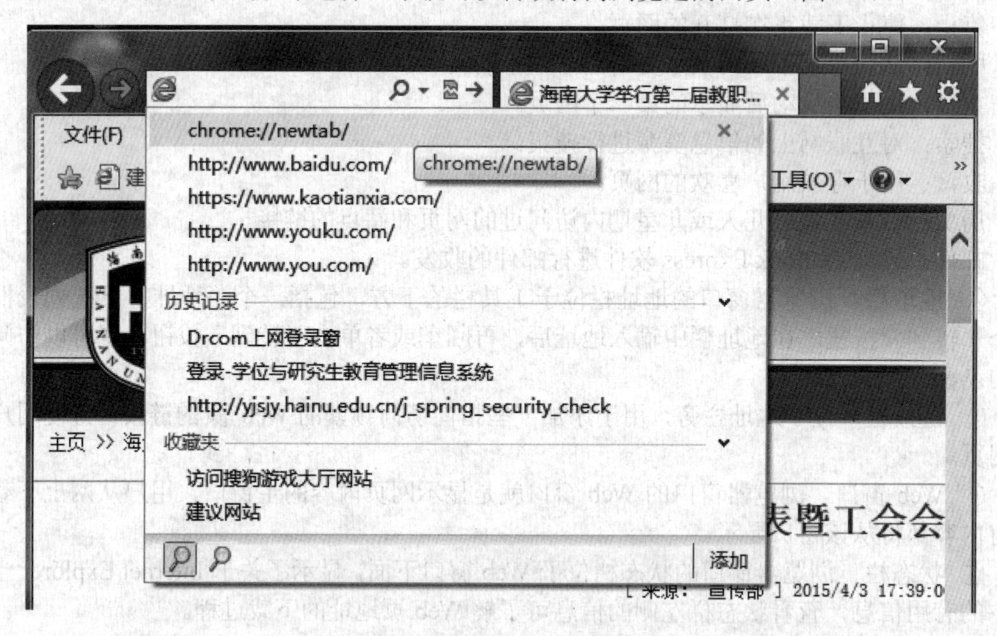

图 2-3　查看当前窗口浏览过的网页

图 2-4　查看历史记录

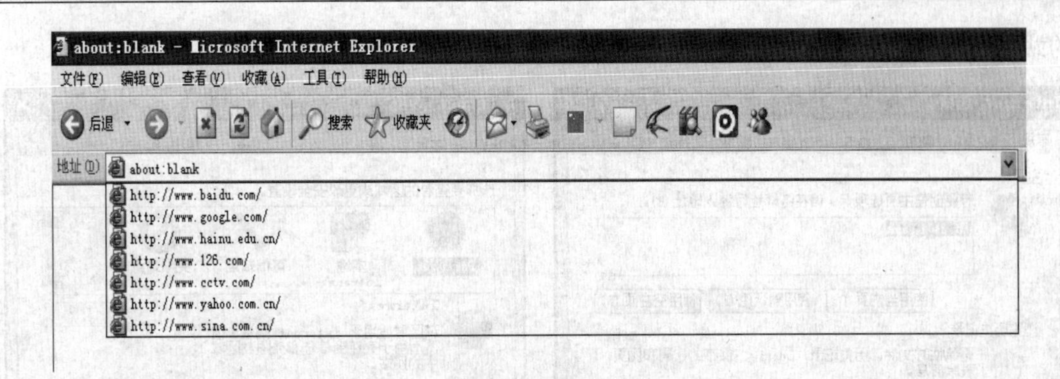

图 2-5　IE浏览器地址下拉列表

3. IE 浏览器常用设置

（1）更改启动 IE 浏览器时的默认主页（图 2-6）　选择“工具”“Internet 选项”命令，打开“Internet 选项”对话框，选择“常规”选项卡，在“主页”选项组中单击“使用当前页”按钮，可将 IE 浏览器当前浏览的页面设置为浏览器启动时默认的主页；若单击“使用默认页”按钮，可在启动 IE 浏览器时打开系统默认的主页；若单击“使用空白页”按钮，可在启动 IE 浏览器时不打开任何网页。用户也可以在“地址”文本框中直接输入某 Web 网站的地址，按回车后可将其设置为默认的主页。

有些电脑如果中了病毒，这个主页可能会恶意更改，会改成病毒的主页如一些商业网站或者是黄色网站等，那么这个选项就是灰色，也就是说用户此时没办法修改它。可以先查杀一下病毒，或者在网上下专门的 IE 浏览器修复工具来修复。

（2）设置历史记录的保存时间　在 IE 浏览器中，用户只要单击工具栏上的“历史”按钮就可查看所有浏览过的网站的记录，长期下来历史记录会越来越多，如果用户的硬盘空间容量较小，那么这些记录会占用大量的空间。这时用户可以在“Internet 选项”对话框中设定历史记录的保存时间，把保存时间设置短些。这样设置时间到后，系统会自动清除前段时间的历史记录。

选择“工具”“Internet 选项”命令，打开“Internet 选项”对话框，选择“常规”选项卡。在“历史记录”选项组的“网页保存在历史记录中的天数”文本框中输入历史记录的保存天数即可。有时为了保护个人的隐私，防止其他人知道自己的上网记录，这时我们可以单击“清除历史记录”按钮，就清除已有的历史记录。设置完毕后，单击“确定”按钮即可

（3）浏览器字体的设置　选择“工具”“Internet 选项”命令，打开“Internet 选项”对话框，选择“常规”选项卡。

单击“颜色（O）”按钮，可以更改 Web 页上文字、背景及链接的颜色。

单击“字体（N）”按钮，可以更改网页上文字的字体。

单击“语言（L）”按钮，可以添加其他语言。

单击“辅助功能（E）”按钮，可以使浏览器不使用 Web 页中指定的颜色、字体样式、字体大小等，可以使用用户样式表编排文档格式。

（4）进行 Internet 安全设置（图 2-7）　IE 浏览器中提供了一些对 Internet 进行安全设置的功能，用户使用它就可以对被访问的网站进行信任程度的设置，具体操作如下：可以让你选择“工具”“Internet 选项”命令，打开“Internet 选项”对话框，选择“安全”选项卡。

该选项卡包含了四个安全区域：Internet、本地 Intranet、可信站点、受限站点，系统默认的安全级别分别为中、中低、高和低。建议每个安全区域都设置为默认的级别，然后把本地

的站点，限制的站点放置到相应的区域中，并对不同的区域分别设置。

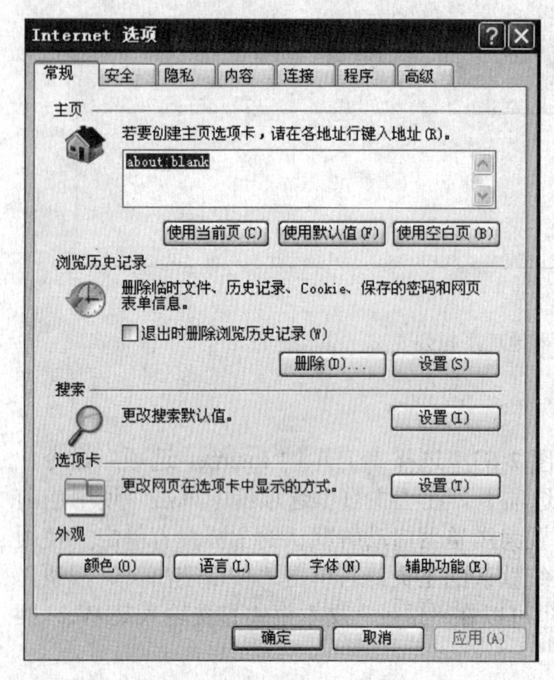

图 2-6　Internet 选项图

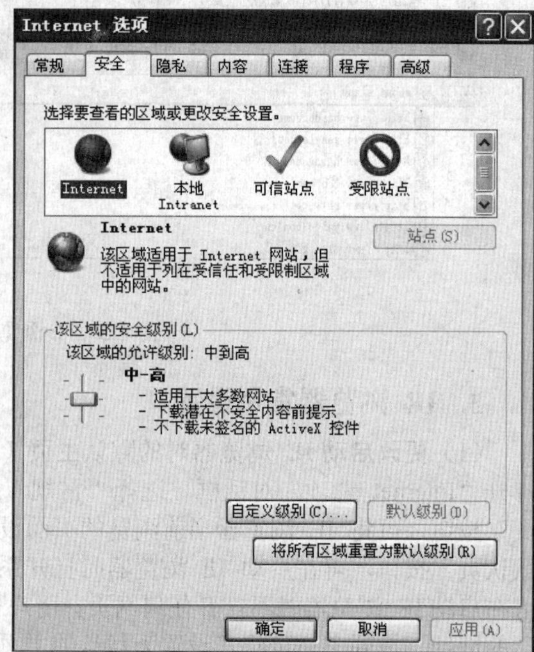

图 2-7　安全级别设置

Internet：一般而言，当电脑或内部网络连接到 Internet，享受 Internet 所带来的种种便利的同时，也正遭受着极大的安全威胁或安全风险。Internet 区域包含不在计算机或本地 Intranet 上的网站，或是尚未分配到其他区域的网站。推荐将此区域的安全级别设置为：中等级别。在这种级别的设置下，浏览器将禁用大部分 ActiveX 控件或插件的内容，除了那些可信任的 ActiveX 内容以外。

本地 Intranet：此安全区域主要是用来控制或检查企业或组织的内部站点的页面内容的，所以一般设置成“低”或“中低”的安全级别。此区域包括单位防火墙内的所有站点（对于连接到本地网络上的计算机）。在“低”级别的设置下，浏览器将提供十分开放的许可认证。

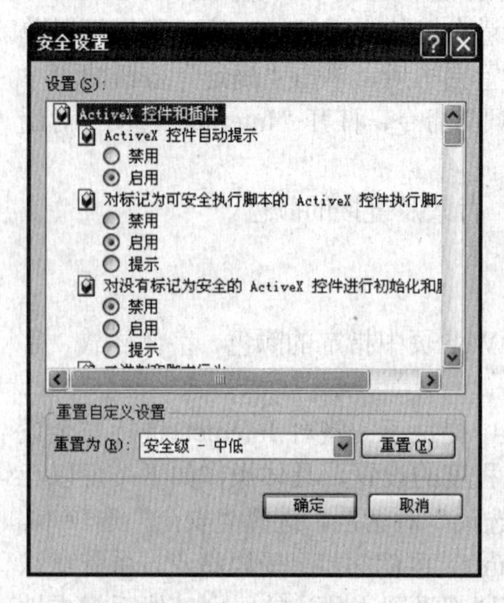

图 2-8　IE 安全设置

“受信任的站点”区域：该区域包含用户自认为安全的，且位于用户所在企业外部的网站。比如：用户信任的银行站点，个人 email 站点，有良好声誉公司的网站，等等。如果将一个网站添加到“受信任的站点”区域，则表明相信从该网站下载或运行的文件不会损坏计算机或数据。默认情况下，没有任何网站被分配到“受信任的站点”区域。建议将此区域的安全级别设置为“低”或“中低”。

“受限制的站点”区域：此区域包含用户不信任的网站。如果将网站添加到“受限制的站点”区域，则表明认为从该网站下载或运行的文件可能会损坏计算机或数据。默认情况下，没有任何网站被分配到“受限制的站点”区域，其安全级别设置为“高”（图 2-8）。

若用户要自定义安全级别，可在“该区域的安全级别”选项组中单击“自定义级别”按钮，将弹出“安全设置”对话框，用户可根据需要自行对各选项进行设置。这项功能有利有弊，安全级别设置高些，可以防止一些网站的恶意攻击，减少中病毒木马之类的机会，提高系统的安全性，但高级别的设置也会导致一些网站不能正常打开。当我们确认这类网站安全时，可以把安全级别调低些。

（5）个人隐私设置（图2-9） 在浏览网页时，Web站点可能通过使用Cookie搜集有关您的Web浏览习惯的信息。所谓的Cookie是指Web站点在用户的计算机上创建的一些小文本文件，这些文件用于存储搜集用户访问站点的有关信息，其中包括访问的站点、执行的操作以及提供的任何个人信息。有时Web站点还可能允许其他Web站点（例如，其广告商）在计算机上放置Cookie（称为第三方Cookie）。Web站点使用Cookie中的信息来提供个性化的内容（当地新闻和天气、热销产品等）、完成交易（例如，用于联机银行或购物）以及搜集统计数据。

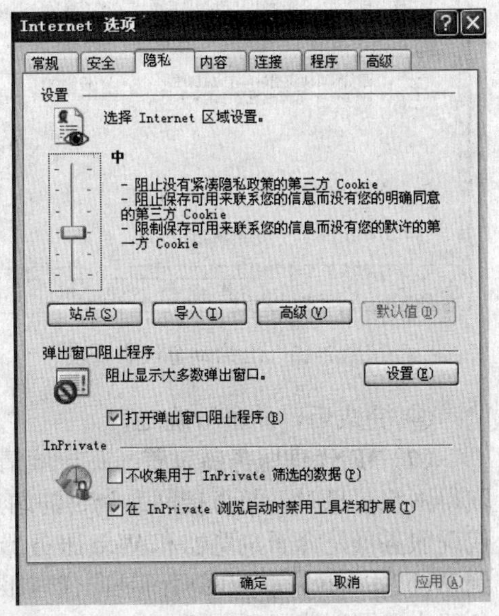

图2-9　IE隐私设置

在Internet浏览过程中，用户要注意保护自己的隐私，对于自己的个人信息不要轻易让他人获得。通过IE浏览器，用户可以进行隐私保密策略的设置。选择“工具”“Internet选项”命令，打开“Internet选项”对话框，选择“隐私”选项卡。隐私设置只影响Internet区域中的Web站点，Internet区域是Internet Explorer放置所有Web站点的安全区域（除非另有指定）。

在该选项卡的“设置”选项组中，用户可以拖动滑块，设置隐私的保密程度。单击“站点”按钮，可以指定哪些站点可以访问Cookie，哪些站点不能访问Cookie；单击“高级”按钮，可打开“高级隐私策略设置”对话框；单击“默认”按钮，可使用默认的隐私策略设置。

（6）限制浏览的内容 Internet是一个开放的网络，在其中既有好的、积极向上的内容，也有不好的、消极的内容。这时用户可对Internet的浏览内容进行设置，将一些不好的、消极的内容隔离在浏览范围之外。选择“工具”“Internet选项”命令，打开“Internet选项”对话框，选择“内容”选项卡。在该选项卡的“分级审查”选项组中，通过启动分组审查功能，可以控制可查看的Web站点，将好的、积极向上的内容放在一特定Web站点列表中，除此之外的站点被访问时必须输入监护人密码才能继续操作。

具体操作如下：

① 在“分级审查”选项组中，单击“启用”按钮（图2-10）。

② 在“内容审查程序”对话框中，单击“常规”选项卡，然后单击“创建密码”按钮（图2-11）。

③ 在“创建监督人密码”对话框中，键入要使用的密码（图2-12）。

④ 在“提示”框中，键入一个提示以帮助您记住密码，然后单击“确定”。

⑤ 在“创建监督人密码”对话框中，键入要使用的密码。

⑥ 在“提示”框中，键入一个提示以帮助您记住密码，然后单击“确定”。

⑦ 在“内容审查程序”对话框中，单击“许可站点”选项卡。

⑧ 在“允许该网站”字段中，键入许可或未许可的Web地址。

⑨ 单击“始终”按钮，将该站点添加到许可Web站点的列表中。或者，单击“从不”

按钮以限制对该站点的访问。若要从许可站点和未许可站点的列表中删除某个站点，请单击该站点名称，然后单击“删除”按钮。

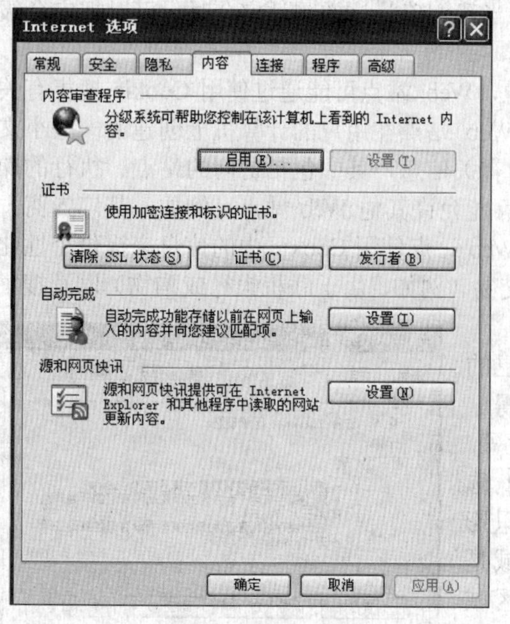

图 2-10　IE 启动分级审查表

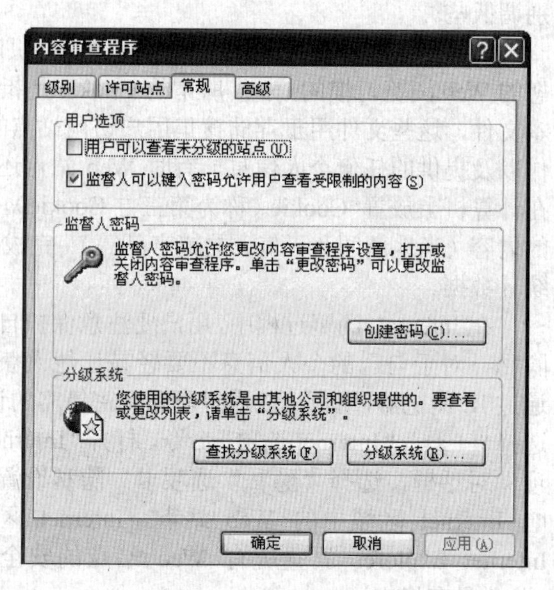

图 2-11　分组审查创建密码

⑩ 完成后，单击“确定”。

（7）IE 代理服务器设置　在一般情况下，使用网络浏览器直接去连接其他 Internet 站点取得网络信息时，是直接联系到目的站点服务器，然后由目的站点服务器把信息传送回来。代理服务器是介于浏览器和 Web 服务器之间的另一台服务器，有了它之后，浏览器不是直接到 Web 服务器去取回网页而是向代理服务器发出请求，信号会先送到代理服务器，由代理服务器来取回浏览器所需要的信息并传送给你的浏览器。

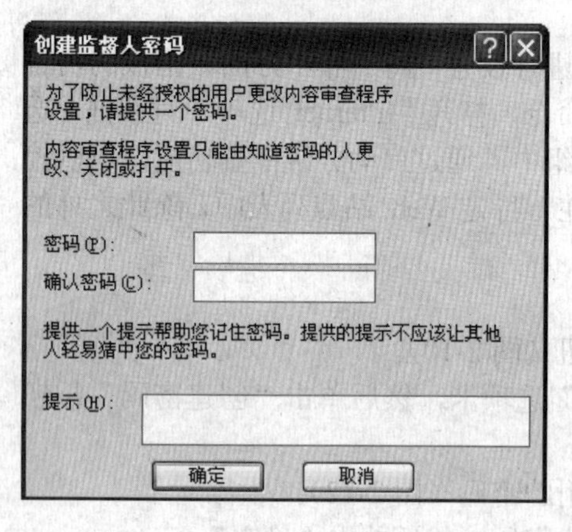

图 2-12　IE 分组审查输入密码框

使用代理服务器后目的站点服务器包括其他用户只能探测到代理服务器的 IP 地址而不是用户的 IP 地址，这就保护上网用户的 IP 地址，从而保障上网安全。使用代理服务器的另一好处是若有许多用户共用一个代理服务器时，当有人访问过某一站点后，所访问的内容便会保存在代理服务器的硬盘上，如果再有人访问该站点，这些内容便会直接从代理服务器中获取，而不必再次连接远端服务器，因此可以节约带宽，提高访问速度。

有时在访问某些网站时，对方网站为了安全，只是允许一些特定范围访问其站点，所以要访问这些网站时，可以通过允许范围内的服务器来代理。如教育网由于访问国际站点要收取费用，而中国电信访问则是免费的，如果是教育网的用户，在访问国际站点时可以通过中国电信的服务器来代理，这样就可以免费访问国际站点了。

选择“工具”“Internet 选项”命令，打开“Internet 选项”对话框，选择“连接”选项卡。点击“局域网设置”按钮，在弹出的对话框中把“代理服务器”下面的框勾选上，然后在“地址”和“端口”栏中填入代理服务器 IP 和所用端口即可（图 2-13）。

同时在“高级”设置中还可以对不同的服务器，例如 HTTP、FTP 设定不同的代理服务器地址和端口。

常用代理服务器类型：

① HTTP 代理：能够代理客户机的 HTTP 访问，主要是代理浏览器访问网页，它的端口一般为 80、8080、3128 等。

② FTP 代理：能够代理客户机上的 FTP 软件访问 FTP 服务器，它的端口一般为 21、20 等。

③ POP3 代理：代理客户机上的邮件软件用 POP3 方式收发邮件，端口一般为 110。

④ SOCKS 代理：是全能代理，就像有很多跳线的转接板，它只是简单地将一端的系统连接到另外一端。支持多种协议，包括 http、ftp 请求及其他类型的请求。它分 socks 4 和 socks 5 两种类型，socks 4 只支持 TCP 协议而 socks 5 支持 TCP/UDP 协议，还支持各种身份验证机制等协议。其标准端口为 1080。

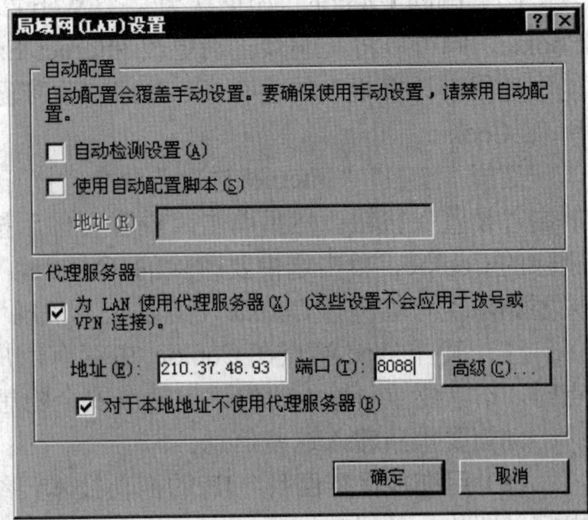

图 2-13　IE 设置代理

4. IE8.0 的使用技巧

（1）在计算机上保存完整的网页内容　在 Internet Explorer 中，可以通过“文件”下拉菜单的“另存为”命令将当前页面的内容保存到硬盘上，既能以“.HTML 文档（.HTM/.HTML）”或文本文件（.TXT）的格式存盘，又能实现完整网页的保存，在“文件名”框中键入网页的文件名，在“保存类型”下拉列表中选择“Web 网页，全部（*.htm;*.html）”选项，选择该选项可将当前 Web 页面中的图像、框架和样式表均全部保存，并将所有被当前页显示的图像文件一同下载并保存到一个“文件名.file”目录下，而且 Internet Explorer 将自动修改 Web 页中的连接，可以方便地离线浏览。最后，单击“保存”按钮即可。

（2）单独保存网页中的图片　Web 页中的图片可以单独保存成文件，只需在图片上单击鼠标右键，在显示的快捷菜单上选择“图片另存为”将弹出“保存图片”对话框，指定保存的文件名和文件类型，完成图片的保存。此外，在图片的右击菜单中，选择菜单“设置为墙纸”可以将该图片设置成桌面墙纸。

（3）保存超级链接的目标内容　要保存超级链接的下级网页时，只需在有超级链接的对象上单击鼠标右键，在显示的菜单中直接选择“目标另存为”，不必打开被链接的网页，在弹出的对话框中指定保存的位置和文件名，按“确定”后 IE 开始下载被链接网页，保存的方式为“Web 页，全部”。

（4）保存网页中的文字　在网页中按住鼠标左键拖拽选中需要保存的文字，在选定的内容上单击鼠标右键，在弹出的快捷菜单中选择“复制”可将选定的内容复制到剪贴板上，然后“粘贴”到其他应用程序文档中进行保存即可。

（5）记住常用的网页地址　可以将经常访问的网址添加到收藏夹保存，当需要再次打开该页时，只要在工具栏单击“收藏”按键，从列表中选择需要的地址即可。在可在当前打开的网页地址时，可选择“收藏”菜单“添加到收藏夹”命令，弹出“添加到收藏夹”对话框，用户可以指定一个名称，也可以使用网站提供的缺省名称保存到收藏夹。

（6）在网页中搜索信息　在同一个网页中包含了很多内容，可以使用“编辑”菜单中的

“查找（在当前页）”命令。执行此命令，屏幕弹出一个对话框，在输入需要查找的词汇后，单击“查找下一个”按钮，就可以在当前网页中查找该词汇了。

（7）删除 Cookie 如果认为某个 Web 站点已将 Cookie 放在计算机上，而不希望放置该 Cookie，则可以将其删除。当更改 Internet Explorer 处理 Cookie 的方式时，新的隐私设置可能不适用于计算机上的已有 Cookie。若要确保所有 Cookie 符合新的设置，可以删除现有的所有 Cookie。

选择“工具”“Internet 选项”命令，打开“Internet 选项”对话框，选择“常规”选项卡，单击“设置”按钮，然后单击“查看文件”按钮，在打开的（硬盘驱动器）窗口中，查找要删除的 Cookie，单击选中要删除的 Cookie，按 Delete 键，完成后，单击“确定”即可。如果要删除现有的所有 Cookie，可以在“常规”选项卡上直接单击“删除 Cookie”按钮。

注：某些 Web 站点在 Cookie 中存有用户名、密码或其他个人信息，用户在登录同一站点时，不需要重新输入，但这也带来安全隐患。因此，如果删除该 Cookie，下次访问该站点时，则需要重新输入这些信息。

（8）用拖放保存图片 IE 的拖动技术已经融合到整个系统中。用户可以任意将网页中的内容（图片、超级链接等）拖到其他应用程序中，如 Word、FrontPage 等应用程序中。对制作网页特别有效，当在网上看到感兴趣的链接，只需把链接拖到编辑页面中即可。对于 Word 等编辑软件也是一样，若将图片拖到 Word 中，一幅图像就嵌入到了文档中。

在 IE 中保存图片也是易如反掌，只需把图片拖动到合适的文件夹中，此图片就被保存下来了。

（9）自定义设置工具栏 自己可以对工具栏进行设置，操作如下：单击“查看”菜单，选择“工具”，选择“自定义”，弹出“自定义工具栏”对话框，在“可用工具栏按钮”中选择要增加的工具按钮，单击“添加”按钮可以添加到“当前工具栏按钮”中，在“文字选项”下拉列表中可以指定是否在工具栏上显示工具按钮的文字说明以及文字显示的位置，“显示文字标签”是在工具栏上的每个按钮下面显示按钮的名称，“无文字标签”是在工具栏上显示图标。在“图标”下拉列表中可以设置图标的大小。再将鼠标移到工具栏首竖线右侧按住左键，此时鼠标箭头变成带箭头的十字光标，现在就可以将工具栏移到其他位置。

（10）使用 IE 的快捷键 一般在 IE 中浏览，使用鼠标指指点点就足够了。但是如果要加快浏览速度，提高上网效率的话，就必须用好 IE 的快捷键。一些快捷键在菜单中都有提示，如上/下一页为“Alt+←/→”，停止为 Esc 等。下面再介绍几个比较常用的快捷键：

Backspace 键：返回到前页；

Ctrl+O：打开新的网页或活页夹；

Ctrl+N：打开新的浏览器窗口；

Shift+Tab：在网页的下一页和前一页之间转换；

F5：更新当前页；

F6：在地址栏、链接栏和浏览器窗口之间转换；

F11：在全屏显示和窗口之间转换。

（11）图片没下载成功时 有时打开网页会碰到网页中的某个图片没有成功下载的情况，此时该图片内容显示成“ ”，对此可在该图上单击右键，然后选择“显示图片”，就可单独重新下载此图，而不必重新输入 URL 将整个网页再下载一次。

（12）清除已访问网页 打开 IE 的“工具”“Internet 属性”，在“常规”标签下单击“Internet 临时文件”项目的“删除文件”按钮，会弹出警告，选中“删除所有脱机内容”，单击“确定”按钮就可以了。

（13）禁用自动完成功能 缺省条件下，用户在第一次使用 Web 地址、表单、表单的用户名和密码后（如果同意保存密码），在下一次再想进入同样的 Web 页及输入密码时，只需输入开头部分，后面的就会自动完成，给用户带来了便利，但同时也带来了安全问题。

如果不想让其他人知道自己的历史操作，最好禁用 IE 的自动完成功能，因为后来者只需点击“历史”按钮就能让你的所有隐私无所遁形。

在 IE 菜单中选择“工具”“ Internet 选项”“内容”“自动完成”，清除相应栏目前面的选定符号。也可以定期清除历史记录，这时只需点击“清除表单”和“清除密码”按钮即可。

二、360 安全浏览器

虽然近年来 IE 浏览器不断地推出新版本，且不断地修复漏洞，但其在安全性等方面饱受诟病，而挑战 IE 的竞争者也来势汹汹，但是却都无法回避这样一个事实：IE 仍然是市场王者，依然牢固地占据着许多用户的桌面。IE 浏览器能取得成功有多方面因素，无可否认之一是其拥有一个成熟稳定的内核——Trident 页面解析引擎。

正因为 Trident 内核的成熟以及 IE 的流行，市场上基于 IE 内核的第三方浏览器层出不穷，人们习惯称之为“IE 流”，如傲游（Maxthon）浏览器、腾讯 TT 浏览器、360 安全浏览器等。这些第三方浏览器在安全、界面、多窗口方面弥补了 IE 的不足。360 安全浏览器是一款安全性能较好的代表。

1. 软件简介

360 安全浏览器是全球首款独家采用“沙箱”技术的浏览器，将浏览器与沙箱完美结合在一起，360 安全浏览器完全突破了传统的以查杀、拦截为核心的安全思路，在计算机系统内部构造了一个独立的虚拟空间——“360 沙箱”，使所有网页程序都密闭在此空间内运行。因此，网页上任何木马、病毒、恶意程序的攻击都会被限制在“360 沙箱”中，无法对真实的计算机系统产生破坏，真正做到百毒不侵，能够彻底避免木马病毒从网页上对计算机发起攻击。除此之外 360 安全浏览器还集成了恶意代码智能拦截、下载文件即时扫描、恶意网站自动报警、广告窗口智能过滤等功能。

360 安全浏览器下载地址为 http://se.360.cn/。用户下载后，可以根据系统的提示一步步安装（图 2-14）。

单击标签栏的“+”号按钮，或者右击标签栏的空白处均可打开新网页，如图 2-15 所示。单击需要关闭的标签页右侧的“×”按钮，或者双击需要关闭的标签页均可关闭该网页。在启动设置中，可以自由设置“360 网址导航”、“新标签页”、“上次退出浏览器时未关闭的网页”和主页这四种类型。点击“添加新网页”可以自定义主页（图 2-15）。

图 2-14　360 浏览器安装图

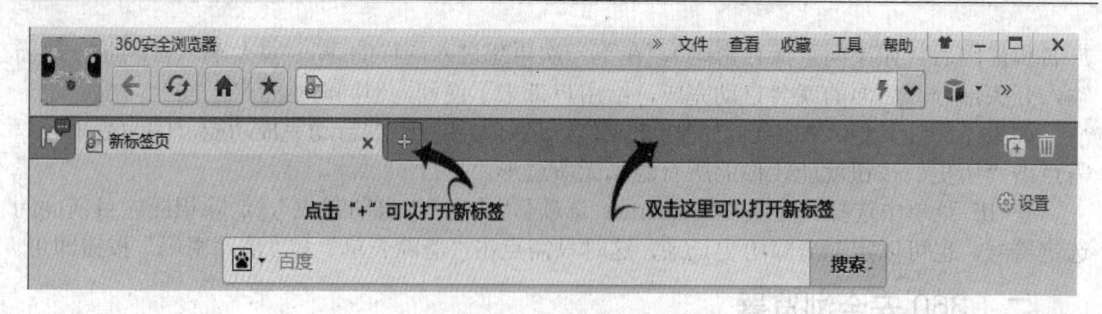

图 2-15　打开新网页

2. 常用功能

（1）新标签页（图 2-16） 360 浏览器预置了 8 个宫格，可以在这里找到经常访问的网站。鼠标悬浮到宫格上，会出现个小"×"，点击"×"，就可以删除相应宫格的内容。可以点击页面右上角的"设置"按钮，自由选择宫格的个数和是否显示搜索框。同时，如果想固定住某个宫格，可以选择"自定义（固定显示添加的网址）"。

（2）安全中心 360 安全浏览器为提供六层安全防护体系，全方位保证上网安全（图 2-17）。

图 2-16　新标签页界面

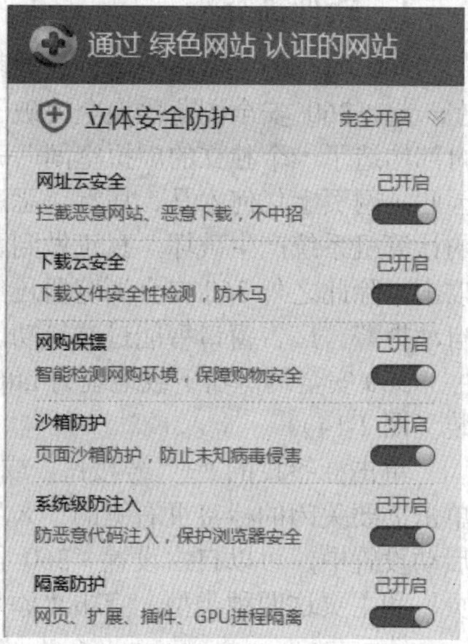

图 2-17　立体安全防护

（3）导入、导出数据和收藏夹（图 2-18） 点击收藏右侧的下拉按钮，选择导入、导出即可。当收藏夹内容不见时，可能是没有登录之前同步过收藏夹的 360 账号，这时可以重新登录试试看。如果已经登录了 360 账户，可以点击账号头像，进入时间机器，然后通过"收藏夹备份"恢复。

（4）快捷键设置 可以使用快捷键来快捷使用浏览器的功能，以下是 360 安全浏览器的快捷键：

选中地址栏：Alt + DCtrl + L

弹出地址栏下拉列表：F4

显示/隐藏侧边栏：Ctrl + Shift + S

图 2-18　数据导入和导出

显示/隐藏收藏栏：Ctrl + B

全屏显示：F11

打开新窗口：Ctrl + N

新建无痕（小号）窗口：Ctrl + Shift + N

新建标签：Ctrl + T

关闭当前标签：Ctrl + F4Ctrl + W

切换到下一个标签：Ctrl + TabCtrl + PgDownF3

切换到上一个标签 ：Ctrl + Shift + TabCtrl + PgUpF2

复制标签：Ctrl + K

恢复最后关闭页面：Ctrl + Shift + TAlt + ZCtrl + E

关闭全部标签：Ctrl + Shift + W

（5）超级拖拽（图 2-19） 拖拽链接、图片或者选中的文字等在页面上其他地方放开（即超级拖拽），即可在新标签中打开对应的链接、图片或搜索选中的文字。熟练使用超级拖拽功能可以大大改善浏览体验，提高浏览速度。

图 2-19　文字的拖拽

三、Firefox 浏览器

Firefox 是一款不使用 IE 内核的浏览器，它的内核是自主开发的。在使用浏览器时，有时会发现 IE 浏览器不正常，而那些多窗口的第三方浏览器也会不能正常使用，这是因为这些浏览器都在使用 IE 内核的。这个时候，可以选择 Firefox 浏览器。

Mozilla Firefox 浏览器俗称火狐，是由 Mozilla 基金会与开源团体共同开发的网页浏览器。内置了分页浏览、拼字检查、即时书签、下载管理器和自定义搜索引擎等功能。此外还可以通过由第三方开发者贡献的扩展软件来加强各种功能，较受欢迎的有专门浏览 IE only 网页的 IE Tab、阻挡网页广告的 Adblock Plus、下载在线影片的 Video DownloadHelper、保护计算机安全的 NoScript 等。

Firefox 的下载可以到官方网站去 http://www.firefox.com.cn/download/。

和众多的网页浏览工具软件一样，Firefox 浏览器的安装非常简单，双击安装文件，系统会弹“安装向导”对话框，之后一路点击“下一步”按钮就完成了安装操作。Firefox 安装如图 2-20 所示。

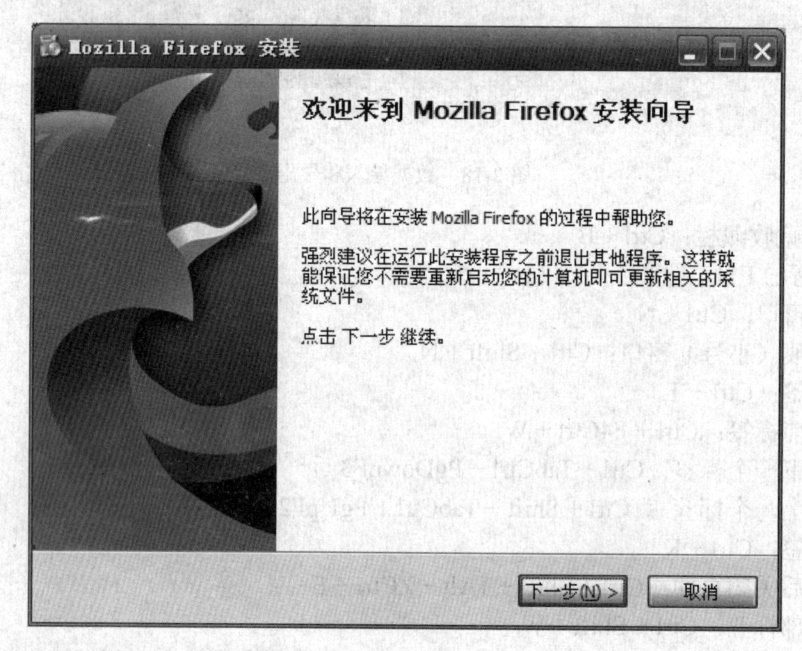

图 2-20　Firefox 安装向导图

Firefox 的使用与前面介绍的浏览器差不多，也有它的一些内在特性，首先浏览器的速度是前所未有的快。再者，很多人上网喜欢看美图或者视频，看到喜欢的就特别想下载下来，但是很多网站下载繁琐甚至还得安装各种流氓客户端才能下。火狐浏览器也是下载神器，有很好的图片和视频的下载功能。

（1）集图　当你浏览一个设计师的博客，或者花瓣采集网等图片非常多的网页的时候，心想要是能一次下载该多好。火狐的“集图”拓展功能能满足专业的图片下载需求。链接网址：http://mozilla.com.cn/thread-230287-1-1.html。点击工具栏上的集图按钮（图 2-21），弹出集图的下载对话框，可以快速的设置过滤规则，比如尺寸、大小、格式等等，过滤好之后，一键下载，而且支持同时过滤多个打开的网页。

（2）NetVideoHunter Video Downloader 视频下载（图 2-22）　国内各大视频网站基本都不允许用户直接下载视频，还得装各种客户端。只要网页能播的，NetVideoHunter 基本都能下载。它会自动嗅探网页中的流媒体，打开视屏的一个视频，选好清晰度，播放视频，然后打开 NetVideoHunter，就能看到捕捉的视频。

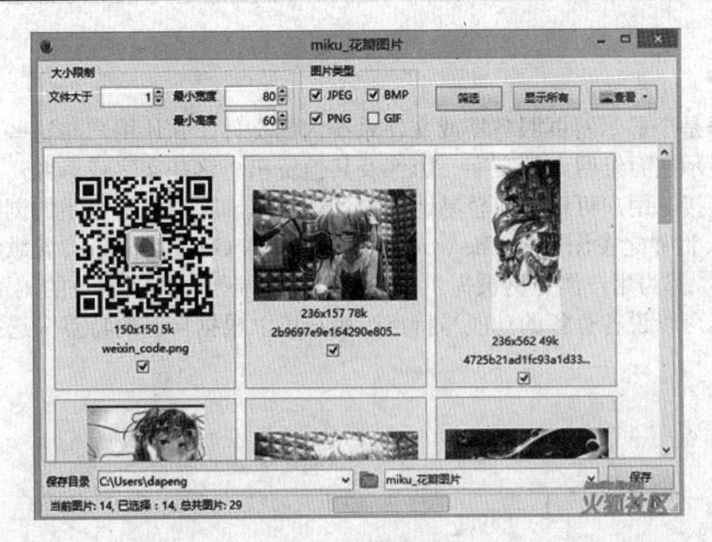

图 2-21 集图界面

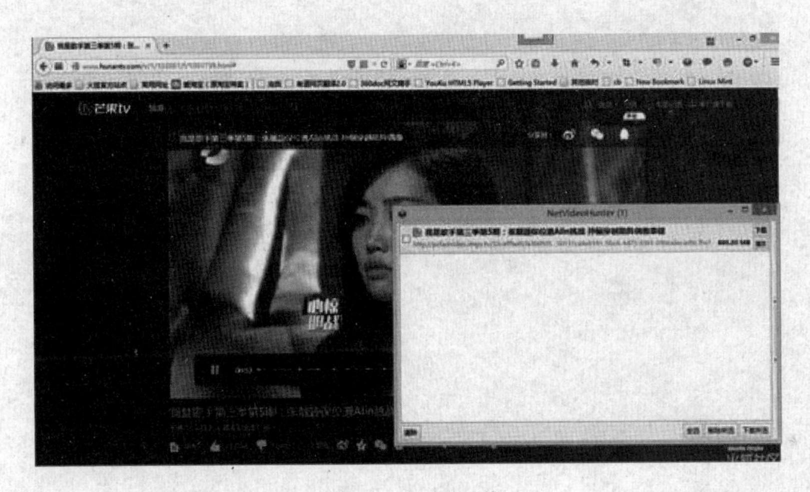

图 2-22 视频下载

四、Opera 浏览器

Opera 为来自挪威的一个极为出色的浏览器，具有速度快、节省系统资源、订制能力强、安全性高以及体积小等特点。多文件接口(MDI)、方便的缩放功能、整合搜索引擎、键盘捷径与鼠标浏览功能、当机时下次可以从上次浏览进度开始、防止 pop-up、Fullscreen、对 HTML 标准的支持、整合电子邮件与新闻群组以及让使用者自订接口按钮、skin、工具列等的排列方式，都是 Opera 多年来备受喜爱的特殊功能。

Opera 浏览器支持包括中文、英语等多种语言，在安装的时候可以根据需要选择。

五、遨游浏览器

傲游浏览器是一款基于 IE 内核的、多功能、个性化多标签浏览器。它允许在同一窗口内打开任意多个页面，减少浏览器对系统资源的占用率，提高网上冲浪的效率。同时它又能有效防止恶意插件，阻止各种弹出式、浮动式广告,加强网上浏览的安全。Maxthon Browser 支持各种外挂工具及 IE 插件，使你在 Maxthon Browser 中可以充分利用所有的网上资源，享受上网冲浪的乐趣。

六、总结

网页浏览器是个显示网页服务器或文件系统内的文件，并让用户与这些文件互动的一种软件。它用来显示在万维网上的文字、影像及其他资讯。这些文字或影像，并且可以是连接其他网址的超链接，用户可迅速及轻易地浏览各种资讯。除了以上介绍的浏览器外，还有速达浏览器 Avant、世界之窗浏览器 The world、绿色浏览器 GreenBrowser、谷歌浏览器 Chrome、Safari 等浏览器，都为用户浏览网页提供了快捷方便功能，提高了网页的浏览效率。

这些浏览器可以说各有各的功能与特点，用户可以根据自己的特点来选择一款适合自己的浏览器。

第三章 搜索引擎

有人说，会搜索才叫会上网，搜索引擎在我们日常生活中的地位已是举足轻重。

你也许是刚要兴冲冲地上网冲浪，也许已经在互联网上蛰伏了好几年，无论怎样，要想在浩如烟海的互联网信息中找到自己所需的信息，都需要一点点技巧。

对于企业而言，学习搜索，提高技巧，就能找到更多的潜在客户。对于大家而言，学习搜索引擎技巧可以有助我们的学习和生活！

第一节　搜索引擎含义由来及发展历史

一、搜索引擎（search engines）

搜索引擎是对互联网上的信息资源进行搜集整理，然后供你查询的系统，它包括信息搜集、信息整理和用户查询三部分。搜索引擎是一个为你提供信息“检索”服务的网站，它使用某些程序把因特网上的所有信息归类以帮助人们在茫茫网海中搜寻到所需要的信息。

早期的搜索引擎是把因特网中的资源服务器的地址收集起来，由其提供的资源的类型不同而分成不同的目录，再一层层地进行分类。人们要找自己想要的信息可按它们的分类一层层进入，就能最后到达目的地，找到自己想要的信息。这其实是最原始的方式，只适用于因特网信息并不多的时候。随着因特网信息按几何式增长，出现了真正意义上的搜索引擎，这些搜索引擎知道网站上每一页的开始，随后搜索因特网上的所有超级链接，把代表超级链接的所有词汇放入一个数据库。这就是现在搜索引擎的原型。

随着 yahoo 的出现，搜索引擎的发展也进入了黄金时代，相比以前其性能更加优越。现在的搜索引擎已经不只是单纯的搜索网页的信息了，它们已经变得更加综合化，完美化了。以搜索引擎 yahoo 为例，从 1995 年 3 月由美籍华裔杨致远等人创办 yahoo 开始，到现在，从一个单一的搜索引擎发展到现在有电子商务、新闻信息服务、个人免费电子信箱服务等多种网络服务，充分说明了搜索引擎的发展从单一到综合的过程。

然而由于搜索引擎的工作方式和因特网的快速发展，使其搜索的结果让人越来越不满意。例如，搜索“电脑”这个词汇，就可能有数百万页的结果。这是由于搜索引擎通过对网站的相关性来优化搜索结果，这种相关性又是由关键字在网站的位置、网站的名称、标签等公式来决定的。这就是使搜索引擎搜索结果多而杂的原因。而搜索引擎中的数据库因为因特网的发展变化也必然包含了死链接。

二、搜索引擎发展史

在互联网发展初期，网站相对较少，信息查找比较容易。然而伴随互联网爆炸性的发展，普通网络用户想找到所需的资料简直如同大海捞针，这时为满足大众信息检索需求的专业搜索网站便应运而生了。现代意义上的搜索引擎的祖先，是 1990 年由蒙特利尔大学学生 Alan Emtage 发明的 Archie。虽然当时 World Wide Web 还未出现，但网络中文件传输还是相当频繁的，而且由于大量的文件散布在各个分散的 FTP 主机中，查询起来非常不便，因此 Alan Emtage 想到了开发一个可以以文件名查找文件的系统，于是便有了 Archie。Archie 工作原理与现在的搜索引擎已经很接近，它依靠脚本程序自动搜索网上的文件，然后对有关信息进行索引，供使用者以一定的表达式查询。由于 Archie 深受用户欢迎，受其启发，美国内华达 System Computing Services 大学于 1993 年开发了另一个与之非常相似的搜索工具，不过此时的搜索工具除了索引文件外，已能检索网页。当时，“机器人”一词在编程者中十分流行。

电脑“机器人”（Computer Robot）是指某个能以人类无法达到的速度不间断地执行某项任务的软件程序。由于专门用于检索信息的“机器人”程序像蜘蛛一样在网络间爬来爬去，因此，搜索引擎的“机器人”程序就被称为“蜘蛛”程序。世界上第一个用于监测互联网发展规模的“机器人”程序是 Matthew Gray 开发的 World Wide Web Wanderer。刚开始它只用来统计互联网上的服务器数量，后来则发展为能够检索网站域名。与 Wanderer 相对应，Martin Koster 于 1993 年 10 月创建了 ALIWEB，它是 Archie 的 HTTP 版本。ALIWEB 不使用“机器人”程序，而是靠网站主动提交信息来建立自己的链接索引，类似于现在熟知的 Yahoo。随着互联网的迅速发展，使得检索所有新出现的网页变得越来越困难，因此，在 Matthew Gray 的 Wanderer 基础上，将传统的“蜘蛛”程序工作原理作了些改进。其设想是，既然从跟踪一个网站的链接开始，就有可能检索整个互联网。到 1993 年年底，一些基于此原理的搜索引擎开始纷纷涌现，其中以 JumpStation、The World Wide Web Worm（Goto 的前身，也就是今天 Overture）和 Repository-Based Software Engineering (RBSE) spider 最负盛名。然而 JumpStation 和 WWW Worm 只是以搜索工具在数据库中找到匹配信息的先后次序排列搜索结果，因此毫无信息关联度可言。而 RBSE 是第一个在搜索结果排列中引入关键字串匹配程度概念的引擎。最早现代意义上的搜索引擎出现于 1994 年 7 月。当时 Michael Mauldin 将 John Leavitt 的蜘蛛程序接入到其索引程序中，创建了大家现在熟知的 Lycos。同年 4 月，斯坦福（Stanford）大学的两名博士生，David Filo 和美籍华人杨致远（Gerry Yang）共同创办了超级目录索引 Yahoo，并成功地使搜索引擎的概念深入人心。从此搜索引擎进入了高速发展时期。目前，互联网上有名有姓的搜索引擎已达数百家，其检索的信息量也与从前不可同日而语。随着互联网规模的急剧膨胀，一家搜索引擎光靠自己单打独斗已无法适应目前的市场状况，因此现在搜索引擎之间开始出现了分工协作，并有了专业的搜索引擎技术和搜索数据库服务提供商。像国外的 Inktomi，它本身并不是直接面向用户的搜索引擎，但向包括 Overture（原 GoTo）、LookSmart、MSN、HotBot 等在内的其他搜索引擎提供全文网页搜索服务。国内的百度也属于这一类，搜狐和新浪用的就是它的技术。因此从这个意义上说，它们是搜索引擎的搜索引擎。

三、搜索引擎分类

搜索引擎按其工作方式主要可分为三种，分别是全文搜索引擎（Full Text Search Engine）、目录索引类搜索引擎（Search Index/Directory）和元搜索引擎（Meta Search Engine）。

1. 全文搜索引擎

全文搜索引擎是名副其实的搜索引擎，国外具代表性的有 Google、Fast/AllTheWeb、AltaVista、Inktomi、Teoma、WiseNut 等，国内著名的有百度（Baidu）。它们都是通过从互联网上提取的各个网站的信息（以网页文字为主）而建立的数据库中，检索与用户查询条件匹配的相关记录，然后按一定的排列顺序将结果返回给用户，因此它们是真正的搜索引擎。

从搜索结果来源的角度，全文搜索引擎又可细分为两种，一种是拥有自己的检索程序

（Indexer），俗称“蜘蛛”（Spider）程序或“机器人”（Robot）程序，并自建网页数据库，搜索结果直接从自身的数据库中调用，如上面提到的7家引擎；另一种则是租用其他引擎的数据库，并按自定的格式排列搜索结果，如Lycos引擎。

2. 目录索引

目录索引虽然有搜索功能，但在严格意义上算不上是真正的搜索引擎，仅仅是按目录分类的网站链接列表而已。用户完全可以不用进行关键词（Keywords）查询，仅靠分类目录也可找到需要的信息。目录索引中最具代表性的莫过于Yahoo雅虎。其他著名的还有Open Directory Project（DMOZ）、LookSmart、About等。国内的搜狐、新浪、网易搜索也都属于这一类。

3. 元搜索引擎(META Search Engine)

元搜索引擎在接受用户查询请求时，同时在其他多个引擎上进行搜索，并将结果返回给用户。著名的元搜索引擎有InfoSpace.com、Dogpile、Vivisimo等（元搜索引擎列表），中文元搜索引擎中具代表性的有搜星搜索引擎。在搜索结果排列方面，有的直接按来源引擎排列搜索结果，如Dogpile，有的则按自定的规则将结果重新排列组合，如Vivisimo。

4. 非主流形式

（1）集合式搜索引擎 如HotBot在2002年年底推出的引擎。该引擎类似META搜索引擎，但区别在于不是同时调用多个引擎进行搜索，而是由用户从提供的4个引擎当中选择，因此叫它“集合式”搜索引擎更确切些。

（2）门户搜索引擎 如AOL Search、MSN Search等虽然提供搜索服务，但自身既没有分类目录也没有网页数据库，其搜索结果完全来自其他引擎。

（3）免费链接列表（Free For All Links，简称FFA） 这类网站一般只简单地滚动排列链接条目，少部分有简单的分类目录，不过规模比起Yahoo等目录索引来要小得多。由于上述网站都为用户提供搜索查询服务，为方便起见，通常将其统称为搜索引擎。

第二节 好搜搜索引擎

奇虎360公司2015年推出独立品牌好搜，在短短的时间内好搜的中国占有率达到了第二。好搜是最干净、安全、可信任的搜索引擎，包含网页、新闻、问答、视频、图片、音乐、地图、良医、雷电、百科、购物等多项搜索产品。

好搜搜索（原360搜索）属于全文搜索引擎（图3-1），这是广泛应用的主流搜索引擎。好搜搜索包括新闻、网页、问答、视频、图片、音乐、地图、百科、良医、购物、软件、手机等应用。

好搜搜索是具有自主知识产权的搜索引擎，为用户带来更安全、更真实的搜索服务体验。

图3-1 好搜打开页面

一、好搜搜索的使用

1. 搜索引擎界面

好搜搜索引擎界面非常简洁，易于操作（图 3-2）。主体部分包括一个长长的搜索框，外加两个搜索按钮、LOGO 及搜索分类标签。

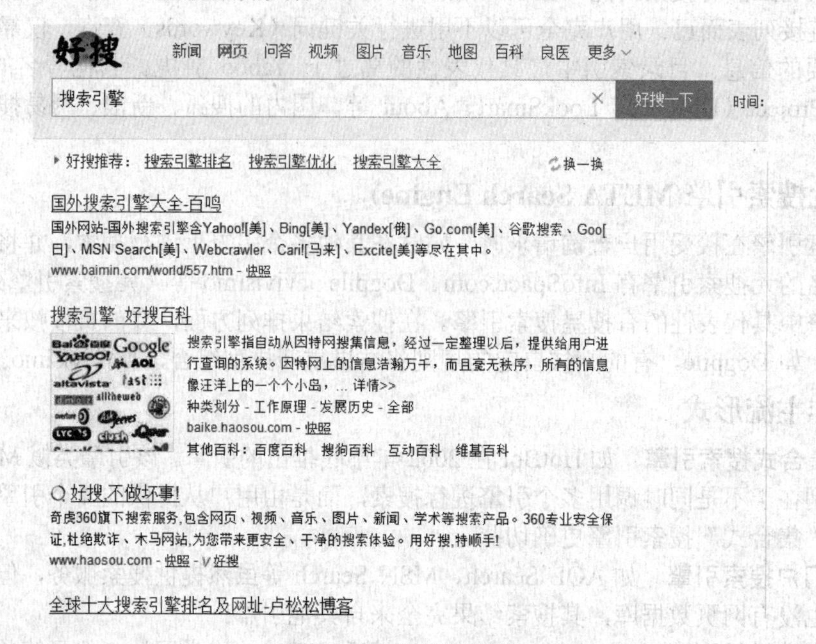

图 3-2 网页搜索结果显示

2. 基本搜索功能

（1）资讯搜索 点击首页左上方“资讯”标签，再输入要查询的关键字即可进行与资讯相关的信息内容搜索（图 3-3）。

图 3-3 资讯搜索页面

（2）图片搜索　点击首页正下方“图片”标签，再输入要查询的关键字即可进行图片内容的搜索，并且还提供了多种图片分类供用户准确搜索（图 3-4）。

图 3-4　图片搜索页面

（3）视频搜索　点击首页正上方“视频”标签，再输入要查询的关键字即可进行视频信息的搜索，并且还提供了多种视频分类供用户选择搜索（图 3-5）。

图 3-5　视频搜索页面

3. 特色搜索功能

对于好搜而言，还开发了很多极具特色的搜索功能，可以说是只要敢搜，就能实现。

（1）良医搜索 好搜特地开发了医搜索功能，方便广大患者能在网上寻医问药，良医搜索不但能使患者了解相关疾病，还提供了网上挂号、专家视频、网上购药服务。

良医搜索击首页正下方“良医”标签，再输入要查询的关键字即可进行与医药相关信息内容搜索，如内科、外科、妇科、出皮肤性病及五官科等（图 3-6）。

图 3-6 良医搜索页面

（2）地图搜索 点击首页上方“地图”标签，再输入要查询的关键字就可查询地址、搜索地区周边及规划路线等（图 3-7）。

图 3-7 地图搜索页面

（3）软件搜索　点击首页左上方“更多”标签，再选择“软件”，可通过搜索或直接在列表中找寻软件（图3-8）。

图3-8　软件搜索页面

（4）手机搜索　选择首页左上方“更多”标签，再点击“手机搜索”，输入要查询的关键字即可搜索特定的手机应用（图3-9）。

图3-9　手机搜索页面

二、行业影响

好搜除了市场份额的逐步攀升以外，还给整个行业带来了四大改变：

1. 好搜开创行业合作模式

好搜在广告业务上和Google合作，在购物搜索上和阿里巴巴旗下淘宝网、一淘网合作，在医疗领域和即刻搜索合作，在微博搜索上和云云网合作。好搜（so.com）与网易有道达成新的战略合作，好搜将为有道搜索提供技术支持服务，用户在使用有道搜索时，搜索结果将由好搜提供，在页面右上方将有“好搜提供技术支持”的标注。

2. 搜索引擎医疗广告比例大幅度降低

好搜从上线开始就全方位拒绝医疗广告，并且推出了良医搜索来解决群众网上求医问药的问题。在好搜的带动下，整个行业的医疗广告数量锐减，其他搜索引擎公司也在改变，其推广中医疗广告出现的频次明显降低。

3. 搜索推广欺诈现象得到控制

除了医疗广告数量在减少以外，网民深恶痛绝的搜索推广中欺诈钓鱼网站也在减少。从360网购先赔的数据来看，截止到2013年7月份（2013年数据），搜索引擎欺诈在整个网络欺诈中的所占比例已经从去年的43%降低到了37%。好搜更是推出欺诈推广全赔计划，如果用户因为好搜的推广链接而上当，将获得好搜的全额赔付。

4. 中小站长得到尊重

除了最终网民受益以外，原创优秀内容的站长们也开始受到尊敬。以往当搜索行业没有竞争出现的时候，中小站长的流量来源完全掌握在一家搜索引擎手中，好搜推出的站长平台、网站实名认证、官网直达等一系列措施来扶持站长们。据好搜官方给出数据，目前好搜站长平台已有50万个网站的注册用户，为上万家网站配置了官网直达。

第三节　百度搜索引擎

百度，全球最大的中文搜索引擎、最大的中文网站。1999年年底，身在美国硅谷的李彦宏看到了中国互联网及中文搜索引擎服务的巨大发展潜力，抱着技术改变世界的梦想，他毅然辞掉硅谷的高薪工作，携搜索引擎专利技术，于2000年1月1日在中关村创建了百度公司。从最初的不足10人发展至今，员工人数超过17000人。百度拥有数千名研发工程师，这是中国乃至全球最为优秀的技术团队，这支队伍掌握着世界上最为先进的搜索引擎技术，使百度成为中国掌握世界尖端科学核心技术的中国高科技企业，也使中国成为美国、俄罗斯和韩国之外，全球仅有的4个拥有搜索引擎核心技术的国家之一。

一、百度搜索入门

百度搜索简单方便。只需要在搜索框内输入需要查询的内容，敲回车键，或者鼠标点击搜索框右侧的百度搜索按钮，就可以得到最符合查询需求的网页内容（图3-10）。

图3-10　百度搜索关键词输入

结果收藏是针对登录用户提供的个性化服务。使用百度账号登录之后，可以将某次搜索得到的某条结果收藏。当下一次来查找相同的关键词时，已收藏的结果会在搜索页面的上方展示，便于更快地找到所喜爱的结果。

如何使用结果收藏功能：

（1）如果已经登录，并且在搜索设置中启用了结果收藏功能，那么此时输入关键词并搜索后会发现，结果页面每一条结果后方会出现收藏标记（图 3-11）。

（2）点击收藏标记☆，星星被点亮★并提示收藏成功，此时，已经把这条结果收藏在此关键词下。下一次搜索，已收藏的结果会展示在页面上方（图 3-12）。

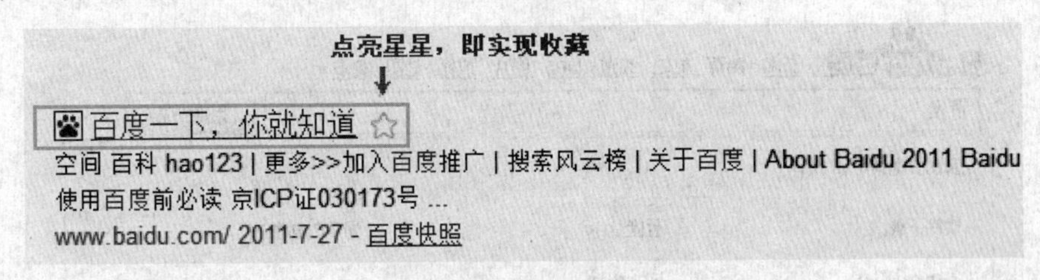

图 3-11 百度收藏标记

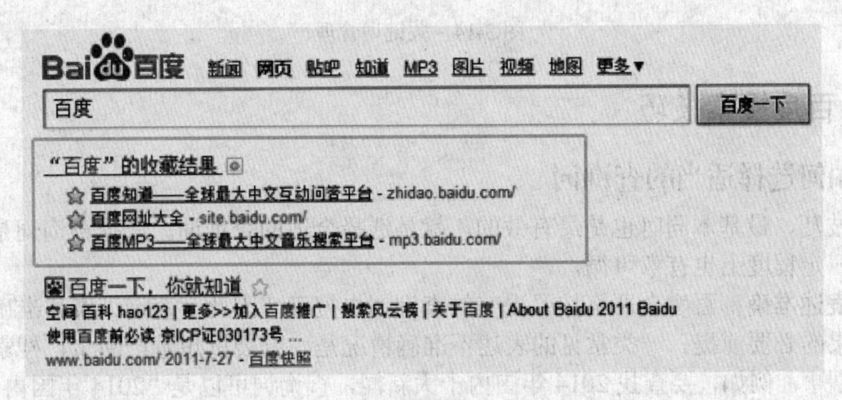

图 3-12 百度收藏结果

（3）收藏结果管理。点击主标题“百度”的收藏结果，可以进入到该关键词的结果收藏的管理页面。可以对收藏的所有结果管理，包括添加、删除、修改（图 3-13）。

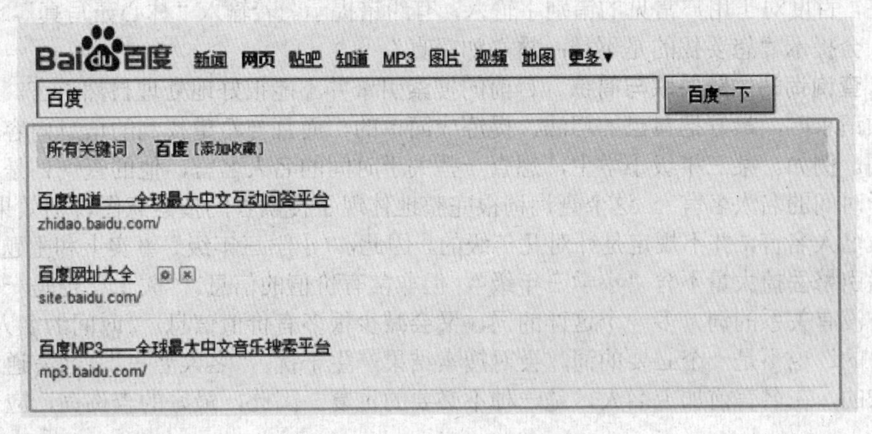

图 3-13 百度收藏结果管理

也可以进入到所有关键词管理页面，对关键词进行管理。每个关键词带有的数据，意味着在此关键词下收藏了多少结果，如果删除某一关键词，意味着此关键词下的所有收藏都被删除。如果修改某一关键词，那么下一次只有搜索修改后的关键词才会有收藏结果展现在自然结果上（图 3-14）。

（4）可以通过访问百度搜藏（cang.baidu.com），进入到网页结果收藏中。

收藏只面向登录用户，用户只有登录之后才能进行收藏，或者管理自己的已有收藏结果。用户的收藏行为只对自己可见，其他人是不可见的。

百度会根据结果的特点来判断此结果是否具有收藏的价值，因此会有少数结果没有收藏标记。

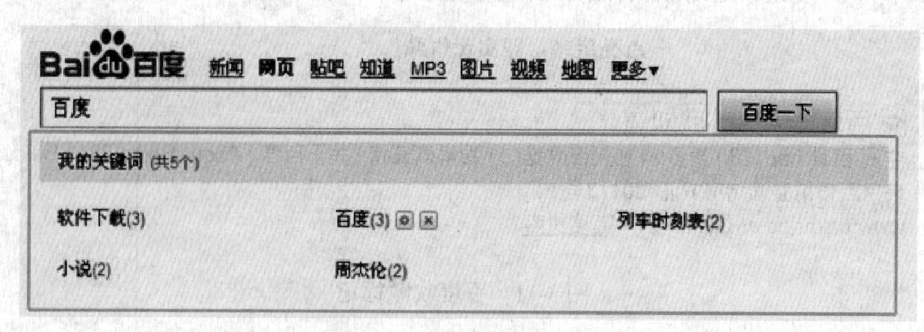

图 3-14　关键词管理

二、百度搜索技巧

1. 如何选择适当的查询词

搜索技巧，最基本同时也是最有效的，就是选择合适的查询词。选择查询词是一种经验积累，在一定程度上也有章可循。

（1）表述准确　百度会严格按照提交的查询词去搜索，因此，查询词表述准确是获得良好搜索结果的必要前提。一类常见的表述不准确情况是，脑袋里想着一回事，搜索框里输入的是另一回事。例如，要查找 2014 年国内十大新闻，查询词可以是“2014 年国内十大新闻”但如果把查询词换成“2014 年国内十大事件”，搜索结果就没有能满足需求的了。另一类典型的表述不准确，是查询词中包含错别字。例如，要查找林心如的写真图片，用“林心如写真”，当然是没什么问题但如果写错了字，变成“林心茹写真”，搜索结果质量就差得远了。不过好在，百度对于用户常见的错别字输入，有纠错提示。若输入“林心茹写真”，在搜索结果上方，会提示“您要找的是不是：林心如写真”。

（2）查询词的主题关联与简练　目前的搜索引擎并不能很好地处理自然语言。因此，在提交搜索请求时，最好把自己的想法，提炼成简单的，而且与希望找到的信息内容主题关联的查询词。例如。某三年级小学生，想查一些关于时间的名人名言，他的查询词是“小学三年级关于时间的名人名言”。这个查询词很完整地体现了搜索者的搜索意图，但效果并不好。绝大多数名人名言，并不规定是针对几年级的，因此，“小学三年级”事实上和主题无关，会使得搜索引擎丢掉大量不含“小学三年级”，但非常有价值的信息。“关于”也是一个与名人名言本身没有关系的词，多一个这样的词，又会减少很多有价值信息。“时间的名人名言”，其中的“的”也不是一个必要的词，会对搜索结果产生干扰。“名人名言”，名言通常就是名人留下来的，在名言前加上名人，是一种不必要的重复。因此，最好的查询词，应该是“时间名言”。

（3）根据网页特征选择查询词　很多类型的网页都有某种相似的特征。例如，小说网页，通常都有一个目录页，小说名称一般出现在网页标题中，而页面上通常有“目录”两个字，点击页面上的链接，就进入具体的章节页，章节页的标题是小说章节名称软件下载页，通常软件名称在网页标题中，网页正文有下载链接，并且会出现“下载”这个词。等等。经常的搜索，并且总结各类网页的特征现象，并应用查询词的选择中，就会使得搜索变得准确而高效。例如，找明星的个人资料页。一般来说，明星资料页的标题，通常是明星的名字，而在页面上，会有“姓名”、“身高”等词语出现。比如找林青霞的个人资料，就可以用“林青霞 姓名 身高”来查询。而由于明星的名字一般在网页标题中出现，因此，更精确的查询方式，可以是“姓名 身高 intitle:林青霞”。Intitle，表示后接的词限制在网页标题范围内。这类主题词加上特征词的查询构造方法，适用于搜索具有某种共性的网页。前提是，必须了解这种共性（或者通过试验性搜索预先发现共性）。

2. 利用百度找软件下载

日常工作和娱乐需要用到大量的软件，很多软件属于共享或者自由性质，可以在网上免费下载到。

（1）直接找下载页面 这是最直接的方式。软件名称，加上“下载”这个特征词，通常可以很快找到下载点。

（2）在著名的软件下载站找软件 由于网站质量参差不齐，下载速度也快慢不一。如果积累了一些好用的下载站（如天空网、华军网、电脑之家等），就可以用 site 语法把搜索范围局限在这些网站内，以提高搜索效率。例：网际快车 site:skycn.com。

小提示：一旦搜索范围局限在专业下载站中，“下载”这个特征词就不必在查询词中出现了。

3. 利用百度找问题的解决办法

我们在工作和生活中，会遇到各种各样的疑难问题，比如电脑中毒了，被开水烫伤了等等。很多问题其实都可以在网上找到解决办法。因为某类问题发生的几率是稳定的，而网络用户有好几千万，于是几千万人中遇到同样问题的人就会很多，其中一部分人会把问题贴在网络上求助，而另一部分人，可能就会把问题解决办法发布在网络上。有了搜索引擎，就可以把这些信息找出来。找这类信息，核心问题是如何构建查询关键词。一个基本原则是，在构建关键词时，尽量不要用自然语言（所谓自然语言，就是平时说话的语言和口气），而要从自然语言中提炼关键词。这个提炼过程并不容易，但是可以用一种将心比心的方式思考：如果我知道问题的解决办法，我会怎样对此作出回答。也就是说，猜测信息的表达方式，然后根据这种表达方式，取其中的特征关键词，从而达到搜索目的。例如，上网时经常会遇到陷阱，浏览器默认主页被修改并锁定。这样一个问题的解决办法，应该怎样搜索呢？首先要确定的是，不要用自然语言。比如，有的人可能会这样搜索“我的浏览器主页被修改了，谁能帮帮我呀”。这是典型的自然语言，但网上和这样的话完全匹配的网页，几乎就是不存在的。因此这样的搜索常常得不到想要的结果。来看这个问题中的核心词汇。对象：浏览器（或者IE）的主页。事件：被修改（锁定）。“浏览器”、“主页”和“被修改”，在这类信息中出现的概率会最大，IE 可能会出现，至于锁定，用词比较专业化，不见得能出现。于是关键词中，至少应该出现“浏览器”、“主页”和“被修改”，这是问题现象描述。一般情况下，只要对问题作出适当的描述，在网上基本上就可以找到解决对策。例：浏览器主页 被修改。例：冲击波病毒 预防。

4. 利用百度找产品使用教程

装了一个新软件，或者家里买了新的产品（如数码相机），往往会需要一个细致的教程。类似的教程在书店里常可以买到，但在网上一样也可以搜索到。教程的搜索，有两个要点，第一个要点是，这个教程是针对什么产品做的。这点比较好确定。比如说，想找 office2000

的教程，这第一个要点就是“office2000”了。第二个要点是，这类教程，通常会有一些什么样的特征关键词。也就是说，如果某个网页是某类产品的教程，这个页面上，会有一些什么样的词汇，来表明这个网页是个教程。对这些特征关键词的把握是搜索老手和新手的差别所在。其实只要平时做个有心人，对类似问题多总结，多记忆，搜索技能就会慢慢熟练。对教程类网页而言，常出现的特征关键词有：教程、指南、使用指南、使用手册、从入门到精通等等，而在URL链接中，通常会有汉语拼音的“jiqiao”来标注这个页面是技巧帮助性页面。通过一次搜索就达到目的通常会有些困难，但多次试验，总会构建出一个非常好的搜索关键词。例：photoshop 技巧集锦。例：数码相机 使用指南。例：dreamweaver inurl:jiqiao。

5. 利用百度找英汉互译

尽管手头有英文词典，但翻词典一是麻烦速度慢，二是可能对某些词汇的解释不够详尽。中译英就更如此了。多数词典只能对单个汉字词语做出对应的英文解释，但该解释在上下文中也许并不贴切。搜索引擎找英汉互译的一个长处就在于，可以比较上下文，使翻译更加精确。

（1）找简单的英汉互译 百度本身提供了英汉互译功能。对找到释义的汉字词语或者英文单词词组，在结果页的搜索框上面会出现一个“词典”的链接，点击链接，就可以得到相应的解释。

（2）找生僻词语的互译 很多情况下，无论是在线下的词典，还是用百度的线上词典，都无法找到词义解释，此时就需要利用网页搜索了。在某些情况下，网页作者会对某些生僻的词语加注一个英文或者中文释义。但提取这个生僻翻译的难度在于，没有表明释义存在的特征性关键词，因为作者在注释的时候，是不会有诸如“英文翻译”这样的提示语的。例如，要找“特此证明”的英文正规翻译。我们想象一个有“特此证明”的英文翻译，通常会有一些判断性的语句，如“他是xxxxxx”，对应的英文就是“he is xxx”，于是，如果把“特此证明”和“he is”放在一起搜索，可能就能找到想要的结果。例：特此证明 he is。

6. 利用百度找专业报告

很多情况下，需要有权威性的、信息量大的专业报告或者论文。比如，需要了解中国互联网状况，就需要找一个全面的评估报告，而不是某某记者的一篇文章。需要对某个学术问题进行深入研究，就需要找这方面的专业论文。找这类资源，除了构建合适的关键词之外，还需要了解一点，那就是：重要文档在互联网上存在的方式，往往不是网页格式，而是Office文档或者 PDF 文档。PDF 文档是 Adobe 公司开发的一种图文混排电子文档格式，能在不同平台上浏览，是电子出版的标准格式之一。多数上市公司的年报，就是用PDF做的。很多公司的产品手册，也以PDF格式放在网上。百度以“filetype：”这个语法来对搜索对象做限制，冒号后是文档格式，如PDF、DOC、XLS等。例：霍金 黑洞 filetype:pdf。

7. 利用百度找论文

（1）找论文网站 网上有很多收集论文的网站。先通过搜索引擎找到这些网站，然后再在这些网站上查找自己需要的资料，这是一种方案。找这类网站，简单地用“论文”做关键词进行搜索即可。例：论文。

（2）直接找特定论文 除了找论文网站，也可以直接搜索某个专题的论文。看过论文的都知道，一般的论文，都有一定的格式，除了标题、正文、附录，还需要有论文关键词、论文摘要等。其中，“关键词”和“摘要”是论文的特征词汇。而论文主题，通常会出现在网页标题中。例：关键词 摘要 intitle:物流。

8. 利用给百度找范文

写应用文的时候，找几篇范文对照着写，可以提高效率。

（1）找市场调查报告范文　市场调查报告的网页，有几个特点。第一是网页标题中通常会有“xxxx 调查报告”的字样。第二是在正文中，通常会有几个特征词，如“市场”、“需求”、“消费”等。于是，利用 intitle 语法，就可以快速找到类似范文。例：市场　消费　需求　intitle:调查报告。

（2）找申请书范文　申请书有多种多样，常见的比如入党申请书。申请书有一定的格式，因此只要找到相应的特征词，问题也就迎刃而解。比如入党申请书的最明显的特征词就是“我志愿加入中国共产党”。例：我志愿加入中国共产党　入党申请书。

（3）找工作总结范文　还是那个关键问题，工作总结会有什么样的特征词？将心比心设想一下，就会发现，工作总结，总会写“一、二、三”，“第一，第二，第三”，“首先，其次，最后”。而且工作总结的标题中，通常会出现“工作总结”四个字，于是，问题就很好解决了。例：第一　第二　第三　intitle:工作总结。

9. 利用百度找谜底

（1）猜谜语　有时候，会遇上各种高难度的谜语，但有了搜索引擎，只要这种谜语的传播范围略广些，通常都可以在网上找到答案。搜索时候，只需把谜面和“谜底”作为关键词搜索就可以了。例：眼皮上落着一只苍蝇 谜底。

（2）解难题　除了标准谜语，还会遇到一些类似福尔摩斯探案之类的智力题。比方说，有这么个推理题：“一个人在朋友家吃饭，问朋友这餐吃的是什么肉？朋友说是企鹅肉，他就号啕大哭自杀了。”为什么呢？搜一下。这个题目中的特征词串是“企鹅肉”和“自杀”，再加上问题答案的特征词“答案”，就可以快速找到结果了。例：企鹅肉 自杀 答案。再比如，微软招聘，曾有一个著名的题目：下水道的盖子为什么是圆的，也可以用搜索引擎找其他人五花八门的解答。例：下水道 盖子 圆的 回答。

10. 利用百度找医疗健康信息

互联网上有大量的健康和疾病治疗方面的资料信息，就像一个超级大夫，才高八斗，学富五车，关键是要看怎么去向“他”咨询。

（1）根据已知疾病查找治疗方式　这类资料通常有这样的特点，在标题中会注明疾病的名称，同时会有诸如“预防”、“治疗”、“消除”等特征性关键词。于是，用疾病名称和特征性关键词，就可以搜到相关的医疗信息。例：消除青春痘。

（2）找专业疾病网站　对于某些大型的综合类疾病，如心脏病、癌症、艾滋病等，也可以先用搜索引擎查找这类疾病的权威专业网站，然后到这些专业网站上求医问药，获取有关知识。找这类网站很简单，就是用疾病名称作关键词搜索。搜索引擎通常会把比较权威、质量比较高的网站列在前面。例：艾滋病。

（3）根据症状找疾病隐患　经常还会有这样的需求，已知身体不舒服的症状，希望知道可能的疾病隐患是什么。这也可以通过搜索引擎解决问题。一般的疾病介绍资料，通常会有疾病名称、疾病症状、治疗方法等部分。描述的症状，如果和某个网页中的疾病症状刚好符合，搜到这样的网页，疾病名称也就知道了。做这类搜索的关键是，如何把症状现象用常用的表达方式提炼出来。例：头皮屑特别多。

11. 数学计算

百度计算器为用户提供常用的数学计算功能。可在任何地方的网页搜索栏内，输入需要计算的数学表达式（例如：3+2），点击搜索，即可获得结果。

百度计算器支持实数范围内的计算，支持的运算包括：加法（+或＋），减法（-或－），乘法（*或×），除法（/），幂运算（^），阶乘（!或！）。支持的函数包括：正弦，余弦，正切，对数。支持上述运算的混合运算。

例：

加法：3+2

减法：3–2

乘法：3*2

除法：3/2

阶乘：4!　　4 的阶乘

平方：4^2　　4 的平方

立方：4^3　　4 的立方

开平方：4^(1/2)　4 的平方根

开立方：4^(1/3)　4 的立方根

倒数：1/4　　4 的倒数

幂运算：4^8　　4 的 8 次方

常用对数：log(8)　以 10 为底 8 的对数

以自然底数为底的对数：ln(8)　以 e 为底 8 的对数

求弧度的正弦：sin(10)　　10 弧度角正弦值

求弧度的余弦：cos(10)　　10 弧度角余弦值

求弧度的正切：tan(10)　　10 弧度角正切值

上述运算的混合运算：log((5+5)^2)–3+pi

圆周率 pi=3.14159265

自然底数 e=2.71828183

可以直接使用常数字符，如图 3-15 所示。

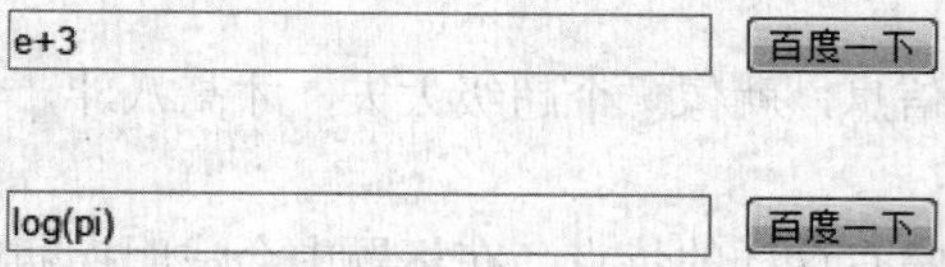

e+3　百度一下

log(pi)　百度一下

图 3-15　百度数学计算

如果输入的算式不符合上述格式，则不会得到计算结果，而只得到算式的搜索结果。

提示：

- 英文字母不分大小写；
- 支持中文运算符和中文括号；
- 如果对数字进行函数计算，则可省略括号。

12. 度量衡换算

百度支持常用的度量衡换算。方法是在搜索栏或者计算框内输入如下格式表达式：

换算数量换算前单位＝？

换算后单位

百度支持的具体换算单位（图 3-16）：

5公斤＝？克　百度一下

图 3-16　度量衡换算

长度

公制：千米（公里），米，分米，厘米，毫米，微米

英制：英寸，英尺，码，英里

市制：里，丈，尺，寸，分，厘，毫

面积

公制：平方公里，公顷，公亩，平方米，平方厘米

英制：英亩，平方英里，平方码，平方英尺，平方英寸

市制：顷，亩，平方尺，平方寸

体积

公制：立方米，立方分米，立方厘米，升，毫升

英制：立方英尺，立方英寸，立方码，英国加仑

重量

公制：吨，公担，千克（公斤），克，毫克

英制：磅，盎司，克拉

市制：担，斤，两，钱

温度

华氏度，摄氏度

三、网页搜索特色功能

1. 搜索时出现的百度快照是什么

如果无法打开某个搜索结果，或者打开速度特别慢，该怎么办？“百度快照”能帮助解决问题。每个未被禁止搜索的网页，在百度上都会自动生成临时缓存页面，称为“百度快照”。当遇到网站服务器暂时故障或网络传输堵塞时，可以通过“快照”快速浏览页面文本内容。百度快照只会临时缓存网页的文本内容，所以那些图片、音乐等非文本信息，仍是存储于原网页。当原网页进行了修改、删除或者屏蔽后，百度搜索引擎会根据技术安排自动修改、删除或者屏蔽相应的网页快照。

2. 在不知道汉字的情况下，输入拼音可以吗

如果只知道某个词的发音，却不知道怎么写，或者嫌某个词拼写输入太麻烦，该怎么办？百度拼音提示能帮助解决问题。只要输入查询词的汉语拼音，百度就能把最符合要求的对应汉字提示出来。它事实上是一个无比强大的拼音输入法。 拼音提示显示在搜索结果上方。

3. 什么是网页的相关搜索

搜索结果不佳，有时候是因为选择的查询词不是很妥当。可以通过参考别人是怎么搜的，来获得一些启发。百度的“相关搜索”，就是和您的搜索很相似的一系列查询词。百度相关搜索排布在搜索结果页的下方，按搜索热门度排序。

4. 有错别字还能搜索出我想要的资源吗

由于汉字输入法的局限性，在搜索时经常会输入一些错别字，导致搜索结果不佳。别担心，百度会给出错别字纠正提示。错别字提示显示在搜索结果上方。

如，输入“唐醋排骨”，提示如下：您要找的是不是“糖醋排骨”。

5. 股票、列车时刻表和飞机航班查询

在百度搜索框中输入股票代码、列车车次或者飞机航班号，就能直接获得相关信息。例如，输入深发展的股票代码“000001”，搜索结果上方，显示深发展的股票实时行情。也可以在百度常用搜索中，进行上述查询。

6. 网页中如何进行天气查询

使用百度就可以随时查询天气预报。再也不用四处打听天气情况了。

在百度搜索框中输入您要查询的城市名称加上天气这个词,您就能获得该城市当天的天气情况。例如,搜索“北京天气”，就可以在搜索结果上面看到北京今天的天气情况。

百度支持全国多达400多个城市和近百个国外著名城市的天气查询。

四、常见百度搜索问题

1. 输入的查询文字如果是繁体，对搜索结果会产生影响么

不会。不管查询文字是简体还是繁体，百度都会同时搜索繁体和简体网页。

2. 为什么输入百度首页，进去以后却是别的网站

可能机器被某些恶意站点的病毒代码所感染。建议下载最新版百度杀毒进行病毒查杀，使浏览器恢复正常状态也可以通过网页投诉中心发送求助信息。

3. 为什么在浏览器内查看百度页面的字体过小

在浏览器的菜单栏上通过“查看→文字大小”进行设置。

4. 搜索框下拉引导词常见问题

（1）是否可以不展现某些引导词 为了给网民的搜索行为提供便利的服务，系统会判断用户可能需要的相关搜索词，并通过下拉搜索框的形式给出提示。如果系统认为需要在用户搜索的关键词下展现提示性的搜索词，即会给予展示，无法选择关闭此功能（图3-17）。

（2）搜索框下拉出现负面词汇 根据法律、法规和规范性文件要求，百度按国家要求制定了相应的工作流程，以保护权利人的合法权益。请向百度发出“权利通知”，百度将根据中国法律法规和政府规范性文件采取措施移除相关内容或屏蔽相关链接。http://www.baidu.com/duty/right.html 请详细阅读此链接内容，按相关要求完成所需材料。

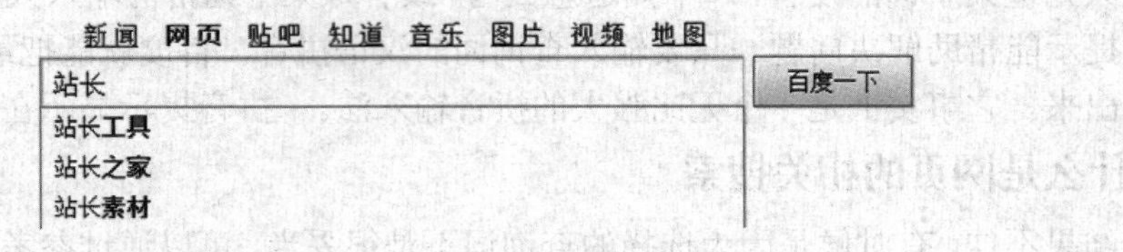

图3-17 相关搜索词展现

（3）企业负面信息 如果出现一些涉及企业或者个人负面的信息，可以通过法务渠道进行申诉。详见【权利声明】http://www.baidu.com/duty/right.html。

5. 找不到特定时间内的相关内容

如果用户搜索的关键词中存在特定的时间限制，明确寻找某些时间下的相关内容时，系统会在互联网中寻找相关资源。如果无法找到符合时间要求的内容，可能是互联网上并没有相关资源。

6. 如何获得官网认证标志

官网认证渠道已经对外开放，可以进入 http://guanwang.baidu.com/vcard/officialsite 进行申请。特别说明：用户需要重新注册官网认证平台的账号，无法使用百度账号进行登录。

7. 域名被篡改后，百度搜索出的结果描述全是错误的，怎么办

如果是域名遭到黑客攻击导致的搜索结果摘要标题异常，先解决网站自身问题后，通过投诉平台 http://tousu.baidu.com/webmaster/add 对快照进行投诉，可以对被篡改内容进行更新。

8. 如何搜索繁体字的相关内容

百度提供的中文搜索服务会根据用户所在地区常用的文字格式进行转换，如果所在地区的常用文字是中文简体，那么在输入中文繁体字进行搜索后，会将搜索词自动转换为相应的中文简体格式。

9. 怎么删除百度搜索记录

（1）鼠标指向想要删除的历史记录（注意是指向，不是点击），点击右侧出现的“删除”，即可删除此条记录（图 3-18）。

（2）如果希望今后不再显示搜索记录，点击页面右上角的“搜索设置”（图 3-19）。

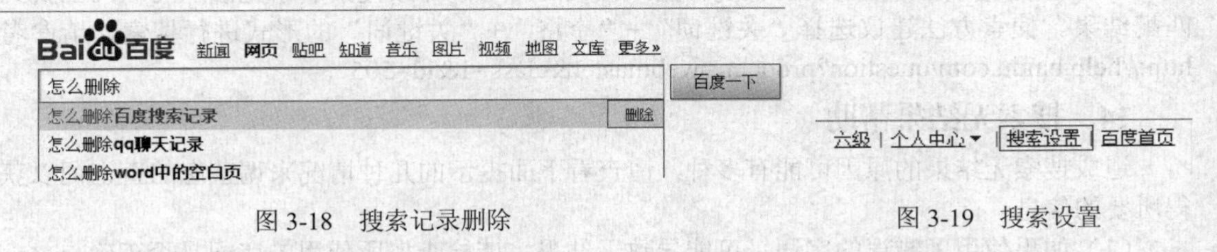

图 3-18 搜索记录删除　　　　图 3-19 搜索设置

在“搜索历史记录”选项后选择“不显示”，保存设置即可（图 3-20）。

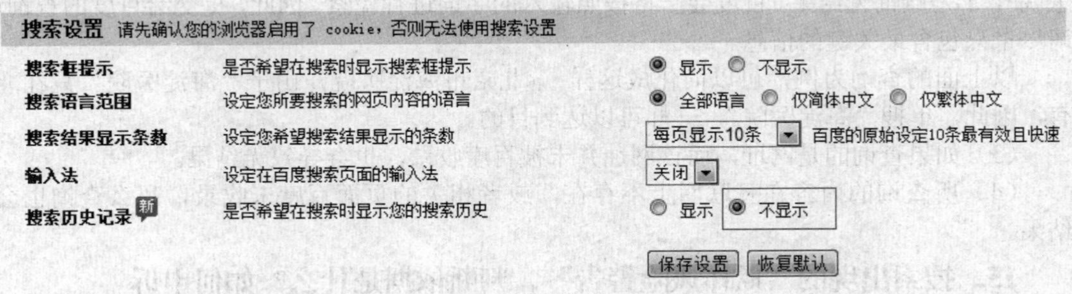

图 3-20 搜索历史记录不显示

10. 如何使百度的搜索结果按时间排序

对于具有对时间因素有要求的搜索需求，比如某些新闻事件的搜索结果，搜索策略会自动将最新的内容排在前列。而对于其他对时间需求不强烈的搜索请求，策略会优先展现内容更加相关的结果。如果对搜索结果的时间非常关注，则可以尝试使用高级搜索中的功能，对

搜索结果进行时间上的限定。

11. 如何删除从百度搜索出的个人信息

百度提供自动搜索链接服务，与链接网站的网页内容无关，百度无权删除他人网站上的网页内容或内容更新。如果希望删除百度网页搜索结果中链接的原内容，请联系原始网站的管理员删除原始页面。若原始网页被删除，在百度搜索结果中，链接将会很快机器自动删除。若希望这些页面马上消失，请在原网站删除内容之后，通过网页投诉中心进行提交，经百度系统自动核实的，这些页面很快将消失。如果无法与原始网站取得联系或无法删除原始网页，且这些网页内容已经明确侵犯了您的隐私、侮辱、诽谤或存在其他侵犯您人身权利的情况，请在网页搜索中心的隐私问题反馈专区进行说明，同时提供身份证明和详细侵权情况资料及链接地址。百度在收到上述文件后，会有专人进行审核和判断，对于符合我国法律对隐私权和名誉权侵害标准的，审核人员会依法进行相应的处理。

12. 原网页早已删除（或变更），为什么相应的百度快照还没有更新

搜索结果网页无法打开、网页内容变化但快照未更新等问题，请在此进行反馈 http://tousu.baidu.com/webmaster/add 。

13. 为什么从百度搜不到我要的内容

可能是搜索的内容在互联网上没有直接相关的内容，导致搜索引擎无法从互联网上找到匹配结果。搜索方法建议选择“关键词”+“空格”+“关键词”的形式进行搜索，请参考 http://help.baidu.com/question?prod_en=webmaster&class=1&id=505 。

14. 搜索无结果帮助

造成搜索无结果的原因可能有多种，请查看下面提示的几种情况来调整您的查询词以获得所要的信息。

（1）如果使用了错误的字词，可能导致无结果。请检查您所使用的字词是否正确。

（2）如果输入的查询信息太多，可能导致无结果。可以尝试简化输入的查询信息来获取更多的结果。

例如：找北京市的海淀医院，有用户这样搜：“我想找北京市海淀区中关村附近的海淀医院”，于是查询无结果。百度会严格按照输入的字词进行检索。因此，提交给百度的查询词，请尽量只包含最关键的信息。

以上面的查询为例，可以简化成这样： 北京市海淀医院，由于“海淀医院”只在北京有，因此，单搜“海淀医院”，一样可以达到目的。

（3）如果查询的是网址，而该网址并未被百度收录，也会导致无结果。

（4）所查询的内容在互联网上不存在，或者相关的页面百度未收录，那么查询也会无结果。

15. 搜索出现的“欺诈风险警告”，判断依据是什么？如何申诉

百度搜索结果中的风险提示会参考安全联盟的第三方数据，网站可能存在风险时会给予用户相应提示。当网站被拦截时，并不一定代表网站在主动传播恶意内容。根据安全联盟的统计，有 50%以上的网站存在可被黑客入侵的漏洞。可能在不知不觉中，网站早已遭到黑客恶意篡改，加入了很多违法违规的恶意页面或链接。建议前往安全联盟站长平台，对网站的漏洞风险进行一次全面诊断，并对此进行必要的修复工作。要确保网站的安全运营，保证流量的持续增长，请持续监控网站漏洞风险，根除被拦截的后顾之忧。在确保网站无安全问题后，可以通过申请，解除网站的风险提示。

如果网站摘要或标题出现异常，很可能是网站遭到了黑客攻击所致（图 3-21）。

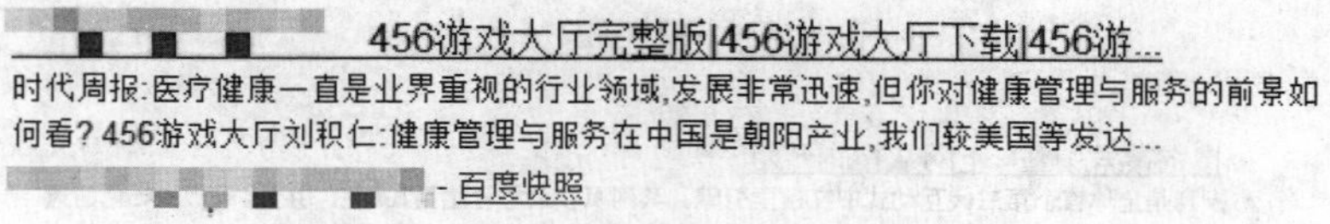

456游戏大厅完整版|456游戏大厅下载|456游...
时代周报:医疗健康一直是业界重视的行业领域,发展非常迅速,但你对健康管理与服务的前景如何看?456游戏大厅刘积仁:健康管理与服务在中国是朝阳产业,我们较美国等发达...
- 百度快照

图 3-21 网站摘要异常

（1）黑客直接修改了网站内容，当所有用户访问时都展现修改后的页面。

（2）针对百度搜索引擎抓取机器单独制作了另外一个垃圾页面，当网站检测到来访者是百度抓取机器时会将这个隐藏的界面展现给机器，以达到篡改网站搜索结果展现的目的。此类问题均需要网站管理员对后台文件进行审查，恢复正常状态。然后再到投诉平台提交相应的网站快照链接以快速更新正确的网站标题摘要。

第四节 搜狗搜索

搜狗搜索引擎是搜狐公司强力打造的第三代互动式搜索引擎，凭借搜狐公司强大的技术实力，“搜狗”搜索引擎将使网站用户不离开网站就可以体验到一流的全球互联网搜索结果。

一、使用入门

1. 开始第一次搜索

（1）在搜索框内输入要查询的内容，敲击回车键(或者点击搜索框右侧的搜狗搜索按钮)，就可以获得想要的内容。无需下载、安装。例如：想查找好看的电影，在搜索框内直接输入好看的电影，敲击回车键（或者点击“搜狗搜索按钮”），就可立即获得优质的结果（图 3-22）。

图 3-22 搜狗关键词输入

（2）使用多个词语搜索。如果想得到更精确的搜索结果，只需输入更多的关键词，并在关键词中间留空格就行了。例如：搜索“中国　北京　天安门”,这样会比直接搜“中国北京天安门”结果要好（图 3-23）。

图 3-23 多个关键词输入

2. 搜索结果页

每个带下划线的蓝色行都是搜索词找到的搜索结果。搜狗已经把最相关的匹配项放在最前面，点击就可以打开对应的网页。以下的示例帮助了解搜索结果页中所有的元素和工具（图 3-24）。

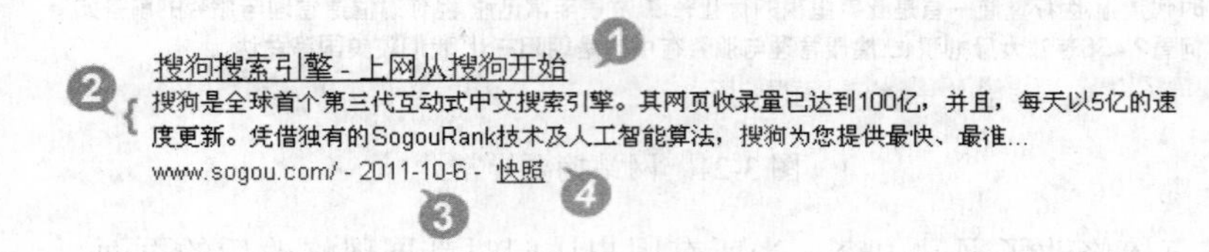

图 3-24　普通搜索结果

（1）标题：搜索结果中第一行带下划线的都是网页标题，点击可以打开该网页。

（2）摘要：对网页的描述，包含了从该网页摘录的相关的文本，方便查找所需内容。

（3）网址：网页网址以绿色显示。

（4）快照：网页被删除、打不开或者速度慢时，可以通过快照查看网站内容。

3. 删除搜索框历史

很多用户说搜索时总是会自动填充以前搜索过的内容，不知如何解决，其实这是网页浏览器的一项功能。需要进入 IE 浏览器的相关菜单进行设置：

Windows7 系统下先运行 Windows7 优化大师(如果是 Vista 系统，下载 Vista 优化大师)，点击系统设置里面的 IE 管理大师，在“属性设置”标签里面，勾选一下“删除 IE 的搜索框”，点击右下角的保存设置即可（图 3-25），待下次运行 IE7 和 IE8 浏览器后，搜索框就没有了。

使用微软 Windows 自带的组策略：

Win 键+R 键，打开运行窗口，输入 gpedit.msc 然后回车，打开 Vista 或者 Windows7 自带的策略编辑器，依次打开“计算机配置”→“管理模块”→“Windows 组件”→“Internet Explorer”，然后在右侧窗口中双击“阻止显示 Internet Explorer 搜索框”，勾选“已启用”即可（图 3-26），以后如果要改回来，就选择未配置(默认)或者已禁用即可。

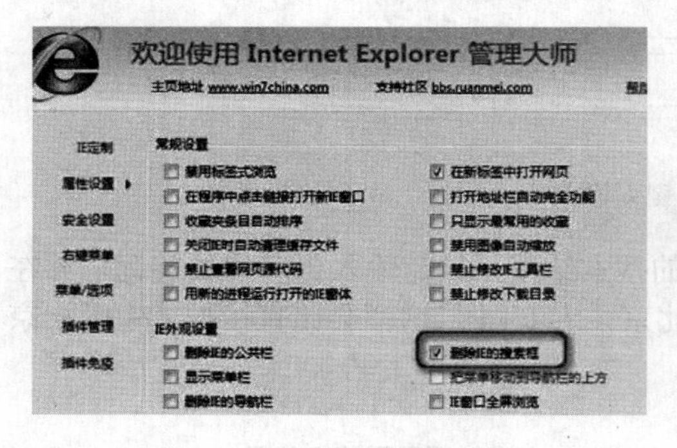

图 3-25　删除搜索框历史

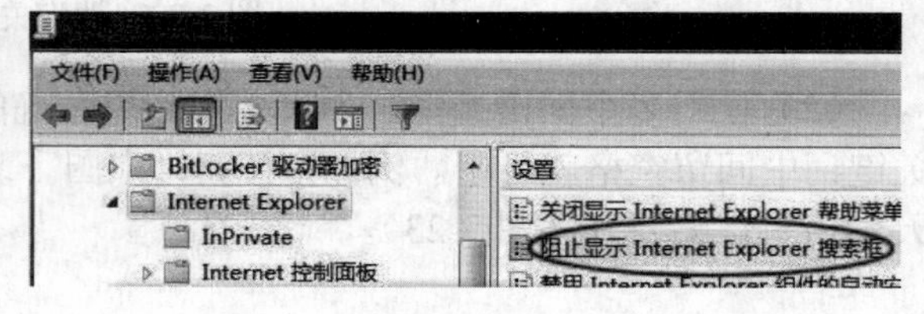

图 3-26　清除浏览记录

二、搜索技巧

1. 如何选择查询词

最基本、有效的查询技巧，就是选择合适的简单明确的查询词。以搜索引擎容易分辨的词语来查询，能够大大提高查询效率。

每个查询词都应该使目标更加明确，尽量减少无关重复的词语。例如：

✖ “简简单单不复杂又好听的网名”太长，完全符合条件的结果可能较少。

✔ “简单的网名”效果更好。

检查您有没有把自己的想法以对话的方式键入查询词。例如：

✖ 搜索“我想看暑假最多人喜欢的电影”，搜索引擎不易理解。太长，完全符合条件的结果可能较少。

✔ 搜索“暑期 热门 电影”效果更好。

尽量使用网页上可能出现的词，比如搜索“很多人喜欢”不如搜索“来电声音”、“来电铃声”，搜索“来电声音”、“来电铃声”不如搜索“手机铃声”。采用的是网络中比较常用的词汇，更便于得到优质结果（图 3-27）。

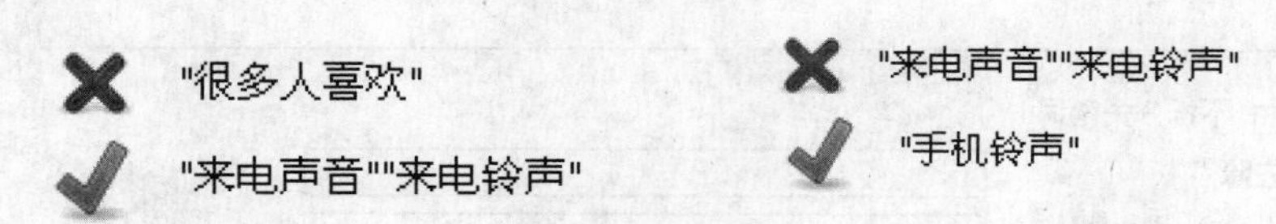

图 3-27 多使用网络常用词汇搜索

多留意网页上会出现的词，并且去猜测信息的表达方式并提取关键词，会大大提高搜索的准确率。

2. 高级搜索语法

（1）精确匹配（“”） 利用双引号可以查询完全符合关键字串的网站。例如直接输入热门游戏，会返回“热门网络游戏”“热门小游戏”“游戏下载”等内容，如果输入“热门游戏”，搜狗就会严格按照该词组的形式查找结果，不做任何拆分。

（2）在特定网站内搜索（site:） 如果想知道某个站点中是否有自己需要找的东西，可以使用 site 语法，其格式为：查询词+空格+site:网址。

例如，只想看搜狐网站上的财经新闻，就可以这样查询：财经 site:sohu.com 。

搜狗还支持多站点查询，多个站点用“|”隔开，如：财经 site:www.sina.com.cn|www.sohu.com（site:和站点名之间，不要带空格。）

（3）在特定的网页标题中搜索（intitle:） 如果需要把搜索范围局限在特定的网页标题中，可使用 intitle 语法，其格式为：查询词+空格+intitle：网页标题所含关键词。

例如，找周杰伦的新歌，就可以这样查询：新歌 intitle:周杰伦。

（4）减除无关资料（-） 如果要避免搜索某个信息，可以在这个词前面加上一个减号（“-”，英文字符）。

例如，搜仙剑奇侠传，希望是看游戏方面的信息，但是却出来很多电视剧的内容，那就可以输入：仙剑奇侠传 -电视剧。

注意：减号之前必须留一空格，否则减号就会被处理成连字符，失去语法功能。

（5）特定文件搜索（filetype） 如果不是想搜网页内容，而是想找某一类的文件怎么办？filetype 语法可以帮解决这个问题。其搜索语法为：查询词+空格+Filetype:格式，格式可以是 DOC、PDF、PPT、XLS、RTF、ALL（全部文档）。

例如：市场分析 filetype:doc，其中的冒号是中英文符号皆可，并且不区分大小写。

filetype:doc 可以在前也可以在后，但注意关键词和 filetype 之间一定要有个空格。

例如：filetype:doc 市场分析。

filetype 语法也可以与 site 语法混用，以实现在指定网站内的文档搜索。例如在中国农业大学和清华大学网站内搜索有关“中国”的文档，就可以用：

site：www.cau.edu.cn|www.tsinghua.edu.cn filetype:all 中国

3. 高级搜索功能

如果对搜狗的各种查询语法不熟悉，可以使用集成的高级搜索功能，方便实现高级搜索语法功能（图 3-28）。

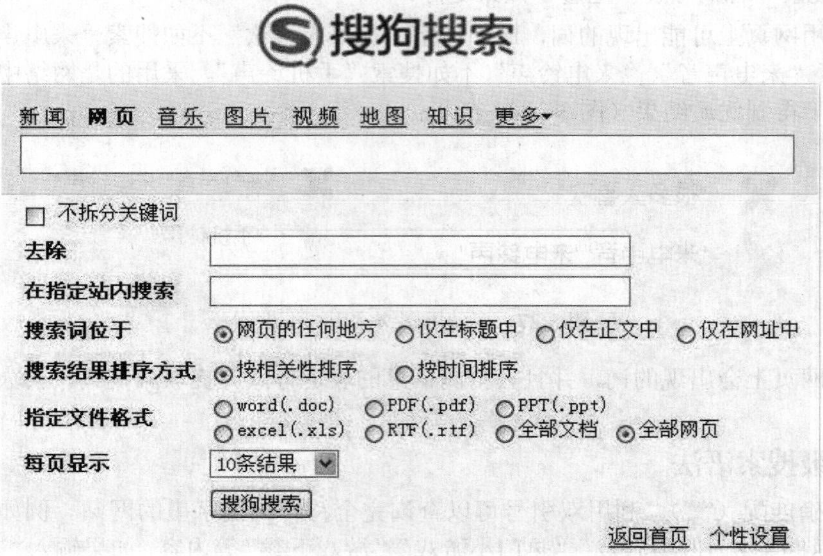

图 3-28　高级搜索语法

（1）去除　如果想要避免搜索中包含某些内容，可以将需要避免的内容填在框中。例如：搜“仙剑奇侠传”，希望看游戏方面的信息，但搜索结果中包含较多该查询词的电视剧内容，则只需要在搜索框中输入“仙剑奇侠传”，在“去除”框中输入“电视剧”。

（2）在指定站内搜索　比如只想看搜狐网站上的新闻，就可以在顶端搜索框中输入“新闻”，在“指定站内搜索”框中输入“www.sohu.com”。

（3）搜索词位于　可以把搜索范围局限在特定的网页标题、网页正文、网页网址当中，使用时只要选中需要的范围即可。

（4）搜索结果排序方式　按相关性排序可以让跟搜索词匹配程度最高的结果排在前列，按时间排序则是按搜索结果的时间顺序由新至旧排列。

（5）指定文件格式　如果想找某一类特殊格式的文档，输入查询词，在这一栏勾选想找的文档类型即可。

（6）每页显示　修改每一页结果的显示数量，搜狗支持每页显示 10 条、20 条、30 条、50 条或 100 条结果。

（7）个性设置　设置搜索结果页是否在浏览器新窗口打开。

4. 个性设置

可以根据自己的习惯，在个性设置当中改变搜狗默认的搜索结果显示条数和搜索结果打开方式（图 3-29）。

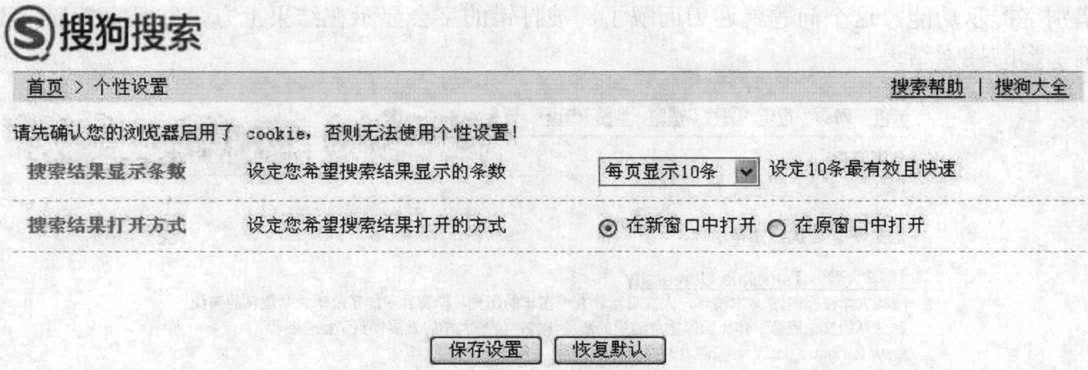

搜狗搜索

首页 > 个性设置　　搜索帮助 | 搜狗大全

请先确认您的浏览器启用了 cookie，否则无法使用个性设置！

搜索结果显示条数　设定您希望搜索结果显示的条数　每页显示10条　设定10条最有效且快速

搜索结果打开方式　设定您希望搜索结果打开的方式　在新窗口中打开　在原窗口中打开

保存设置　恢复默认

图 3-29　个性设置

（1）搜索结果显示条数　当想一次性浏览大量信息，可以在此修改每一页结果的显示数量，搜狗支持每页显示 10 条、20 条、30 条、50 条或 100 条结果。默认的是每页 10 条结果。

（2）搜索结果打开方式　可以设置点击搜索结果是否在新窗口打开。默认的是打开新窗口。

三、特色功能

1. 搜索框提示

当开始向搜索框输入拼音或者文字时，搜狗马上开始推测想要键入的内容，并提供实时建议。例如，您输入“xiaosh”或者“小说”，就会出现图 3-30 所示的提示。

如果手气不错的话，不需要输入全部信息就可以通过使用箭头键或鼠标选择需要的信息。而且提示信息都是根据热门程度来预测的，也可以看看最近的热搜榜。

2. 拼音提示

如果觉得切换中文输入法太麻烦，或者只知道某个词的读音而不知道字形，那怎么办呢？没关系，只要输入查询词的汉语拼音，搜狗就能在搜索框中给出最符合汉字提示供选择。也可以直接按回车，拼音提示自动会出现在搜索结果上方（图 3-31）。

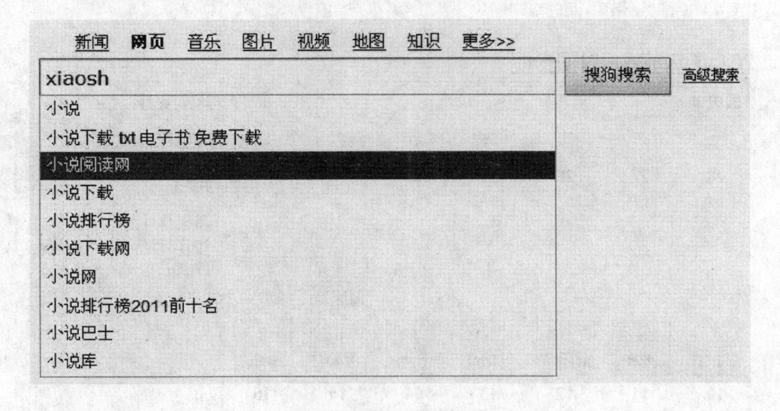

图 3-30　搜索框提示

3. 错别字提示

有时在打字的时候经常会输入一些错别字，导致搜出来的结果根本对不上号。有了搜狗错别字提示功能，这个问题就迎刃而解了，被打错的字会显示在结果上方，并且直接显示正确字形的搜索结果。

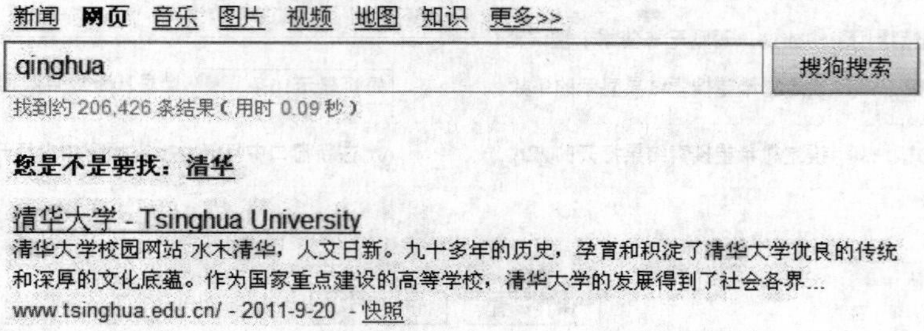

新闻 网页 音乐 图片 视频 地图 知识 更多>>
qinghua
搜狗搜索
找到约 206,426 条结果（用时 0.09 秒）
您是不是要找：清华
清华大学 - Tsinghua University
清华大学校园网站 水木清华，人文日新。九十多年的历史，孕育和积淀了清华大学优良的传统和深厚的文化底蕴。作为国家重点建设的高等学校，清华大学的发展得到了社会各界...
www.tsinghua.edu.cn/ - 2011-9-20 - 快照

图 3-31　拼音提示

例如，输入青花大学，会显示“您是不是要找 清华大学”（图 3-32）。

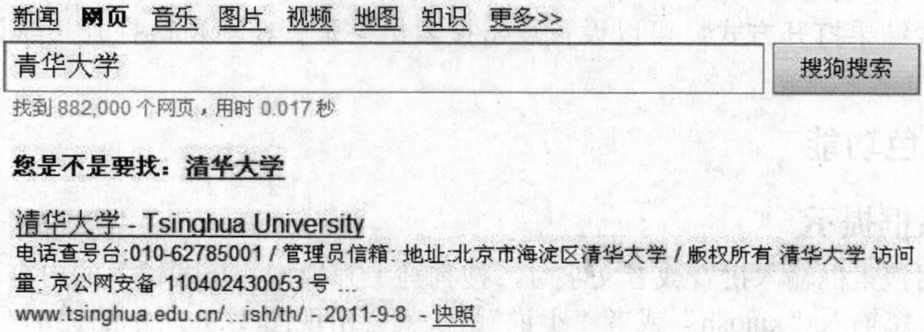

新闻 网页 音乐 图片 视频 地图 知识 更多>>
青华大学
搜狗搜索
找到 882,000 个网页，用时 0.017 秒
您是不是要找：清华大学
清华大学 - Tsinghua University
电话查号台:010-62785001 / 管理员信箱: 地址:北京市海淀区清华大学 / 版权所有 清华大学 访问量: 京公网安备 110402430053 号 ...
www.tsinghua.edu.cn/...ish/th/ - 2011-9-8 - 快照

图 3-32　错别字提示

4. 生活娱乐特色搜索

（1）国家法定假期查询　提供最准确的放假信息（图 3-33）。

国庆放假
搜狗搜索
找到 2,980,000 个网页，用时 0.079 秒
2011国庆节放假时间安排
国庆节
一 二 三 四 五 六 日
26 廿九 27 九月 28 初二 29 初三 30 初四
10月
1 国庆节 2 初六
3 初七 4 初八 5 重阳节 6 初十 7 十一 8 寒露 9 十三
10 十四 11 十五 12 十六 13 十七 14 十八 15 十九 16 二十
17 廿一 18 廿二 19 廿三 20 廿四 21 廿五 22 廿六 23 廿七
具体安排
放假
10月1日至10月7日放假，共7天
工作
10月8日(周六)、10月9日(周日)上班

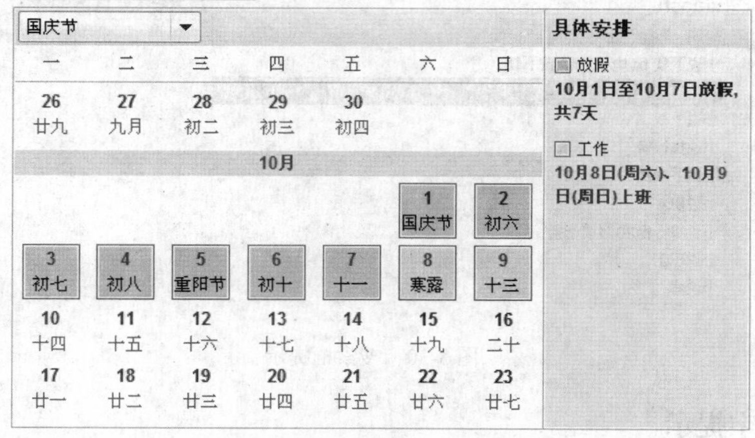

图 3-33　法定节假日查询

法定假期查询包含本年度全部国家法定的休息日，为安排出行、购物和休闲提供了便利。

（2）实时天气（图 3-34） 搜狗天气由中央气象局权威提供，能对未来七天内的天气状况做出预测。可以搜索指定城市的天气，也可以只输入“天气”，搜狗便能根据访问 IP 以及服务器时间自动定位所在的城市和城市天气情况（目前支持国内主要的省、市、区、自治区），为出行、着装提供最贴心的帮助。

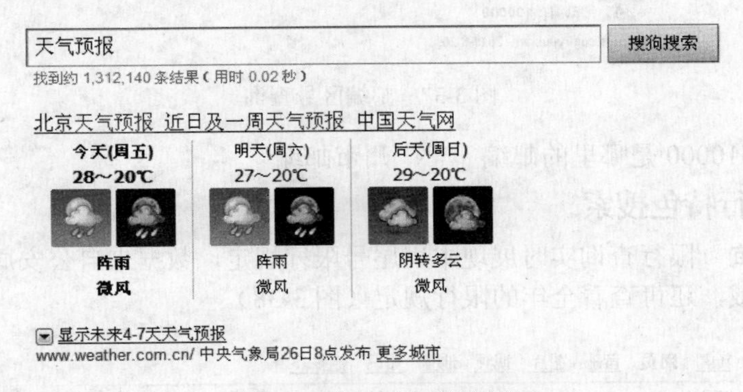

图 3-34 实时天气预报查询

（3）电视节目表 搜狗电视节目搜索包含了最新省市地方电视台节目预告，全国卫星电视，电视节目表，电视节目单，电视剧剧情、分集剧情。还可以通过标签查看本周内其他时间的节目表单。（图 3-35）。

cctv6电视节目表　搜狗搜索

找到约 165,147 条结果（用时 0.152 秒）

CCTV-6节目表 电视猫

本周五　本周六　本周日

08-27	01:43	故事片:翡翠明珠
08-27	03:30	电影人物:最热影人
08-27	04:15	故事片:篮球宝贝
08-27	06:02	光影星播客:明星播报1
08-27	06:15	故事片:女理发师
08-27	07:13	光影星播客:明星播报2
08-27	07:30	故事片:梦回金沙城

www.tvmao.com/ - 2011-8-26

图 3-35 电视节目查询

（4）网站自动登录 搜狗支持人人、开心、各大交友网站和各大邮箱登陆，一键直达登陆后页面。数据完全来自各大官网，账号和密码搜索引擎均不会记录（图 3-36）。

图 3-36 网站自动登录

还可以搜：163 邮箱登陆　　百合网登录

（5）邮编区号查询 邮编查询拥有国内最全最新的邮编数据，可查国内共计 345 个城市的邮政编码，包括 3151 个县区，近 200 万街道和乡镇村的邮编（图 3-37）。

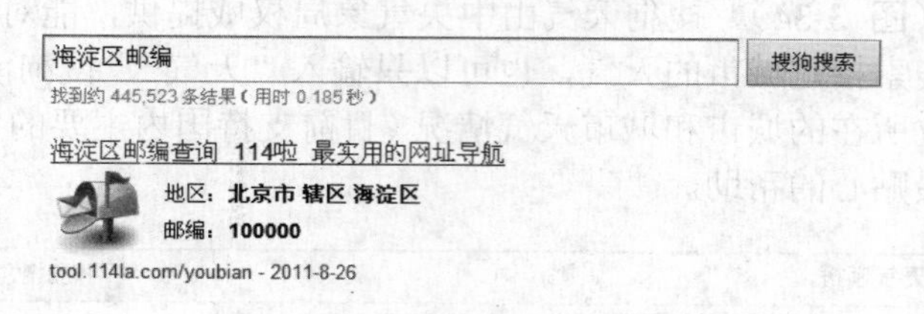

图 3-37 邮编区号查询

还可以搜：510000 是哪里的邮编　　广州市邮编

5. 旅游出行特色搜索

（1）限行查询 限行查询实时展现本周尾号限行规定，数据来自公安局公安交通管理局通告，准确且权威，还可查看全年的限行规定（图 3-38）。

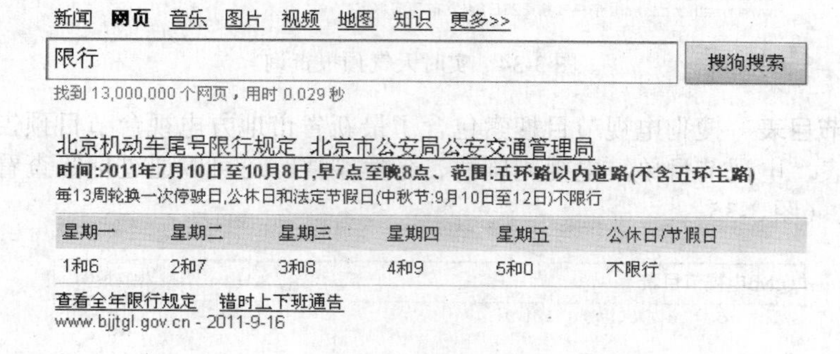

图 3-38 限行查询

（2）地图搜索（图 3-39） 在网页中就能够展现地图和路线，无论是公交还是自驾，都可以轻松获得。

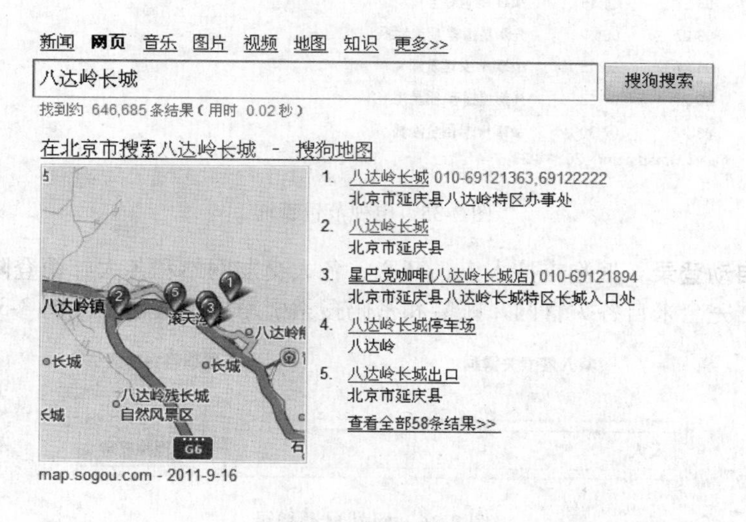

图 3-39 地图搜索

还可以搜具体城市或者是地区的地图：北京地图。

（3）航班、列车查询（图 3-40） 只要输入起始城市和到达城市，航班和火车信息都能找到。

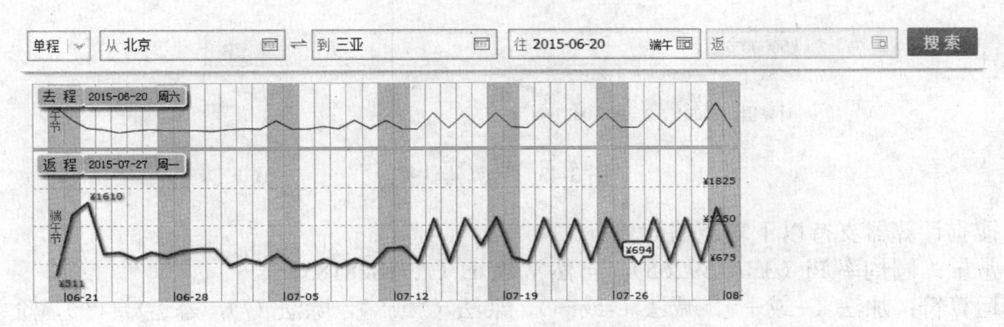

图 3-40　航班、列车查询

6. 理财投资相关搜索

（1）汇率查询（图 3-41）　搜狗提供的汇率转换工具可查询 150 多个国家和地区货币汇率以及贵金属汇率，并进行换算。汇率自动按国际换汇牌价进行调整。

免责声明：此汇率表仅供参考，以当地银行实际交易汇率为准。

搜狗搜索　新闻　网页　微信　问问　图片　视频　音乐　地图　财经　更多>>

汇率　　搜狗搜索

当日外汇牌价 人民币汇率 和讯外汇

汇率数据来源为中国银行,更新时间:2015-6-19 18:15:10

币种	交易单位	中间价	现汇买入价	现钞买入价	卖出价
澳门元	100	77.7700	77.7200	75.1100	78.0100
港币	100	78.8200	79.9300	79.2900	80.2300
美元	100	611.0400	619.6100	614.6400	622.0900
欧元	100	696.9800	698.7300	677.1300	705.7500
日元	100	4.9873	5.0262	4.8711	5.0616
英镑	100	973.4500	980.7300	950.4600	987.6100

更多币种汇率查询

图 3-41　汇率查询

（2）股票查询（图 3-42）　搜狐证券提供权威的海量实时股票行情，只要按一下“搜狗搜索”，便可以查询最新的股票信息。无论输入号码或是名称皆可，方便随时看盘。

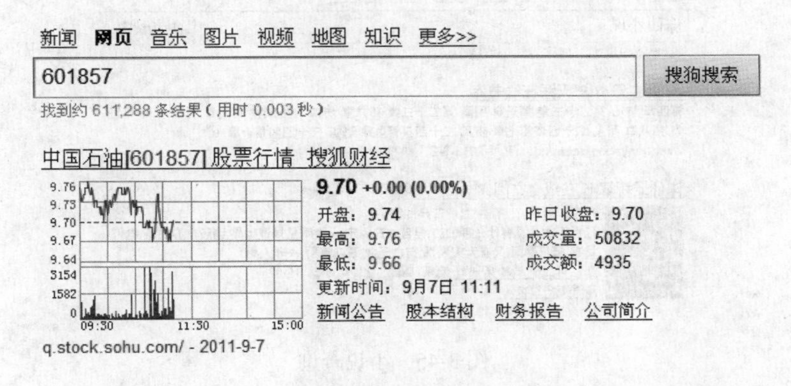

图 3-42　股票查询

（3）计算器（图 3-43） 在输入框中输入算式，点击搜狗搜索按钮即可得到计算结果。

50000*5.2 搜狗搜索

找到约 78,669 条结果（用时 0.126 秒）

计算器：50000*5.2 = 260 000

图 3-43 计算器计算

搜狗计算器支持以下功能的计算：

常量：圆周率 Pi（3.14159265） 自然常数 E（2.71828183）

运算符：加法（+或＋），减法（-或－），乘法（*或×），除法（/），幂运算（^），阶乘（!或！）

函数：正弦（sin），余弦（cos），正切（tan），对数（log 或 ln）

7. 阅读学习特色搜索

（1）在线翻译（图 3-44） 只要输入翻译便可激活在线翻译的工具，支持中英、中日、中韩、中法互译。如果遇到不认识的单词，将其直接输入搜索框，搜狗也会立即告诉此单词对应的中文意思。

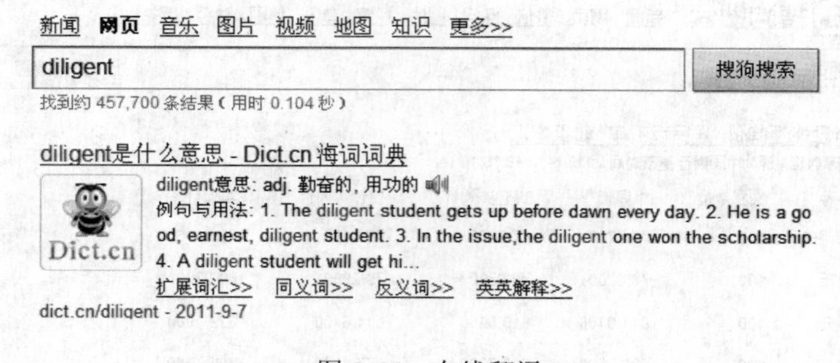

图 3-44 在线翻译

还可以激活在线翻译工具：英文翻译 日文翻译中文。

或者直接输入单词：DJ 是什么意思 diligent 翻译。

（2）小说（图 3-45） 小说搜索囊括了起点中文网、红袖添香、小说阅读网、榕树下、潇湘书院、言情小说吧、天方听书网、悦读网等网站内容及众多全国知名出版社、图书公司电子书信息。

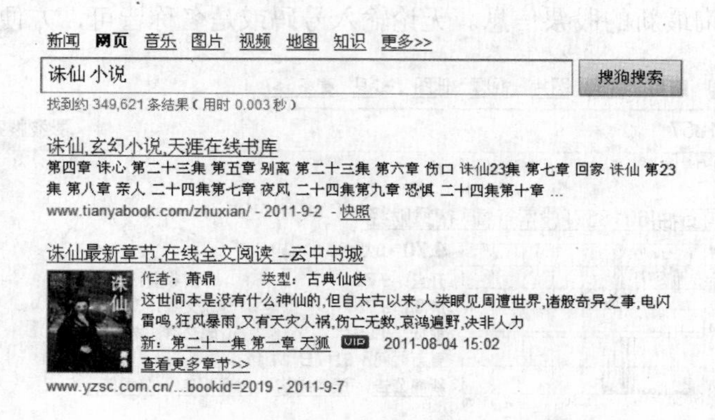

图 3-45 小说查询

（3）高考 搜录取分数线（图 3-46）。

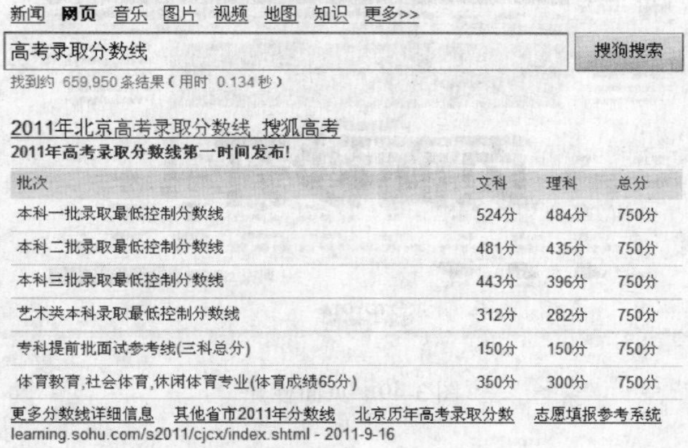

新闻 网页 音乐 图片 视频 地图 知识 更多>>
高考录取分数线
搜狗搜索
找到约 659,950 条结果（用时 0.134 秒）
2011年北京高考录取分数线_搜狐高考
2011年高考录取分数线第一时间发布!
批次 文科 理科 总分
本科一批录取最低控制分数线 524分 484分 750分
本科二批录取最低控制分数线 481分 435分 750分
本科三批录取最低控制分数线 443分 396分 750分
艺术类本科录取最低控制分数线 312分 282分 750分
专科提前批面试参考线(三科总分) 150分 150分 750分
体育教育,社会体育,休闲体育专业(体育成绩65分) 350分 300分 750分
更多分数线详细信息 其他省市2011年分数线 北京历年高考录取分数 志愿填报参考系统
learning.sohu.com/s2011/cjcx/index.shtml - 2011-9-16

图 3-46 高考录取分数线查询

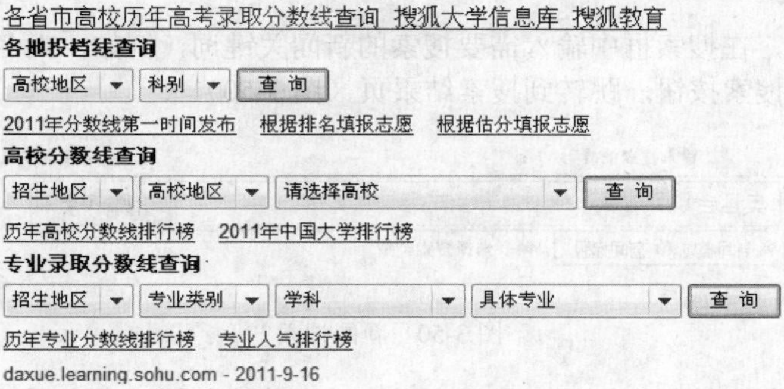

各省市高校历年高考录取分数线查询_搜狐大学信息库_搜狐教育
各地投档线查询
高校地区 科别 查 询
2011年分数线第一时间发布 根据排名填报志愿 根据估分填报志愿
高校分数线查询
招生地区 高校地区 请选择高校 查 询
历年高校分数线排行榜 2011年中国大学排行榜
专业录取分数线查询
招生地区 专业类别 学科 具体专业 查 询
历年专业分数线排行榜 专业人气排行榜
daxue.learning.sohu.com - 2011-9-16

图 3-47 高考分数线查询

搜狗搜索提供各地的高考录取分数线、各高校、高职院校历年录取分数线，考生分数查询入口、高考试题答案、高考考试时间等等，如图 3-47 所示。

8. 网页预加载（图 3–48）

搜狗搜索将预测最可能点击的链接，预先加载这些网页，给这些网页打上⚡标记。预加载将缩短打开网页的下载等待时间，体验到“秒开”的效果（图 3-49）。

汽车之家_我的汽车网站,我的汽车之家
点击有闪电图标的搜索结果
汽车报价_2012最新汽车报价_汽车价格查询_汽车之家
汽车最新报价、汽车查询、最新车型、最新车价、车型比较、汽车图片、汽车经销商、汽车社区，最全面的各地汽车报价尽在汽车之家
汽车之家报价 - car.autohome.com.cn/ - 2012-4-29 - 快照 - 预览
太平洋汽车网_精准报价_权威评测_汽车世界,由此精彩
以及新闻、导购、维修、保养、安全、汽车论坛、自驾游、汽车休闲、汽车文化等方面的内容，为中国汽车排名第一的综合汽车网站，提供最权威，最全面的车型数据、参数、配置...
太平洋汽车网 - www.pcauto.com.cn/ - 2012-5-13 - 快照 - 预览

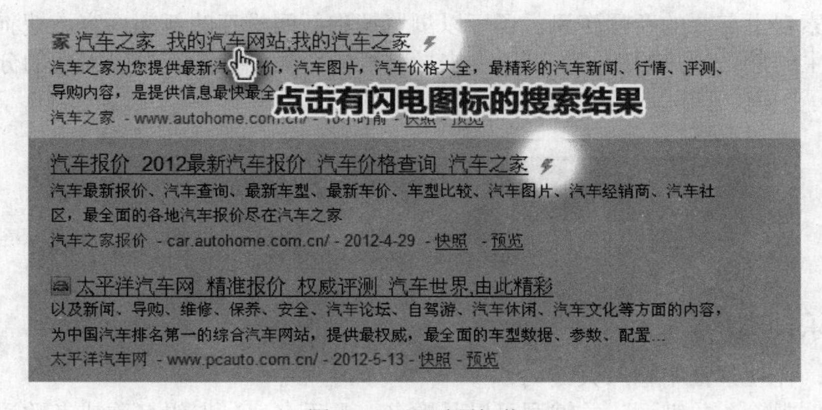

图 3-48 网页预加载

汽车之家
autohome.com.cn
页面秒开！
TOYOTA

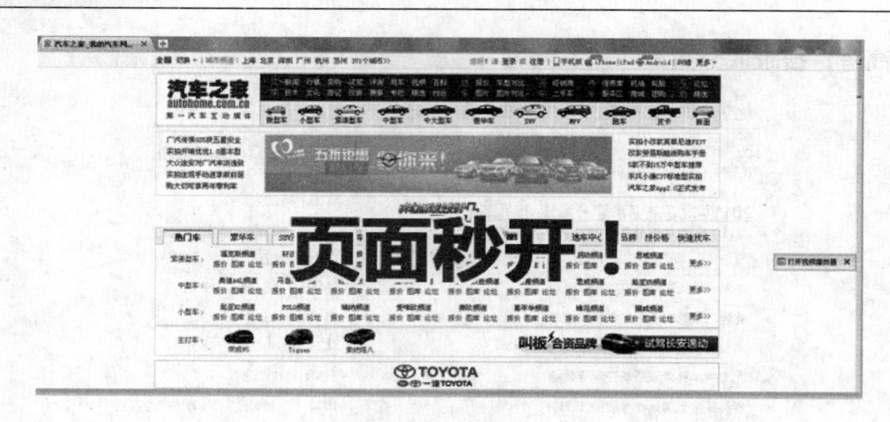

图 3-49　页面秒开

四、搜索产品

1. 新闻搜索

打开搜狗新闻，在搜索框中输入需要搜索的新闻关键词，例如，人名、地名、事件等。输入完毕后，点击搜索按钮，跳转到搜索结果页（图 3-50）。

输入搜索关键词
点击搜索按钮
奥运会
搜狗搜索
新闻全文
新闻标题
选择搜索类型

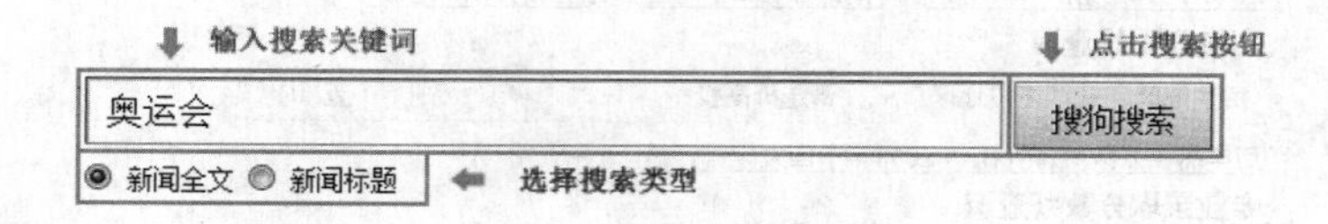

图 3-50　新闻搜索

点击搜索结果页中的新闻标题，跳转到对应站点的该条新闻内容页（图 3-51）。

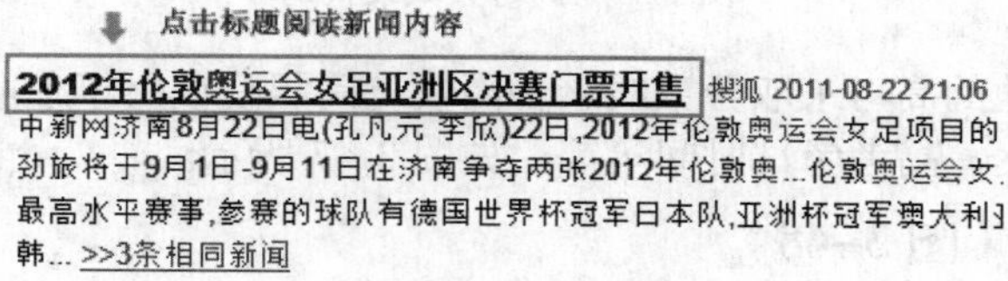
点击标题阅读新闻内容
2012年伦敦奥运会女足亚洲区决赛门票开售
搜狐 2011-08-22 21:06
中新网济南8月22日电(孔凡元 李欣)22日,2012年伦敦奥运会女足项目的
劲旅将于9月1日-9月11日在济南争夺两张2012年伦敦奥...伦敦奥运会女
最高水平赛事,参赛的球队有德国世界杯冠军日本队,亚洲杯冠军澳大利
韩... >>3条相同新闻

图 3-51　点击标题打开新闻

除了搜索自己需要的新闻资讯，还可以浏览搜狗新闻推荐的新闻内容。搜狗新闻首页汇聚了当下发生的最新最热的新闻。可以点击导航栏的新闻分类，查看感兴趣的分类新闻，搜狗新闻提供了国内、国际、社会等新闻分类（图 3-52）。

首页
国内
国际
社会
军事
财经
互联网
房产

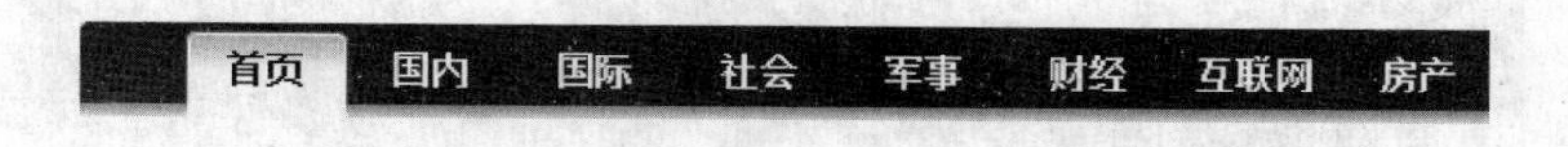

图 3-52　新闻分类

2. 音乐搜索

第一步：在搜索框中输入关键词。

在搜索框中输入关键词，关键词可以是歌名、歌手名字、专辑名称或者歌词片段，点击

“搜狗搜索”或者回车。

点击搜索框下方的“mp3”/“wma”/“rm”选项，可以选择音乐格式。

点击“专辑”/“歌词”选项，可以进行专辑/歌词搜索（图 3-53）。

输入搜索关键词
点击搜索按钮
蝴蝶泉边
搜狗搜索
全部音乐 mp3 wma rm 专辑 歌词
选择音乐格式

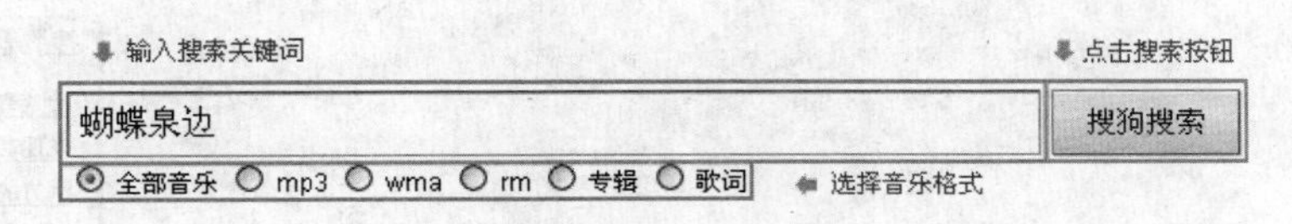

图 3-53　音乐搜索

第二步：浏览搜索结果。

在搜索结果页中进行浏览，鼠标左键点击“链接”按钮查看搜索结果来源链接（图 3-54）。

第三步：查看来源链接。

在弹出的页面中，查看搜索结果来源链接（图 3-55）。

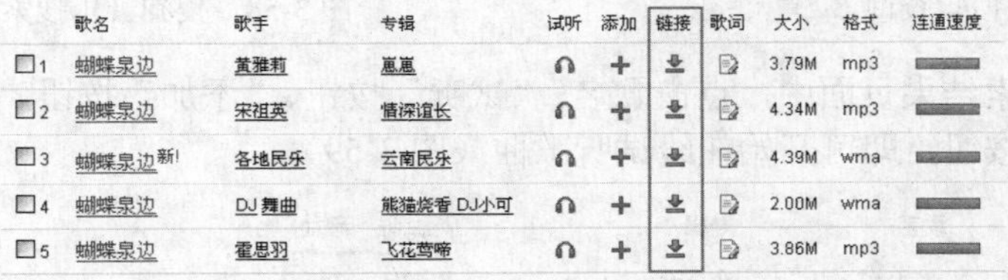

歌名 歌手 专辑 试听 添加 链接 歌词 大小 格式 连通速度
1 蝴蝶泉边 黄雅莉 崽崽 3.79M mp3
2 蝴蝶泉边 宋祖英 情深谊长 4.34M mp3
3 蝴蝶泉边新! 各地民乐 云南民乐 4.39M wma
4 蝴蝶泉边 DJ 舞曲 熊猫烧香 DJ小可 2.00M wma
5 蝴蝶泉边 霍思羽 飞花莺啼 3.86M mp3

图 3-54　音乐搜索页面

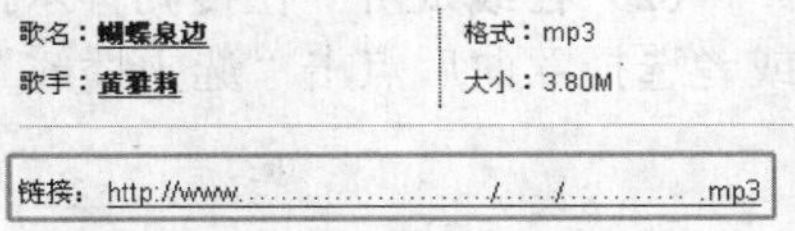

歌名：蝴蝶泉边
歌手：黄雅莉
格式：mp3
大小：3.80M
链接：http://www........................./....../.............mp3

图 3-55　音乐链接查看

搜索结果页面说明如图 3-56 所示。

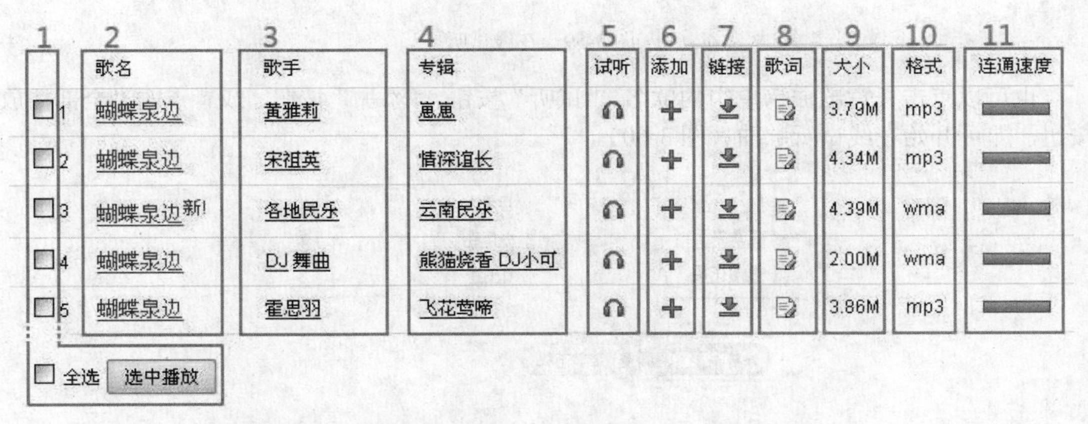

1 2 3 4 5 6 7 8 9 10 11
歌名 歌手 专辑 试听 添加 链接 歌词 大小 格式 连通速度
1 蝴蝶泉边 黄雅莉 崽崽 3.79M mp3
2 蝴蝶泉边 宋祖英 情深谊长 4.34M mp3
3 蝴蝶泉边新! 各地民乐 云南民乐 4.39M wma
4 蝴蝶泉边 DJ 舞曲 熊猫烧香 DJ小可 2.00M wma
5 蝴蝶泉边 霍思羽 飞花莺啼 3.86M mp3
全选 选中播放

1　勾选框　勾选歌曲后点击“选中播放，”可以在线试听选中的歌曲

2　歌名　点击可以在线试听该首歌曲

3　歌手名　点击可以查看该歌手所有专辑的歌曲列表

4　专辑名　点击可以查看该专辑的相关资料

5　试听　点击可以在线试听该首歌曲

6　添加　点击可以将该首歌曲添加到在线播放列表

7　链接　点击可以查看该首歌曲的来源链接

8　歌词　点击可以搜索该首歌曲的歌词

9　大小　歌曲文件大小，为您提供参考

10 格式　歌曲文件格式，为您提供参考

11 连通速度　该歌曲链接的速度，为您提供参考

图 3-56　音乐搜索结果页面说明

（1）相关搜索（图 3-57） 搜狗根据搜索词，提供与该关键词相关的关键词，点击可以查看相关搜索结果。猜您可能喜欢如图 3-58 所示。搜狗根据搜索的关键词，推荐可能喜欢的歌曲，点击可以查看歌曲搜索结果。

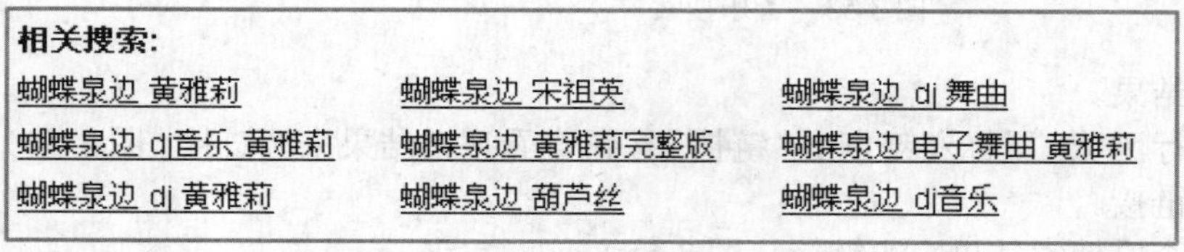

相关搜索：

蝴蝶泉边 黄雅莉	蝴蝶泉边 宋祖英	蝴蝶泉边 dj 舞曲
蝴蝶泉边 dj音乐 黄雅莉	蝴蝶泉边 黄雅莉完整版	蝴蝶泉边 电子舞曲 黄雅莉
蝴蝶泉边 dj 黄雅莉	蝴蝶泉边 葫芦丝	蝴蝶泉边 dj音乐

图 3-57 相关搜索查询

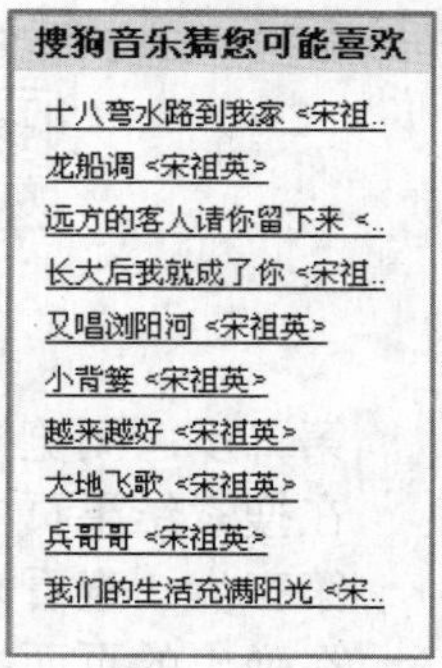

搜狗音乐猜您可能喜欢

十八弯水路到我家 <宋祖..
龙船调 <宋祖英>
远方的客人请你留下来 <..
长大后我就成了你 <宋祖..
又唱浏阳河 <宋祖英>
小背篓 <宋祖英>
越来越好 <宋祖英>
大地飞歌 <宋祖英>
兵哥哥 <宋祖英>
我们的生活充满阳光 <宋..

图 3-58 搜狗音乐搜索

（2）在线试听 在搜狗音乐搜索结果页面中，点击歌名、“试听”按钮、“添加”按钮，或者选择歌曲后点击“选中播放”按钮，即可开始在线试听歌曲（图 3-59）。

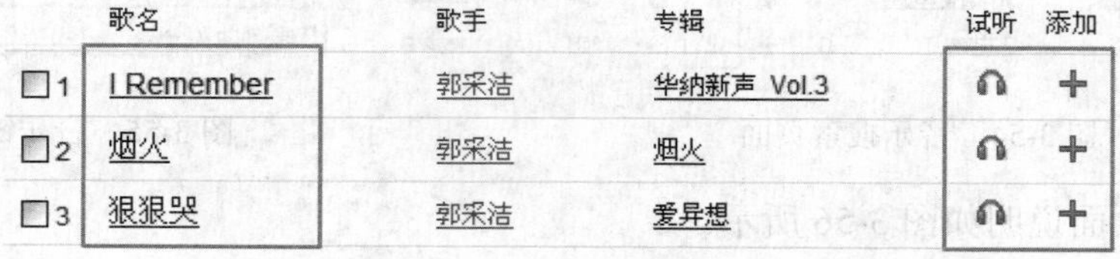

	歌名	歌手	专辑	试听	添加
1	I Remember	郭采洁	华纳新声 Vol.3		+
2	烟火	郭采洁	烟火		+
3	狠狠哭	郭采洁	爱异想		+

图 3-59 在线试听

也可以点击任意歌曲榜单中的歌名、“试听”按钮、“添加”按钮，或者点击“全部播放”按钮，即可开始在线试听歌曲（图 3-60）。

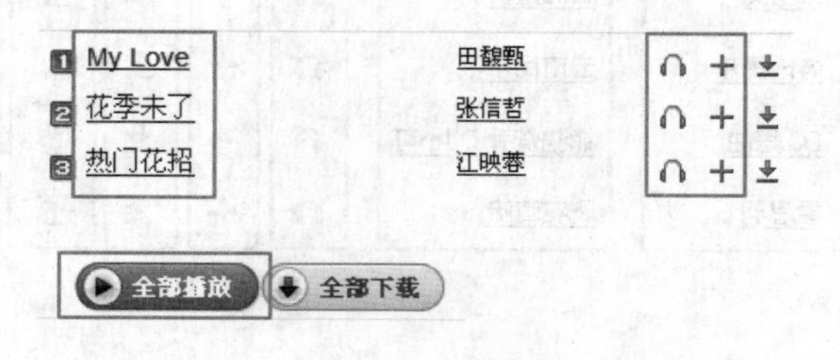

图 3-60 在线播放

还可以点击“打开在线播放器”按钮进入搜狗音乐盒，或者点击搜狗音乐首页上的“随便听听”按钮，听听搜狗随机挑选的歌曲（图 3-61）。

图 3-61 在线播放器界面

（3）下载歌曲　在搜索结果页中进行浏览，鼠标左键点击“链接”按钮查看搜索结果来源链接。还可以在搜狗音乐盒中直接下载歌曲（图 3-62）。

图 3-62　歌曲下载

3. 图片搜索

（1）使用入门　在输入框内输入查询词，按回车键或点击搜狗搜索即可得到搜索结果（图 3-63）。

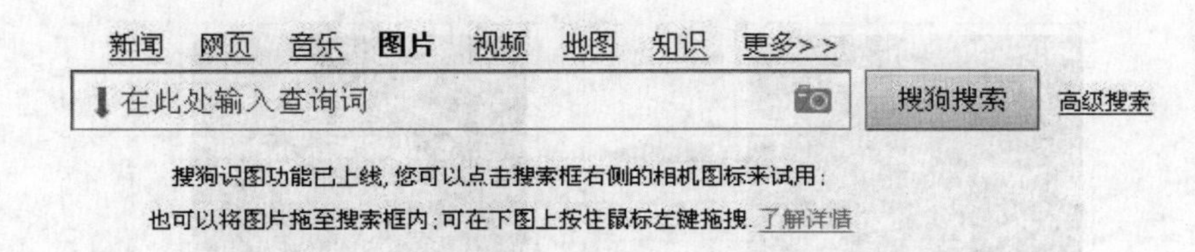

图 3-63　搜狗图片搜索

（2）结果页

尺寸筛选：搜狗图片支持对查询结果进行尺寸上的筛选，大尺寸表示图片的宽和高均大于或等于 400，小尺寸表示图片的宽和高均小于或等于 200，中尺寸为剩余其他尺寸。也可以自定义尺寸大小，默认为电脑屏幕的分辨率，也可以自行输入。如果想取消对尺寸的筛选，则再点击一下“所有尺寸”即可（图 3-64）。

类型筛选：搜狗图片支持对查询结果进行类型上的筛选，包括套图、闪图、头像、壁纸。其中头像还分为动态头像和静态头像，壁纸分为桌面壁纸和手机壁纸，桌面壁纸一般尺寸较大，主要针对电脑上的主流分辨率，手机壁纸则尺寸较小，主要针对手机上的主流分辨率。如果想取消对类型的筛选，则再点击一下“全部类型”即可（图 3-65）。

图 3-64　图片尺寸筛选　　　　图 3-65　图片类型筛选

颜色筛选：搜狗图片支持对查询结果进行颜色上的筛选，点击感兴趣的颜色即可。如果想取消对颜色的筛选，则再点击一下“所有颜色”即可（图 3-66）。

套图：套图是搜狗图片的特色功能，当发现某几张图片具有风格上的相似性或者内容上的关联性时，会将这些图片聚集在一起展现。点击图片即可进入图片浏览页查看全部套图（图 3-67）。

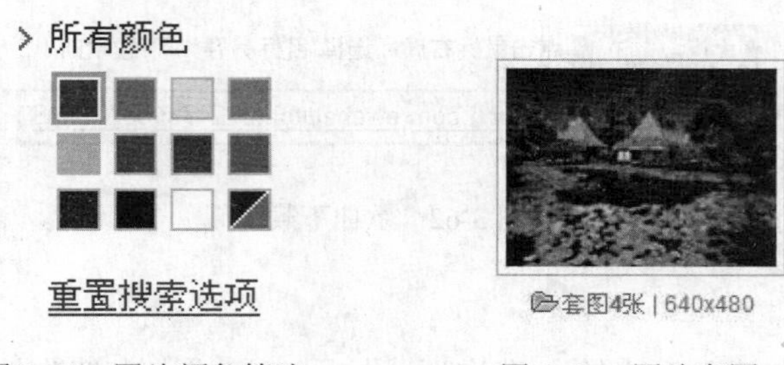

图 3-66　图片颜色筛选　　　图 3-67　图片套图

图片信息：鼠标未移到图片上时，展示的信息为图片尺寸大小，套图类图片则还包含套图张数信息。当鼠标移到图片上时，会展示更加丰富的信息，包括图片格式和图片所在网页的标题。如果不想看到这些信息，将鼠标移到图片外即可（图 3-68）。

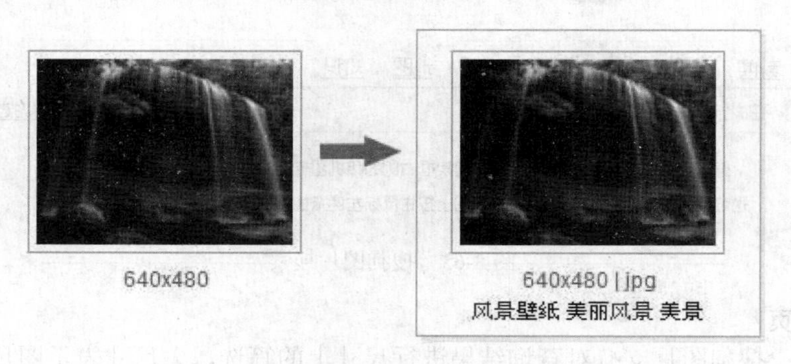

图 3-68　图片信息

第五节　中文搜索引擎存在的问题与发展趋势

一、搜索引擎隐私权问题探析

搜索引擎现在成为网民经常使用的网络服务之一，它功能强大，用户利用它能很容易在浩如烟海的网页中找到自己想要的网址、文档、程序等。但是普通用户在使用搜索引擎时可能并不知道自己的用户信息(如用户爱好、兴趣和宗教信仰等)和搜索数据等记录会被搜索引擎公司保存长达数年之久。虽然这些公司表示，保留用户数据是出于网络安全考虑，如防止搜索引擎受到黑客攻击，同时也是为了防范欺诈。但是收集到的用户个人喜好方面的信息，可能会被广告商等第三方所利用。欧盟一个数据隐私保护组织表示，这一做法可能违反了欧盟的隐私保护法。搜索引擎商是否侵犯了用户隐私，首先要弄清楚网络隐私权。

1. 网络隐私权的特点

隐私权是指个人具有依照法律规定保护自己隐私不受侵害的权利，具体包括：公民对于自己与社会公共生活无关的私人事项，有权要求他人不打听、不搜集、不传播，也有权要求新闻媒介不报道、不评论、不非法获得；公民对于自己与社会公共生活无关的私生活，有权要求他人不得任意干涉，包括自己的身体不受搜查，自己的住宅和其他私生活区域不受侵入、窥探。

网络隐私权指自然人在网上享有私人生活安宁和私人信息依法受到保护，不被他人非法侵犯、知悉、搜集、复制、利用和公开的一种人格权；也指禁止在网上泄露某些个人相关的敏感信息，包括事实、图像以及诽谤的意见等。网络隐私权的内容具体包括个人数据、私人信息、个人领域三个方面；其中以个人数据最为重要，具体包括：

（1）个人属性的隐私，包括个人的姓名、身份、肖像、声音等。

（2）个人资料的隐私，主要包括消费习惯、病历、宗教信仰、收入、个人财产、工作以及婚姻状况等。

（3）个人通讯内容的隐私，在有些情况下，非由发文者或收文者监控、披露的电子通讯的内容也可能构成隐私权的侵犯。

网络隐私权与传统意义上的隐私权并没有本质上的区别，网络隐私仍然属于隐私权的一种，具有隐私权的一般属性，但是，网络的特点将隐私权的一些特殊性放大开来，当隐私权与网络传播这种高速、海量、自由的信息流动方式联系起来的时候，网络隐私权就表现出了一些不同于传统隐私权的新特点：

① 对象扩大：网络隐私权的对象不仅包括传统的姓名、性别、身高、指纹、血型、病史、联系电话、财产等，随着科技的发展，一些新兴的个人数据逐渐成为网络隐私权所保护的主要对象。例如，E-mail 地址、网络域名、用户名称、通行密码等。

② 内容更为复杂：除了具有传统隐私权的个人生活安宁、个人信息保密、个人通讯保密、自由支配使用的四项基本权利外，网络隐私权还衍生出了四项新的内容：

a. 隐私收集知悉权：指的是权利主体有权知晓个人数据收集者有关情况，包括数据收集者的性质、经营范围、收集信息的目的、用途等，有权通过相关途径查询自己个人数据的收集和使用情况，以保证权利主体对隐私收集行为的基本了解。

b. 隐私修改权：指权利主体发现自己的个人数据信息记录有误或者记录已经发生变化时，有权进行修改、补充、删除，以保证个人信息的准确性。

c. 隐私安全请求权：是指权利主体有权要求网站等隐私收集、利用者采取必要、合理的措施保护个人信息安全，并有权通过法律手段要求隐私收集、利用者履行这一义务。

d. 隐私收益权：指的是权利主体有权要求个人信息收集或使用者支付相应的报酬或使用费，以保证主体的物质利益得以实现。

③ 附有经济价值：网络背景下的隐私权不再仅仅是一种单纯的精神权利，开始附有经济价值。民法理论认为，隐私权是一种独立的精神性人格权，不具备物质性或财产权的属性。但在网络空间中，对个人隐私的侵犯已经不仅是基于窥探他人隐私的好奇心，而大多数是受利益的驱使，隐私权便具有了物质性或财产权属性。有的网站因为经营不善，将自己所保存的网民个人资料卖给其他公司，以此获取经济利益。这就使得网络隐私权的侵犯者在利益驱动下变得更加贪婪。

④ 挽救难度大：网络隐私权一旦遭到侵犯，损害更严重，也更难于救济。由于网络空间的广泛性和信息传输的迅捷性，个人的隐私一旦在网上被披露，就有可能全世界的人在瞬间都能知道，这会给当事人带来严重的损害后果。

2. 搜索引擎侵犯隐私问题的解决途径

由网络隐私权的定义和特点可以得出，网民有维护自己网络隐私的权利，搜索引擎服务商有保护网民网络隐私权的义务，国家应建立一套完备的法律体系来保证网民网络隐私权得以实现。

（1）完善相关法律法规建设

① 网络隐私权合法化。让网民充分认识到自己所拥有的捍卫自己网络隐私的权利。对

于侵犯个人隐私权的将受到《刑法》的制裁，发挥刑法对公民隐私权保护的有效的法律作用。

② 制定专门的单行法。通过单行法加强对个人数据的隐私保护。毕竟网络隐私与传统的隐私权相比有其特殊性存在，其强调的重点与保护方式都与传统隐私权有所区别，在单行法中对个别问题予以规定可以增强法律保护的灵活性，适应市场经济发展的需要。

③ 完善诉讼法，保证网络法律法规的可行性及可操作性。网络的开放性和虚拟性， 给隐私权侵权案件的侦察、起诉、取证、审判等带来一定的困难，加之网络隐私侵权证据只能是电子证据，所以在有关网络隐私权案件的诉讼法和证据法上也应做出相应规定，确保实体法的实施。

（2）加强搜索引擎产业自律 鼓励经营者自律，依照法律和行业习惯制定个人资料使用政策和隐私权保护政策。经营者的个人资料声明或隐私权政策声明体现了经营者在收集、持有及使用个人资料方面的整体政策及具体措施，是经营者自律的纲领，也是经营者与用户间签订的一个关于个人资料利用及隐私权保护的合同，如果经营者违反自己所作出的声明，用户即可依法要求经营者承担相应的法律责任。

（3）加大日常监管力度 各级行政执法机关作为维护社会公共秩序和公民合法权益的一支生力军，对网络用户的合法权益也承担着一定的监管任务。需对搜索引擎服务提供商进行准入资格审查，这在一定程度上决定着网络服务是否规范。

（4）软件保护 它依靠一定的技术支持，由互联网消费者自己选择、自我控制。它将保护消费者隐私的希望寄托于消费者自己手中，通过某些隐私保护的软件，来实现网上用户个人隐私材料的自我保护。在消费者进入某个收集个人信息的网站之时，该软件会提醒消费者什么样的个人信息正在被收集，由消费者决定是否继续浏览该网站。或者在软件中预先设定只允许收集特定的信息， 除此以外的信息不许收集等等。

这类系统或运行程序本身的安全性和可信度正在研究和发展。

二、中文搜索引擎的发展趋势

为了解决在搜索引擎发展中的诸多问题，多年来人们一直在研究新一代的搜索引擎。其发展目标就是采用新兴的搜索技术为用户提供更方便易用、更精确的搜索工具来满足用户的信息查询需要。

1. 建立垂直化专业领域搜索引擎

互联网用户从事的职业有很大的不同，不同互联网用户对信息搜索也往往有自己的专业要求。据调查，一半互联网用户认为目前搜索引擎死链接太多，四成以上的互联网用户认为目前的搜索引擎搜索到的不相关信息太多。而专业垂直搜索引擎可解决以上问题，它能针对某领域，保证其信息的收录齐全与更新。另外，六成左右的互联网用户认为面向某领域的搜索引擎非常或比较重要。垂直类搜索引擎只面向某一特定的领域，专注于自己的特长和核心技术，能够保证对该领域的信息完全收录与及时更新。专业化的搜索引擎在提供专业信息方面有着大型综合引擎所无法比拟的优势，专业搜索引擎和专门信息搜索引擎所采用的基本技术同综合引擎一样，而且基本上都是成熟的技术，它们的发展没有技术障碍。因此，垂直化、专业化搜索引擎是搜索引擎发展的新趋势。

2. 搜索引擎的智能化发展

智能搜索引擎除提供传统的全网快速检索相关度排序等功能外，还提供用户角色登记、用户兴趣自动识别、内容的语义理解、智能化信息过滤和推送等功能。为用户提供了一个真正个性化、智能化的网络工具，是目前搜索引擎的发展趋势。它可以通过自然语言与用户交互。采取诸如语义网络等智能技术，通过汉语分词、句法分析以及统计理论有效地理解用户的请求，甚至能体会出用户的弦外之音，最大限度地了解用户的需求。智能检索可以从两个层面上进行理解：一是搜索引擎检索技术的智能化；二是搜索引擎面向检索者的智能化。通过这两个方面的结合可以改进搜索引擎的检索质量。

3. 多媒体搜索

随着宽带技术的发展，未来的互联网将进入多媒体数据时代。它将广泛应用于电子会议、远程教学、远程医疗、数字图书馆、电子商务、地理信息系统、文化娱乐等方面。多媒体信息检索系统应能对以文本信息为代表的离散媒体和以图像、声音等为代表的连续媒体的内容进行检索。由于多媒体信息覆盖面较广，对象较多且复杂，功能多样。同时，需要把文字与图像、声音等并发处理，要求它们在时间和空间组合上相匹配。因此，需要研究一种普遍使用的信息模型，使之既适合多媒体对象的组织，又符合多媒体对象的构造，并在此基础上建立一个高层的查询机制，用来对多媒体及其成分进行统一检索。

4. 促进搜索引擎的本土化、结构化、个性化

个性化搜索是将搜索建立在个性化的搜索环境之上，通过对用户的不断了解、分析，使得个性化搜索更符合每个人的需求；结构化搜索是指充分利用 XML 等技术使信息结构化，同时使查询结构化，从而使搜索的准确度大大提高；本土化搜索是指搜索引擎的搜索要符合当地用户的需求。

5. 增强搜索引擎的知识处理能力和理解能力

建立基于知识的搜索方法，应建立一组综合知识库，由它作出基于知识的规范和有序化后，搜索引擎根据知识库提供的检索词再到有关的网站相关网页搜索，这样便有可能避免由于只靠关键词机械匹配带来的不确定和不稳定问题。

6. 实现自然语言和受控语言一体化

有人提出建立后控制词表，用以规范读者输入的检索词。用户可通过输入某一概念的任意同义词作为检索词，经过后控制词表找出其标识词，然后再通过对所有同义词的匹配查找，检索出符合条件的记录。后控制词表的建立，将使自由标引显得更加准确，使自由标引所建数据库更具实用价值。有些学者提出具体的做法是把较为完善的叙词表嵌入专业搜索引擎中，对搜索引擎实施控制，提高其信息检索的质量。同时，在嵌入时应考虑网络传输速度等制约因素，合理控制词表规模。现在网上已经出现了运用受控语言(同义词表、停用词表等)的大型检索工具。

7. 对索引数据库的规范化组织和管理

搜索引擎的索引数据库是网络信息的一个轨迹，它要随网络信息的变化而变化，因此它除了数据增加以外还需要有数据的删除和修改功能，如何对大容量的、非结构化的信息进行增加、删除、改变操作也是一个研究重点。

8. 搜索引擎集成化

集合型搜索引擎将多个独立型搜索引擎集成在一起，提供给用户一个同一的操作界面，系统将用户的检索指令发送给各独立搜索引擎，并将独立检索引擎返回的结果综合整理后反馈给用户，集合型搜索引擎涉及多个数据库，拓宽了检索范围，起到取长补短的作用，极大地方便了用户。

9. 实现检索语言自然化

自然语言更能贴切地表达用户的查询要求，提高查询精度，易于搜索引擎和用户的交互，

因此基于自然语言的检索已成为一个实际的需要。在国外，将自然语言处理引入信息检索已由理论研究开始应用，而国内目前还基本处于理论探讨阶段。基于自然语言的检索不依附于其他的数据库，与规范语言相比它可以取消标引工作，或降低标引工作的难度和成本，容易被用户接受。

10. 关联式的综合搜索

以往的搜索经验大都是在甲网站找图片，到乙网站找新闻，到丙网站找股票。关联式综合搜索是一种一站式的搜索服务，它使得互联网用户在搜索时只需输入一次查询目标，即可在同一界面得到各种有关联的查询结果。这项服务的关键在于有一个架构在 XML 基础上的整合资讯平台。除此之外，由于中文搜索引擎有汉字的内码和汉字的切分两大特点，所以在发展中还要着眼于研究汉字内码转换技术，实现汉字各内码之间的无缝切换；采用最新的全文检索技术；实现分类和主题相结合。

综上所述，搜索引擎今后的发展趋势是从单一查询工具向综合化、全功能服务发展；分类主题一体化，检索语言向自然语言发展；查询智能化；检索搜索规则趋于统一；采取多种措施提高查全率和查准率；检与索的界限将消失；向多国化和多语种化发展。总之，今后的搜索引擎将会更加方便利用，用户将有更多的选择，可以根据需要扩大或缩小检索范围；有辅助检索工具，如主题词表，利用它进行交互式提问；可以帮助用户选择检索表达式，确定检索范围；除了被动地接受用户的查询请求外，搜索引擎也可以利用智能代理技术进行主动的信息检索；可根据用户事先定义的信息检索要求，在网络上随时监视信息源，如指定的网页、新闻组、电子邮件、数据库信息的变化等，并将用户所需的信息通过 Push 技术、电子邮件或其他方式，主动提供给用户，用户无须反复地搜索所需信息，大大减少了用户的检索时间。

第四章 网上常用工具

上网浏览信息、讨论、聊天、下载文件、软件、看电影、听音乐等除了 Windows 系统自带的 IE（Internet Explorer）浏览器、电子邮件（Outlook Express）和实时通讯 Windows Messenger 等一些工具以外，还有一些工具软件是经常用到的。如：迅雷等下载软件、文件传输（FTP）软件、P2P 软件、Foxmail 电子邮件软件等。

第一节 下载软件

下载软件是一种可以使用户更快地从网上下载东西的软件。用下载软件下载东西之所以快是因为它们采用了“多点连接（分段下载）”技术，充分利用了网络上的多余带宽；采用“断点续传”技术，随时接续上次中止部位继续下载，有效避免了重复劳动。

随着网络技术的发展，现在的下载软件很多，这些软件充分地挖掘了互联网的技术，把下载速度达到了带宽的极限。比较著名的有迅雷、网际快车、网络蚂蚁等。

一、迅雷

迅雷是一款新型的基于 P2SP 技术的下载软件，作为“宽带时期的下载工具”，迅雷针对宽带用户做了特别的优化，能够充分利用宽带上网的特点，带给用户高速下载的全新体验！通过对下载资源的优化整合实现了下载的“快而全”，更在用户文件管理方面提供了比较完备的支持，尤其是对于用户比较关注的配置、代理服务器、文件类别管理、批量下载等方面进行了扩充和完善，使得迅雷可以满足中、高级下载用户的大部分专业需求。

迅雷使用的是多资源超线程技术，能够将网络上存在的服务器和计算机资源进行有效整合，构成独特的迅雷网络，通过迅雷网络各种数据文件能够以最快速度进行传递。多资源超线程技术还具有互联网下载负载均衡功能，在不降低用户体验的前提下，迅雷网络可以对服务器资源进行均衡，有效降低了服务器负载。

迅雷同时提供客户端和网页方式的下载，下载的网站可以到各大软件站点去搜索，也可以到迅雷的官方网站 http://www.dl.xunlei.com/。

以客户端为例，介绍一下迅雷的安装与简单使用方法。

1. 安装“迅雷”

双击迅雷客户端文件，当出现安装“迅雷 7”的向导界面后一直点击“下一步”就可以完成安装，在安装过程中可以更改安装路径等设置（图 4-1）。

2. 使用“迅雷”进行下载

使用迅雷来下载软件有以下几种方法。

（1）首先找到所要下载内容的地址。

（2）添加下载任务：

方法一：直接点击下载的地址，这时会跳出“添加新的下载任务”对话框（图 4-2）。

图 4-1　迅雷的安装向导

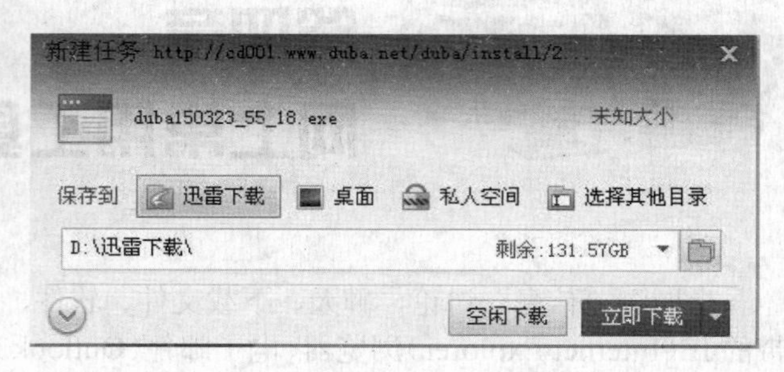

图 4-2　迅雷的下载方式之一

方法二：右击所要下载资源的链接，在弹出的菜单中选择“使用迅雷下载”（图 4-3）。

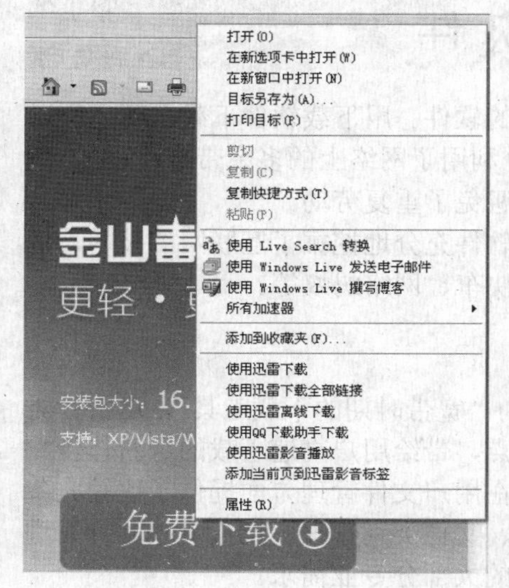

图 4-3　迅雷的下载方式之二

3. 迅雷常用设置

（1）设置迅雷作为默认下载工具　当安装完迅雷之后，迅雷就会作为默认下载工具，当点击一个下载地址时，迅雷就会进行下载。但是当发现某天点击下载地址时迅雷没有弹出窗口进行下载了，那么就可以按照如下方法进行操作。

首先打开“迅雷 7”，然后左键单击顶部菜单中的“工具”按钮，将鼠标移动到“浏览器支持”项目中，在延伸的菜单中左键单击“迅雷作为 IE 默认下载工具”。接下来就会弹出“已经将迅雷设置为 IE 的默认下载工具！您需要关闭所有 IE 浏览器后再重新打开使设置生效！”这样就成功地将迅雷设置为默认下载工具了。

（2）关闭迅雷新闻　在“迅雷 7”启动时，系统默认将开启迅雷桌面新闻，可以从桌面新闻了解一些迅雷服务及时事新闻内容。如果认为桌面新闻打扰到正常的使用，可以在迅雷设置里进行设置让它不显示。

打开“迅雷 7”选择顶部的“工具”按钮，在延伸的菜单中选择“配置”。在打开的窗口中选择“高级”标签，并且取消“显示迅雷资讯”前面的“钩”点击“确定”保存修改，下一次打开“迅雷 7”的时候就不会再显示“桌面新闻”了。

（3）取消迅雷作为默认下载工具　迅雷为了方便用户，会在安装以后，设置迅雷为默认下载工具，当点击下载地址时，迅雷会自动启动并引用这个地址进行下载。如果这个功能打扰到的正常的操作，可以用以下方法进行设置。

打开“迅雷 7”左键单击顶部的“工具”按钮，选择“配置”。选择左侧的“监视”，并且将“监视浏览器”前的“钩”去掉，然后点击“确定”按钮。这样就取消了迅雷对浏览器的监视。就不会作为浏览器的默认下载工具了。

（4）设置显示/隐藏悬浮窗　迅雷在进行任务下载时，如果经常查看迅雷任务面板将会很麻烦，这时可以根据查看迅雷的悬浮窗来查看任务是否在下载，下载百分比以及下载速度（图 4-4）。

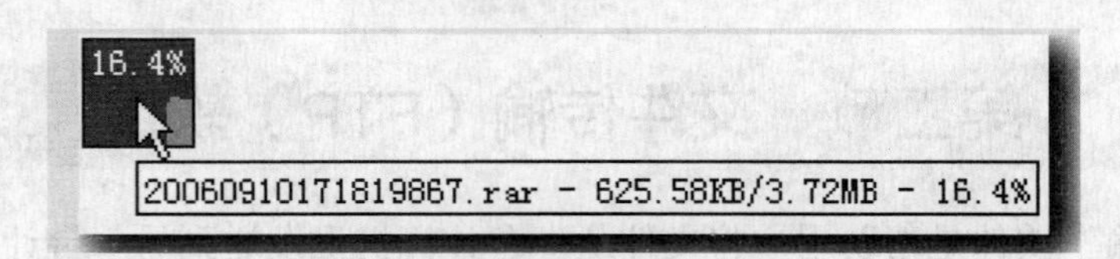

图 4-4　迅雷的下载悬浮窗

在迅雷的文字菜单“查看”里将“悬浮窗”选项打上“钩”将显示悬浮窗，反之悬浮窗消失。在浏览器中看到喜欢的内容，直接将其拖放到此图标上，即可弹出下载窗口。

（5）换个下载保存目录　默认情况下，迅雷安装后会在 C 盘创建一个 Tddownload 目录，并将所有下载的文件都保存在这里，一般 Windows 都会安装在 C 盘，但由于使用中系统会不断增加自身占用的磁盘空间，如果再加上不断下载的软件占用的大量空间，很容易造成 C 盘空间不足，引起系统磁盘空间不足和不稳定，另外，Windows 并不稳定，隔三差五还要格式化 C 盘重装系统，这样就要造成下载软件的无谓丢失，因此建议最好改变迅雷默认的下载目录。

单击迅雷主窗口中的“常用设置”→“存储目录”命令，在打开的窗口中设置默认文件夹。完成后按下“确定”按钮，迅雷会弹出一个确认对话框，建议选中“修改子类别的存储文件夹”和“移动本地文件”，这样软件会同时将 C:\tddownload 下默认创建的“软件”、“游戏”、“音乐”和“电影”等子文件夹一并移动，并且还会移动其中已经下载的文件。

（6）不让迅雷伤硬盘　现在下载速度很快，因此如果缓存设置得较小的话，极有可能会对硬盘频繁进行写操作，时间长了，会对硬盘不利。事实上，只要单击“常用设置→配置硬盘保护→自定义”，然后在打开的窗口中设置相应的缓存值，如果网速较快，设置得大些。反之，则设置得小些。建议值为 2048kb。

（7）资料下载完后自动关机　常常用迅雷下载大量的资料，在网络空闲时下载速度才快，这个时间段一般为晚上时间，下载完后可以让电脑自动关机。在迅雷主窗口中选中“工具→完成后关机”项，这样一旦迅雷检测到所有内容下载完毕就会自动关机。

（8）批量下载任务之高效应用　有时在网上会发现很多有规律的下载地址，如遇到成批的 mp3、图片、动画等，比如某个有很多集的动画片，如果按照常规的方法需要一集一集地添加下载地址，非常麻烦，其实这时可以利用迅雷的批量下载功能，只添加一次下载任务，就能让迅雷批量将它们下载回来。

二、网际快车

网际快车是一款性能优良的下载工具，下载地址为 http://www.flashget.com/cn/。

1. 安装“网际快车”

双击快车安装文件 flashget3.7，当出现安装“快车”的向导界面后点击“下一步”，这时将出现“许可证协议”介绍页面，点击“我接受”（接受该协议的所有内容），然后一直点击“下一步”将完成完装。

2. 使用“快车”进行下载

网际快车的下载速度与迅雷差不多，不过有些下载网站为了各自的利益，可能只允许使用迅雷或快车来下载网站的资源，其使用方式与迅雷没有多大区别。

第二节 文件传输（FTP）软件

“文件传输”软件是帮助用户将文件从一台计算机上发送到另一台计算机上，以及对所传输的文件进行文件删除、更名、移动等综合管理的软件。FTP 采用“客户机/服务器”方式，用户端要在自己的本地计算机上安装 FTP 客户程序。FTP 客户程序有字符界面和图形界面两种，字符界面的 FTP 的命令复杂、繁多。而图形界面的 FTP 客户程序，操作上要简洁方便得多。

在 FTP 软件的使用当中，经常遇到两个概念：“下载”（Download）和“上传”（Upload）。“下载”文件就是从远程主机拷贝文件到本地计算机上；“上载”文件就是将文件从本地计算机中拷贝到远程主机上。

一般来说访问 FTP 服务器都有权限限制，所以使用 FTP 时必须首先登录，在远程主机上获得相应的权限以后，方可上载或下载文件。也就是说，要想和哪一台计算机传送文件，就必须具有这台计算机的适当权限，但这种情况违背了 Internet 的开放性，Internet 上的 FTP 主机成千上万台，不可能要求每个用户在每一台主机上都拥有账号。于是就有匿名 FTP 服务器解决方式。匿名 FTP 是这样一种机制，用户可通过它连接到远程主机上，并从其下载文件，而无需成为其注册用户。系统管理员建立了一个特殊的用户 ID，账户为 anonymous，这样 Internet 上的任何人在任何地方都可使用该用户来登录这台服务器。一般匿名账户不具有上传文件的权限。

一、FlashFXP 工具

FlashFXP 是一个功能强大的 FTP 软件，融合了一些其他优秀 FTP 软件的优点，如支持彩色文字显示；支持多文件夹选择文件，能够缓存文件夹；支持文件夹(带子文件夹)的文件传送、删除；支持上传、下载及文件断点续传；可以跳过指定的文件类型，只传送需要的文件；可以自定义不同文件类型的显示颜色；可以缓存远端文件夹列表，可以显示或隐藏“隐藏”属性的文件、文件夹；支持每个站点使用被动模式等。

FlashFXP 的下载地址为：http://www.flashfxp.com/download.php。

1. 安装

（1） 运行下载的程序，一路点击“下一步”按钮就可以了。

（2） 最后一步点击“完成”。

2. 主界面及语言设置

FlashFXP5.1.0 含有简体中文语言包，通过菜单“Options”—“language”可以设定界面的使用语言。

3. Flaxhfxp 的使用

（1）站点设置 要使用 FTP 工具来上传（下载）文件，首先必须要设定好 FTP 服务器的网址（IP 地址）、授权访问的用户名及密码。

① 安装了 FlashFXP 软件后运行 FlashFXP，点击“站点”->“站点管理器”，弹出“站点管理器”窗口（图 4-5）。

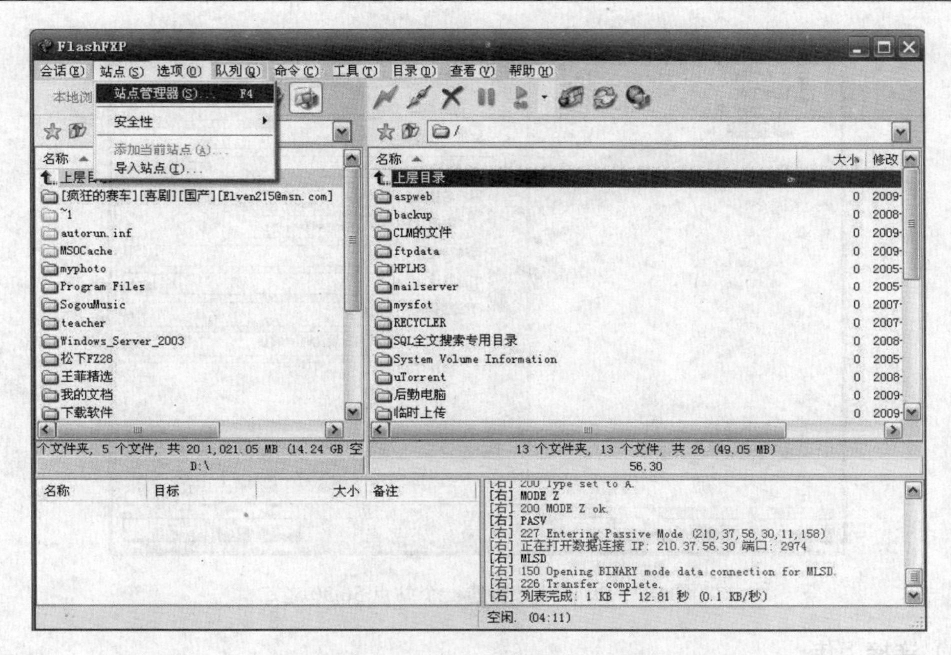

图 4-5　FlashFXP 设置站点管理器

② 点击“新建站点”项，在弹出的窗口输入要建立的站点名称(如 56.30) （图 4-6）。

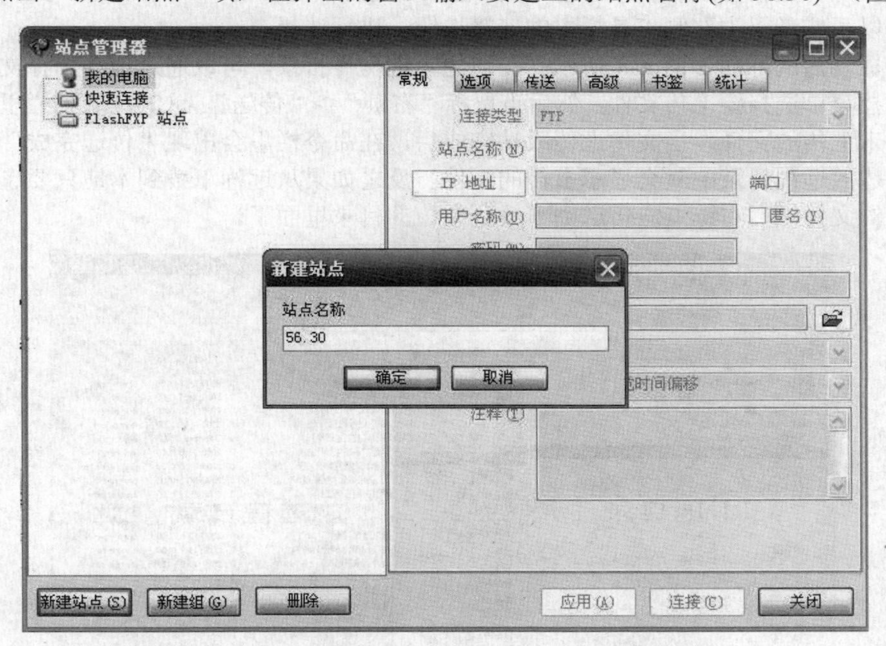

图 4-6　FlashFXP 新建一个站点 56.30 之一

③ 输入命名的站点后点击“确定”按钮。在“IP 地址”后输入站点服务器 IP 地址，输入 FTP 用户名和密码，如该站点提供匿名访问，也可选择“匿名”选项让用户匿名访问此站点。在这里还需要设置好本地路径，本地路径就是本地计算机与服务器交换文件的目录，在具体应用时也可以随时更改。设置完成后，点击“应用”按钮，这样一个新的 FTP 站点已经建立成功，这时便可使用 FTP 进行文件上传下载了（图 4-7）。

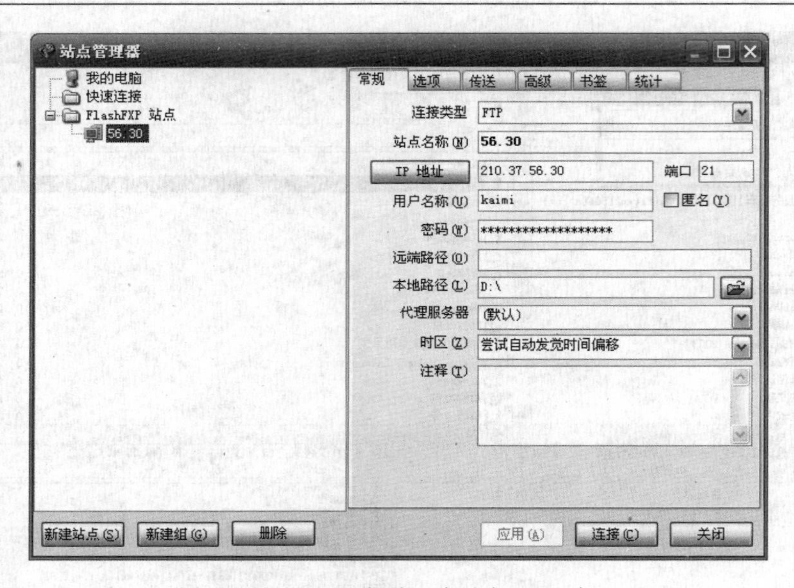

图 4-7 FlashFXP 新建一个站点 56.30 之二

（2）连接上传

① 连接　通过上面的设置之后现在就可以连接服务器上传文件了。可以通过菜单“站点”—“站点管理器”或者 F4 键进入站点管理器选择要连接的 FTP 服务器，点击“连接”按钮就可以了或者点击右侧工具栏中的连接按钮，进行选择。

连接成功后的界面如图 4-8 所示。左边为本地文件目录，可以通过拖动选择文件然后右键点击下拉菜单选择要上传文件，然后点鼠标“右键”->“传送”，这时在队列栏里会显示正在上传及未上传的文件，当文件上传成功完成后，在命令栏里会出现“传送完成”的提示，这时在右边的远程目录中就会显示上传的文件。反之如果从远程下载到本地只要选择远程目录要下载的文件然后右键点击传送则下载到左边的目录里面了。

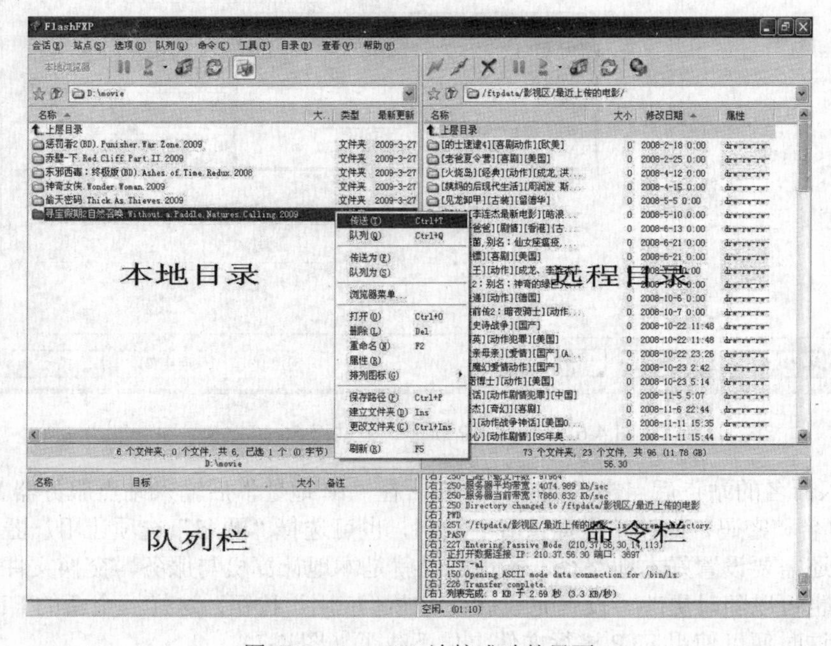

图 4-8 FlashFXP 连接成功的界面

②上传下载　连接成功后不仅可以传输单个文件，还可以传输多个文件甚至整个目录，主要有以下五种方法。

第一种：选中所要传输的文件或目录，直接拖拽到目的主机目录中就行。

第二种：在选中所要传输的文件或目录后，单击鼠标右键选择“传送”就行。

第三种：双击想要传输的文件。

第四种：选中所要传输的文件或目录后，点击工具栏按钮“传送所选”就可以了。

第五种：将选中的文件或文件夹加入到传输队列中（可以直接拖放也使用鼠标右键），然后进行传输。使用传输队列最大的好处是可以随时加入或删除传输的文件，并且对于需要经常更新的内容，允许把它们放到队列中保存下来，每次传输文件时还可以通过菜单“队列”—“载入队列”调出之前保存的队列进行文件更新。不过要注意的是不同的文件上传到不同目录时，必须先将该目录打开之后再添加到要传的文件到队列之中。

4、FlashFXP 常用设置

（1）密码保护　密码保护就是对整个站点的数据信息进行加密，给数据安全提供保障，因为 FTP 在传输过程中是以明文方式来传送的，在以后的每次启动时都会出现密码提示窗口。通过菜单“站点”—“安全性”—“设置密码”就可以设置密码了。

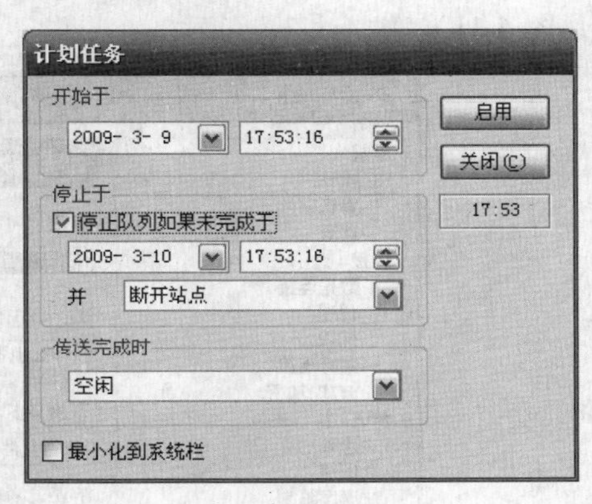

图 4-9　FlashFXP 计划任务设置

（2）计划任务　计划任务功能就是设定未来的某个时间段来自动进行文件的传输，不需人工的干预，因为服务器有时候可能会很繁忙，可以设置在服务器空闲时才上传和下载文件。通过菜单“工具”—“计划”就可以实现文件自动传输（图 4-9）。

（3）文件名大小写转换　文件大小写转换就是在传输文件时，强制把要传输的文件名按照需要进行大小写的改变。这对于大小写敏感的 Unix 系统非常有用，在 Unix 或 Linux 中，文件名是区分大小写的。通过菜单“站点管理器”—“传送”选项卡就可以实现文件名大小写转换（图 4-10）。

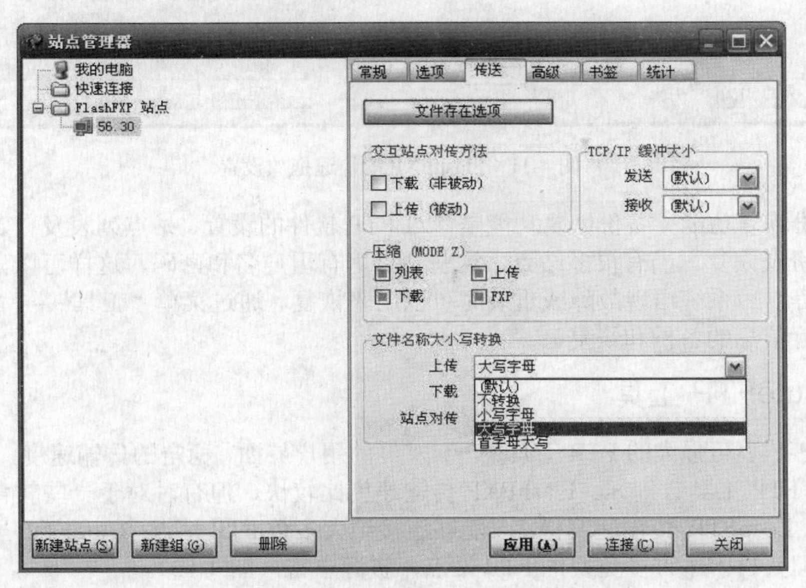

图 4-10　FlashFXP 大小写设置

（4）断点续传 断点续传功能可以说几乎是每个FTP软件必备的功能，也可以说是最基本和重要的功能了。它的实质就是当传输文件过程中，由于各种原因使得传输过程发生异常，产生中断，在系统恢复正常后，FTP软件能够在之前发生中断的位置继续传输文件，直到数据传送完毕为止。这个选项系统是默认打开的，不需要进行设置。

（5）速度限制 速度限制功能就是当网络比较拥挤或FTP站点有特定要求的时候，对文件的上传和下载的速度进行具体的限制。这个功能一般来说对服务器端更为有效，因为服务器面对的是众多的客户端，如果不进行限速的话，带宽就很快被占完，但客户端有时为了保证其他的网络应用，也可以进行设置。通过菜单“站点管理器”—“高级”选项来设置速度限制。

（6）快速拖放 快速拖放功能是大多数FTP软件都支持的功能，这给用户鼠标操作带来很大的方便。通过菜单“选项”—“参数设置”—“操作”选项就可以设置拖放的结果（图4-11）。

图4-11　FlashFXP的快速拖放设置

（7）备份恢复功能 备份恢复功能是针对FTP软件的设置、站点列表及自定义命令等信息内容的备份及恢复。当有很多站点，这些站点里有用户名和密码，这样可以先把这些配置保存起来，等以后系统出现故障或重装时可以用来恢复。通过菜单“工具”—“备份/恢复配置”可以进行信息的备份和恢复。

二、CuteFTP工具

CuteFTP是小巧强大的FTP工具之一，友好的用户界面，稳定的传输速度，与LeapFTP、FlashFXP称FTP工具三剑客。FlashFXP传输速度比较快，但有时对于一些教育网FTP站点却无法连接；LeapFTP传输速度稳定，能够连接绝大多数FTP站点；CuteFTP虽然相对来说比较庞大，但其自带了许多免费的FTP站点，资源丰富（图4-12）。

用户可以在其主页（http://www.cuteftp.com）中下载。该软件主页为英文界面，也可以在百度当中搜索一些汉化绿色版。用户下载完成后单击安装文件，按照提示进行操作，即可完成安装。CuteFTP 使用方法和 FlashFXP 类似。

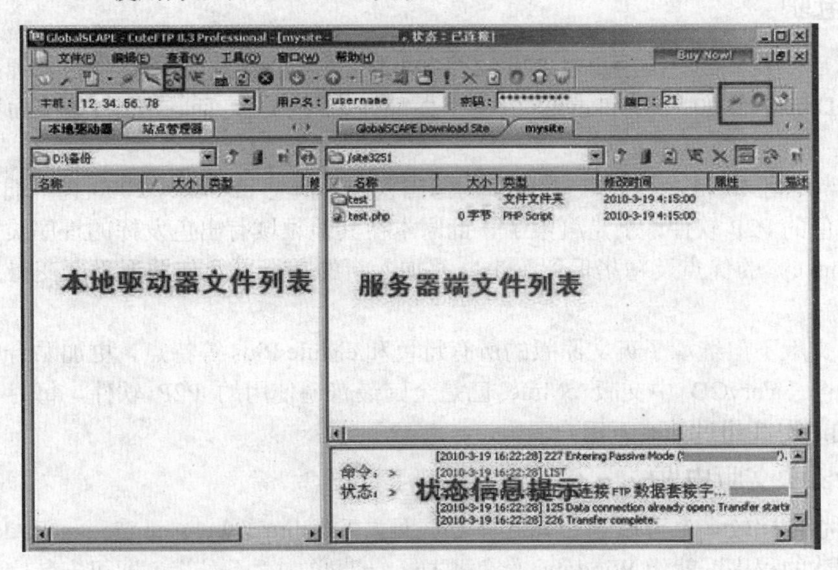

图 4-12　CuteFTP 运行界面

第三节　P2P 软件下载工具

P2P 是 peer-to-peer 的缩写，peer 在英语里有“（地位、能力等）同等者”、“同事”和“伙伴”等意义。P2P 直接将人们联系起来，让人们通过互联网直接交互。P2P 使得网络上的沟通变得容易、更直接共享和交互，真正地消除中间服务器。P2P 使人们可以直接连接到其他用户的计算机、交换文件，而不是像过去那样连接到服务器去浏览与下载。

P2P 的共享文件不是在集中的服务器上等待用户端来下载，而是分散在所有 Internet 用户的硬盘上，从而组成一个虚拟网络。这样每个用户都可以从虚拟网络中任何一个人的机器下载电影、音乐等类型的文件，同时每个人也可以把自己的文件共享给其他人使用。

P2P 还是 point to point 点对点下载的意思，它是下载术语，意思是在用户下载的同时，用户的电脑同时在担当服务器上传，这种下载方式，人越多速度越快，但缺点是对硬盘损伤比较大，因为在写的同时还要读，再者就是对内存占用较多，影响机器运行速度。

德国互联网调研机构 ipoque 称，P2P 已经彻底统治了当今的互联网，其中 50%～90%的总流量都来自 P2P 程序。所以 P2P 给人带来方便的同时，把带宽霸占完了，导致一些基本的应用如网页访问、收发邮件等不能正常使用，给网络管理者带来很大的问题。

P2P 最常用的一个应用就是 BT，这个在中文里戏称为“变态”的词，在大多数人感觉中与P2P成了对等的一组概念，也正是它将P2P技术发展到了近乎完美的地步。实际上BitTorrent（中文全称比特流，简称 BT）原先是指是一个多点下载的 P2P 软件。它不像 FTP 那样只有一个发送源，BT 有多个发送点，BT 首先在上传者端把一个文件分成了多个部分，客户端甲在服务器随机下载了第 N 部分，客户端乙在服务器随机下载了第 M 部分。这样甲的 BT 就会根据情况到乙的电脑上去拿乙已经下载好的第 M 部分，乙的 BT 就会根据情况去到甲的电脑上去拿甲已经下载好的第 N 部分。也就是说当你在下载时，同时也在上传，所有使用都处在同步传送的状态。这就是 BT 最为形象的解释就是："我为人人，人人为我"。

一、电驴

电驴是目前大多数中国用户对 P2P 软件 eMule 的中文称呼，这个称呼的来源是 eMule 软件的前身 eDonkey2000。eDonkey2000 的字面翻译为"电驴"，而 eMule 的字面同样翻译为"电驴"。

2002 年 05 月 13 日，一个叫 Merkur 的德国人因不满意 eDonkey 2000 客户端，坚信自己能做出更出色的 P2P 软件，于是凝聚了一批原本在其他领域有出色发挥的程序员，开发的目标是将 eDonkey 的优点及精华保留下来，并加入新的功能以及使图形界面变得更好。于是 eMule 就诞生了。

电驴中文版不但继承了英文原版的所有特色和 eMule Plus 等特点，更加贴合中国网民使用习惯。至今，VeryCD 中文版 eMule 已是全国最普遍使用的 P2P 软件，每月下载量超过 30 万次，同时在线超过 500 万用户。

1. 安装中文版电驴

电驴的版本比较多，可以到 eMule 官方页面去下载 http://www.emule.org.cn/download/。

运行下载的程序，就像 Windows 软件那样，一直单击"下一步"即可安装完成。在选择安装的组件时，可能包含第三方赞助厂商的捆绑软件，可以根据自己需要选择安装或不安装(图 4-13)。

2. 选择下载后文件的存放位置

在 eMule 运行窗口的顶部菜单内点击"选项"按钮，然后在左边的方框内选中"目录"，右侧就可以自定义文件存放的路径(文件夹) (图 4-14)。

下载文件：eMule 会自动将完成下载的文件移动到这个目录。

临时文件：正在下载的文件会被临时存放在这个目录下，文件名类似 001.part、001.part.met 等。

提示：勾选的目录将不包括子目录。若想一下子共享一个目录下的所有子目录，可按住 Control 键勾选，eMule 会自动将该目录下的所有目录都勾选。

另外，还可以勾选多个共享目录，与其他人分享这些资源。

图 4-13　VeryCD 安装界面

图 4-14　下载界面

（1）通过 Web 寻找资源并下载 访问 VeryCD：http://www.VeryCD.com，浏览网页，或通过页面上方的搜索栏寻找想要的资源(图 4-15)。

eMule下载

下面是eMule专用的下载链接，您必须安装eMule才能点击下载

☑ [勇敢的心].BraveHeart.1995.HDTVRip.XviD-TLF-CD1.[VeryCD.com].avi	699.2MB
☑ [勇敢的心].BraveHeart.1995.HDTVRip.XviD-TLF-CD2.[VeryCD.com].avi	698.1MB
☑ [勇敢的心].BraveHeart.1995.HDTVRip.XviD-TLF-CD3.[VeryCD.com].avi	695.7MB
☑ [勇敢的心].BraveHeart.1995.HDTVRip.XviD-TLF.[VeryCD.com].rar	3.3MB
☑ [勇敢的心].BraveHeart.1995.HDTVRip.XviD-TLF.[VeryCD.com].nfo	11.0KB
☑ 全选 下载选中的文件 复制选中的链接	2.0GB

eMule主页 下载eMule 使用指南 查看资源 如何发布

图 4-15 网页浏览方式下载

直接点击下载选中的文件，eMule 会自动添加所选择的文件。或者也可以逐一点击文件名下载。

（2）使用 eMule 软件内的搜索功能

① 点“搜索”菜单，在“名字”里面输入关键字，“类别”可以选择任意（推荐方式）或者视频（无法搜索 dat 文件），“方法”最好选择“全局（服务器）”，然后点“开始”，就会发现列出了 n 多可下载的符合的视频文件(图 4-16)。

② 最好选择“来源”多的片子，双击就可以下载了。

③ 要保存搜索的文件信息，可以在搜索结果窗口里面，同时按 Ctrl 和 A 键全选，然后点鼠标右键，选择“复制 ED2K 链接到剪贴板”，最后剪贴到一个文件中保存即可。

图 4-16 网页搜索方式下载

由于所使用的宽带带宽比较小，下载速度有限，如要下载的文件较大，如“家有喜事 2009”达到了 DVD 级别 4.3G，这样下载的时间会很长，所以在选择资源时，最好选择资源大小与上网速度较为匹配的文件（图 4-17）。

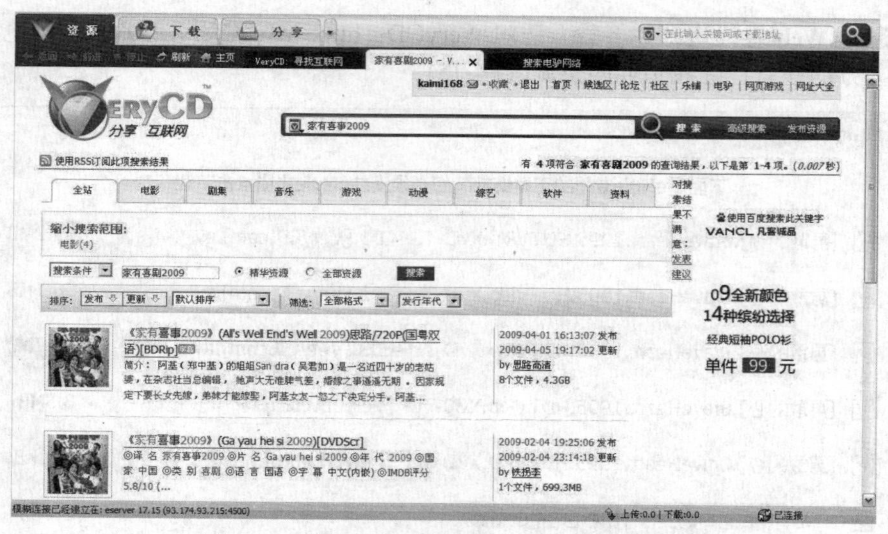

图 4-17　搜索方式得到“家有喜事 2009”资源

3. 选择 VeryCD 发布您的资源

VeryCD 资源库现有各类精华资源十余万项，首页每日页面流量达千万。一旦您发布的资源成为精华，就会被推荐到 VeryCD 首页，让数万网友与您共同分享！

使用 VeryCD 的发布系统必须拥有 VeryCD 用户账号（注册），并且用户在社区的等级需要铜光盘以上。

（1）将准备发布的文件准备好。

（2）需要在 eMule 里面添加共享目录，默认目录为 C:/Program Files/eMule/incoming，可以把要发布的资源的所在文件夹添加为共享。步骤：选项目录→在共享文件夹前面勾选→确定(图 4-18)。

（3）添加好共享文件之后，在 eMule 的共享菜单下可以看到已经添加的共享文件。（没看见的话多刷新几次）。然后，对要发布的文件使用鼠标右键菜单，把发布文件的优先级改为发布。步骤：共享 → 察看已共享文件 → 改变优先级为发布 (图 4-19)。

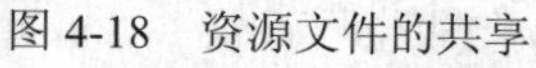

图 4-18　资源文件的共享

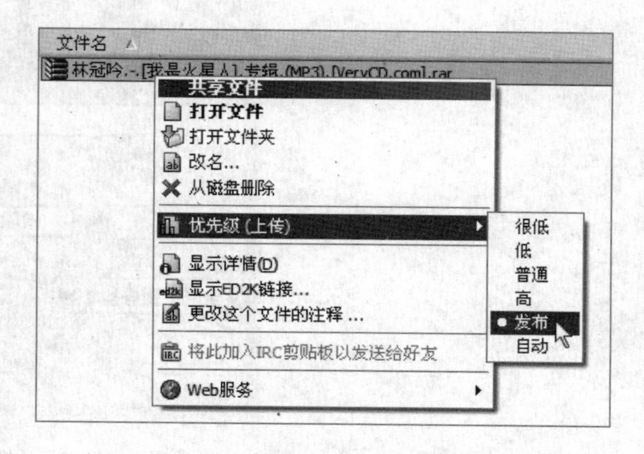

图 4-19　共享文件优先级的发布

（4）察看共享文件的 ED2K 链接，并且复制。步骤：鼠标右键点击共享文件→察看 ED2K 链接→复制(图 4-20)。

（5）访问 www.VeryCD.com 网站并登录，点击 发布资源 。

第一步选择资源的分类，继续第二步，粘贴文件的ED2K地址，在资源文件框中可以拖动文件调整顺序，也可以重命名；填写详细的资源信息，提交即可发布。

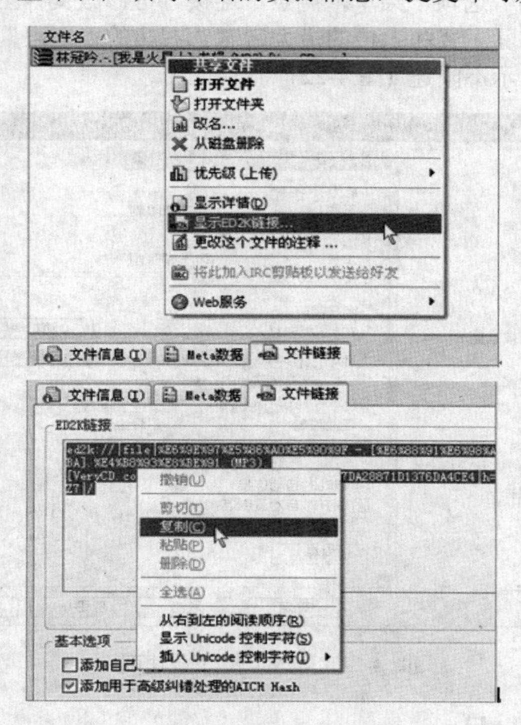

图 4-20　察看共享文件的 ED2K 链接

4. 用户昵称修改

点击 eMule 界面中的“选项”菜单，再点“常规”可修改自己的昵称，注意前面一定要加上[CHN]，不然有些中国的 eMule 服务器连不上的。“关联 ED2K 连接”点击一下，可以使之变成灰色，以便 eMule 自动识别网页上的 ED2K 连接格式(图 4-21)。

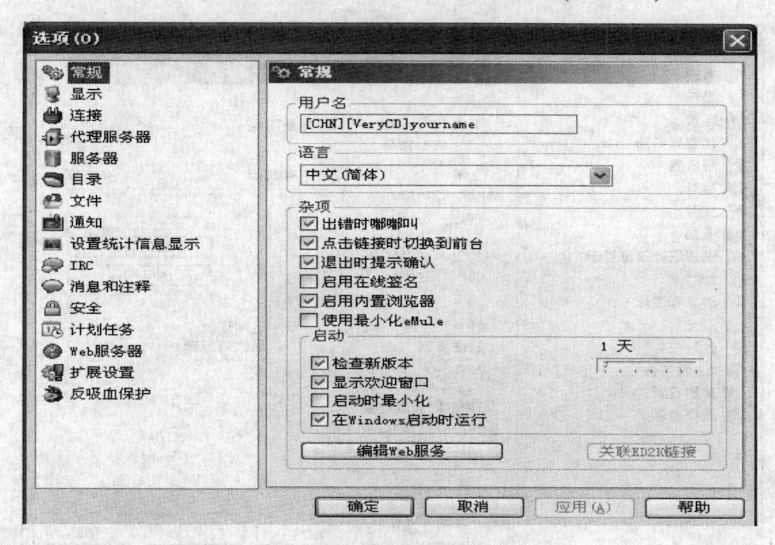

图 4-21　修改用户昵称

5. 修改上传和下载速度

点击 eMule 界面中的“选项”菜单，再点“连接”可修改文件上传和下载的速度，下载和上传里面添上自己的实际下载和上传的最大带宽。右边的“上限”是对 eMule 的上传和下载进行限速，不勾的话表示不限速 (图 4-22)。

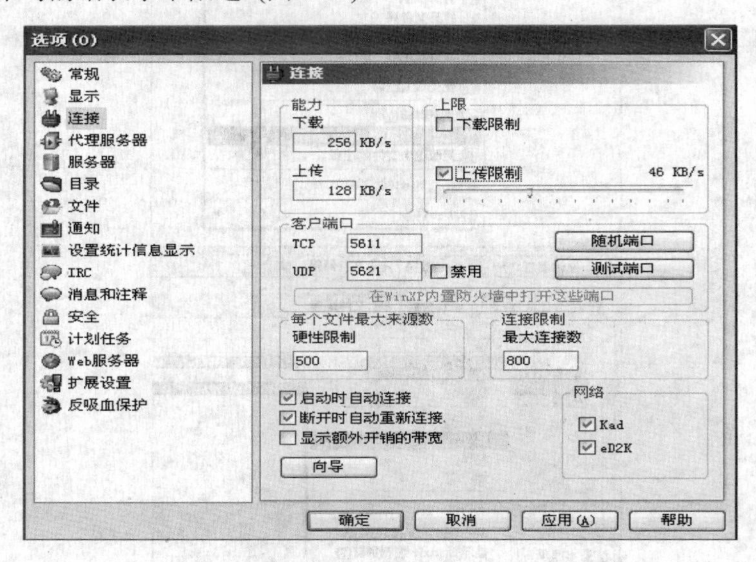

图 4-22　修改上传/下载速度

6. 修改 eMule 端口号

客户端口默认是 TCP 为 4662，UDP 为 4672。由于有些 ISP 对 eMule 采取了措施，封住了 eMule 的端口，所以这里可以换 2 个其他的端口，数值在 1024～65535 之间任意选 2 个即可。“Kad”和“eD2K”2 项都勾上。至于“每个文件最大来源数硬性限制”和“连接限制最大连接数”可以根据你的网络硬件设备的性能好坏来设置，一般保持默认即可。如果启用了 WIN XP 的内置防火墙，不要忘了在图中所示位子点击，打开防火墙的端口 (图 4-23)。

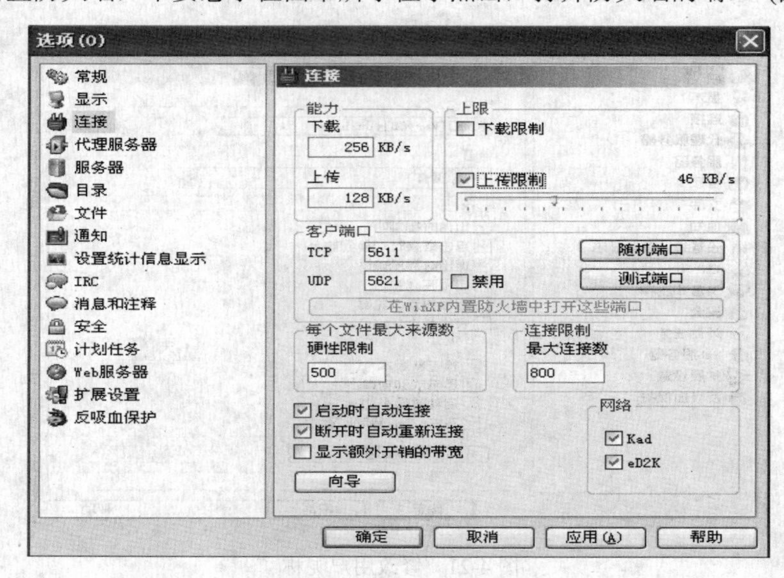

图 4-23　修改电驴端口号

二、BitComet

BitComet 又名比特彗星，是基于 BitTorrent 协议的高效p2p文件分享免费软件（俗称BT下载客户端），拥有多项领先的 BT 下载技术：如支持多任务下载、文件有选择的下载；有边下载边播放的独有技术，也有方便自然的使用界面；磁盘缓存，减小对硬盘的损伤；只需一个监听端口，方便手工防火墙和 NAT/Router 配置；在 Windows 下能自动配置支持 Upnp 的 NAT 和 XP 防火墙，续传免扫描，速度限制等多项实用功能。最新版又将 BT 技术应用到了普通的HTTP/FTP下载，可以通过 BT 技术加速普通下载。

比特彗星下载地址：http://www.bitcomet.com/。

比特彗星的使用与前面介绍的电驴差不多，具体可以参见上面的内容。

第四节　电子邮件软件

电子邮件（electronic mail，简称 E-mail，中文昵称为“伊妹儿”）又称电子信箱、电子邮政，它是一种用电子手段提供信息交换的通信方式，是 Internet 应用最广也是最受欢迎的应用之一。电子邮件通过网络系统，用户可以用非常低廉的价格、以非常快速的方式（几秒之内可以发送到世界上任何指定的目的地），与世界上任何一个角落的网络用户联系，这些电子邮件可以是文字、图像、声音等各种方式。同时，用户也可以通过邮件得到大量免费的新闻、专题邮件，并实现轻松的信息搜索。这是任何传统的方式也无法相比的。另外，电子邮件还可以进行一对多的邮件传递，同一邮件可以一次发送给许多人。电子邮件被广泛应用，使人们的交流方式得到了极大的改变。

在 Internet 中，邮件地址如同自己的身份，一般而言邮件地址的格式如下：404409@hainu.edu.cn。邮箱不能为中文。404409 表示是用户名，符号@读“at”，表示“在”的意思。hainu.edu.cn 为域名的标识符，也就是邮件必须要交付到的邮件目的地的域名。

目前互联网上提供免费或商用企业的邮箱很多，邮箱的功能也是越来越丰富，空间也是越来越大，用户可以根据自己的需要选择注册。首先明白使用电子邮件的目的是什么，然后再根据自己不同的目的针对性地去选择。

电子邮件客户端软件版本很多，目前比较常用的有国内老牌软件 Foxmail、实力雄厚的微软 Outlook Express、还有后来居上的 Dreammail 等。

一、Foxmail

Foxmail 是由原华中理工大学张小龙开发的一款优秀的国产电子邮件客户端软件，2005 年 3 月 16 日被腾讯收购。新的 Foxmail 具备强大的反垃圾邮件功能。它使用多种技术对邮件进行判别，能够准确识别垃圾邮件与非垃圾邮件。垃圾邮件会被自动分捡到垃圾邮件箱中，有效地降低垃圾邮件对用户干扰，最大限度地减少用户因为处理垃圾邮件而浪费的时间。

从 Foxmail 5.0 开始支持数字签名和加密功能，可以确保电子邮件的真实性和保密性。通过安全套接层(SSL)协议收发邮件使得在邮件接收和发送过程中，传输的数据都经过严格加密，有效防止黑客窃听，保证数据安全。

从 Foxmail 6.0 开始，又提供中文 RSS 阅读功能。RSS 是简易信息聚合（RSS：Really Simple Syndication）的英文缩写，是一种订阅咨询的功能，就如同线下订阅报纸、杂志一样，并且更加便捷。Foxmail 6.0 可以自动为用户收集好订阅的最新信息，保持新闻内容的及时性，无需再逐个访问网站，目标性强，可以节省宝贵的时间。

Foxmail 6.0 继 Foxmail 5.0 后，在反垃圾功能上又有了一次飞跃。新版本的系统具有自动学习功能，Foxmail 研发团队开发出了自动地智能化学习算法，该算法在用户进行日常邮件操作和管理的同时可自动进行分析判定，使用户在使用 Foxmail 软件一段时间后（视收发邮件的频繁程度，可能需要数周的学习积累时间）就能达到比较理想的反垃圾邮件的效果，并且效果还将越来越好，将反垃圾功能的应用和配置复杂度降低到最低点。用户不再需要手工配制和学习，就可以准确地判别垃圾信件。

1. Foxmail 的安装

Foxmail 可以到 http://www.foxmail.com.cn/网站下载，文中主要用 Foxmail7.2 为例进行说明。点击下载的 Foxmail7.2 安装软件包，按照默认选项安装，就会自动安装好 Foxmail。

2. Foxmail 的使用

Foxmail 的使用首先须建立一个邮箱账户，安装后打开 Foxmail 点击工具栏上的“邮箱”中的“新建邮箱账户”，以建立一个 QQ 的邮箱为例（图 4-24）。

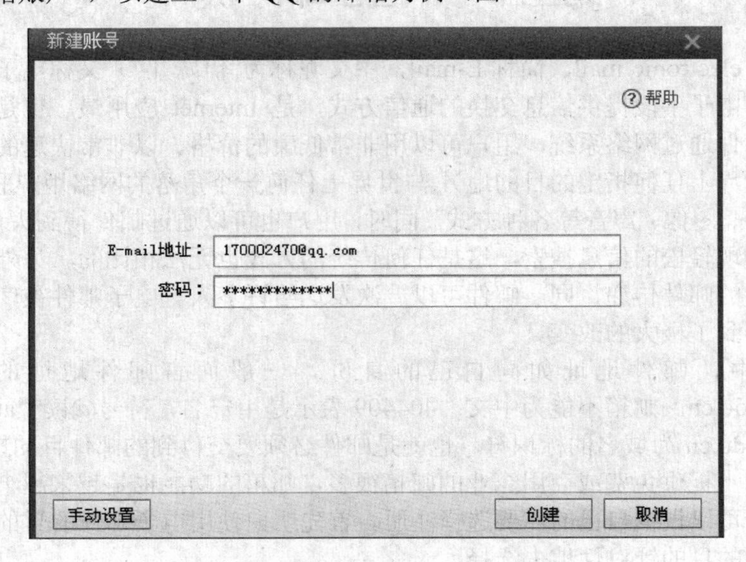

图 4-24　新建一个邮箱账户

（1）登录 QQ 邮箱，点击设置按钮，切换到账户选项卡（图 4-25）。

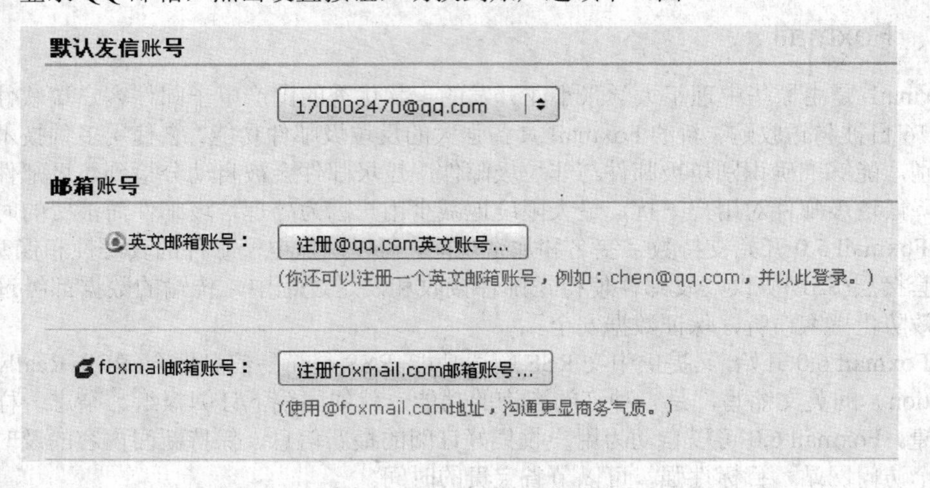

图 4-25　登录 QQ 邮箱设置

（2）如果没注册过 foxmail 邮箱，QQ 邮箱会提示你进行注册，点击进行注册（图 4-26）。

图 4-26 注册 foxmail 邮箱

（3）输入你想注册的前缀，点击注册。

（4）需要再次输入进行确认，输入完成之后点击下一步。

（5）立即会收到通知邮件，提醒你注册成功（图 4-27）。

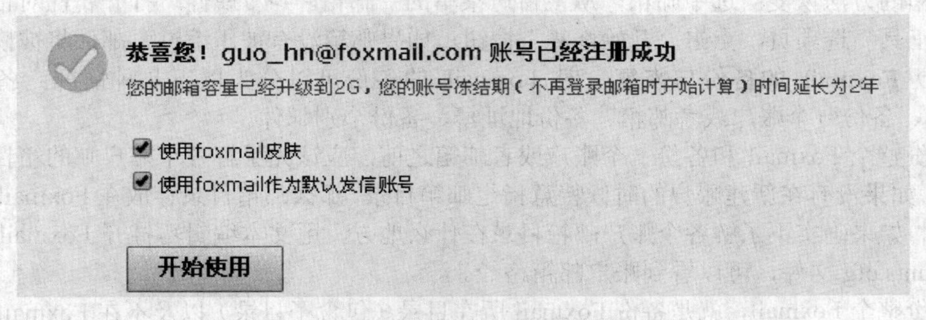

图 4-27 foxmail 邮箱完成注册界面

3. 常用设置

（1）将 Foxmail 设置为默认邮件程序 除了系统安装好 Foxmail 客户端软件外，Windows XP 在安装完毕后会自动安装好微软自带的 Outlook Express 软件，在安装微软的办公软件 Office 包时 mail 是否为系统默认邮件软件，若不是，系统就会弹出一个对话框，询问用户是否将 Foxmail 设为默认邮件软件，用户只需从中选择“是”按钮即可。

② 启动 IE，然后执行“工具”菜单的“Internet 选项”命令，打开“Internet 选项”对话框并单击“程序”选项卡，从“电子邮件”列表框中选择 Foxmail。

经过以上设置之后，Foxmail 就会成为默认邮件程序，在任何软件中准备撰写邮件时系统都会自动启动 Foxmail。

（2）Foxmail 加密账户 多用户可使用同一部电脑，每一用户均可为自己的任一账户和邮箱设立口令保护。这样每次进入 Foxmail 邮箱时必须先输入密码，防止其他用户在不授权的情况下访问自己的邮箱。选择自己的账户之后，执行“邮箱”菜单的“访问口令”命令，打开“口令”对话框，然后再输入适当的口令即可为自己的账户设置密码。

（3）调整 Foxmail 的邮件保存路径 一般来说，Foxmail 默认将用户的邮件保存到其安装目录的 mail 目录下。如用户需要将邮件信息保存到其他某个指定目录中（如将 Foxmail 安装到 C 盘，而将其邮件内容保存到专门保存数据的 D 盘）。

用户若在使用 Foxmail 之前就希望将某个账户中的邮件保存到其他目录中，只需新建该账户时弹出的“建立新的用户账户”对话框中单击“邮箱路径”下的“选择”按钮，打开“浏览文件夹”对话框，然后选择所需的文件夹即可。

若用户已经建立了相应的邮件账户，现希望在保留以前所有的用户设置和邮件的基础上调整邮件的保存目录，则首先应将要移动的账户邮箱目录(此目录存放在安装目录 Foxmail 下的 mail 文件夹内)拷贝到目标目录，并移走拷贝出来的目录下的 Account.stg 文件，然后在 Foxmail 删除该邮箱对应的账户，接着新建一个与刚才删除的账户相同的账户，并把邮箱路径指定到拷贝出来的邮箱所在路径，最后把移走的 Account.stg 文件复制回来。

（4）恢复误删邮件 用户在 Foxmail 中清除邮件时并没有真正将其清除，而仅仅只是打上了一个删除标记，不再显示，只有在执行了“压缩”操作之后，系统才会真正将它们删除。此时如想恢复误删的邮件,一般被删除的邮件都会转移到“废件箱”中，可以直接恢复，只需把邮件从“废件箱”转移其他邮箱。转移邮件可以使用“编辑”菜单的“转移到邮箱”功能，或者直接用鼠标拖动。

如果已经把废件箱中的邮件删除了，或者是用 Shift+ Delete 直接删除邮件的，可以通过修复邮箱的方法恢复：选中邮箱，从主窗口菜单的“邮箱”->“属性”打开属性对话框，切换到“工具”选项页，点击“开始修复”按钮。如果邮箱没有被压缩过，邮件将被恢复。

（5）Foxmail 的备份与恢复 对 Foxmail 的备份可以分为以下几种情况：备份整个 Foxmail、备份一个账户或者邮箱、备份地址簿、备份个别邮件。

备份整个 Foxmail 和备份一个账户或者邮箱之前，应该先了解各个账户邮的箱目录在什么地方。如果没有在新建账户的时候特意指定邮箱目录，那么邮箱目录存放在 Foxmail 的 mail 目录下。如果确实不了解各个账户邮箱目录在什么地方，用文本编辑器打开 Foxmail 目录下的 accounts.cfg 文件，可以看到账户邮箱路径。

备份整个 Foxmail，就是备份 Foxmail 所在目录（包含子目录）以及不在 Foxmail 目录下的邮箱目录；备份账户就是备份邮箱目录。

邮箱文件存放在邮箱目录下，每个邮箱对应一个后缀为.idx 和一个后缀为.box 的文件，例如，收件箱对应 in.idx 和 in.box 两个文件。备份一个邮箱，就是备份这样的两个文件。

对于以上备份的恢复，只要把备份文件复制回来，覆盖到备份前的路径上。

（6）Foxmail 备份地址簿 地址簿是 Foxmail 提供的一个十分重要的功能，主要有以下用途：①保存朋友、同事的 E-mail、电话、地址、数字证书等信息。②发送邮件时，可以从地址簿快速获得收件人地址，即使邮件要发送给多个收件人，亦可轻松完成。③发送手机短信时，从地址簿获取接收人的手机号码。

Foxmail 的公共地址簿和私人地址簿下都可以有多个文件夹，其实一个文件夹就相当于一个独立的地址簿。备份文件夹下的地址信息，可以使用 Foxmail 地址簿“工具”菜单下的“导出”,把一个文件夹下的卡片导出到一个文件中,文件的格式可以是 WAB、TXT 或者 CVS。

相反，使用 Foxmail 地址簿“工具”菜单下的“导入”，可以轻易地把备份文件中的地址信息恢复到 Foxmail 地址簿中。

Foxmail 地址簿的所有信息都保存在 Foxmail 的 Address 目录下，因此可以通过备份这个目录或者目录下面的文件实现地址簿备份。地址簿中的每个文件夹都保存为对应的两个扩展名分别是.ind 和.box 的文件，复制和覆盖这些文件可以实现地址簿的备份和恢复，但是要特别注意的是，私人地址簿是和账户相关的，只有对应的账户才能打开，恢复时必须对号入座。

（7）Foxmail 快速将发件人地址添加到地址簿 Foxmail 具有将邮件的地址信息快速添加到地址簿中的功能。只需在 Foxmail 的邮件列表窗口中右击需要添加地址信息到地址簿的邮件，然后从弹出的快捷菜单中执行“加到地址簿”命令，此时系统就会打开一个“添加地址”对话框，在这里可以选择把地址信息加到哪个地址簿。单击确定按钮后，Foxmail 就会将指定邮件的发件人地址添加到系统的地址簿中。

另外，亦可利用 Ctrl 或 Shift 键同时选择多个邮件，然后再执行上述添加地址簿的步骤。若地址簿中存在同名选项，系统会自动询问用户是否更新。

二、Outlook Express

Microsoft Outlook Express 是 Microsoft(微软)自带的一种电子邮件，简称为 OE，是微软公司出品的一款电子邮件客户端，也是一个基于 NNTP 协议的 Usenet 客户端。微软将这个软件与操作系统以及 Internet Explorer 网页浏览器捆绑在一起是微软集成在 IE 里的一个收发邮件的软件。随着微软操作系统的普及和市场占有率不断的提高，Outlook Express 已经成为使用最广泛的电子邮件收发软件之一。

OE 是微软的产品，其稳定性和资源占有率非常不错，产品的设置与使用与 Foxmail 略有所不同。在这我们只是简单介绍 OE 的一些常用功能。

1. 创建 Outlook Express 账户

打开 Outlook Express 后，在如图 4-28 所示的界面中，点击工具栏中“工具”下的“账户”选项。

在弹出的对话框中，点击“添加”按钮，选择 “邮件”选项 (图 4-29)。

图 4-28　OE 的新建账户步骤一

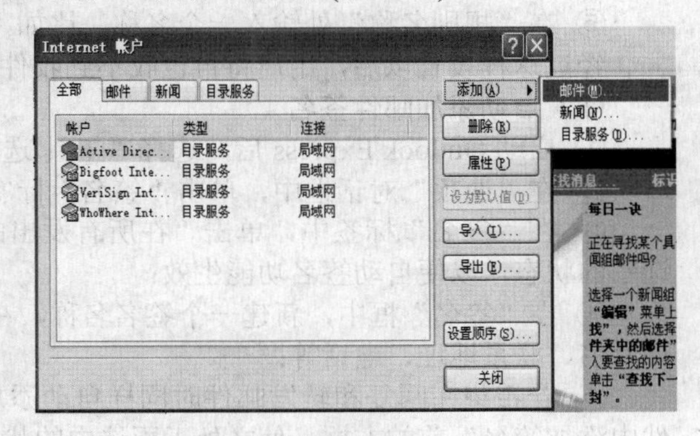

图 4-29　OE 的新建账户步骤二

后面的步骤与 Foxmail 类似，这里就不再介绍了，详细情况请参考 Foxmail 创建账户部分。

2、OE 的一些常用设置

（1）使用同一个邮箱发送信件　用户给一个陌生地址回复 E-mail，依据的是来信中的发件邮箱地址。在许多情况下，给不同用户发 E-mail 时要使用某个特定的邮箱。在多数邮件程序中要想临时改变发件邮箱比较麻烦。使用 Outlook Express 就方便多了。运行 Outlook Express “工具”菜单中的“账号”命令，打开“Internet 账号”对话框。在“邮件”选项卡中选中用户发 E-mail 时要使用的那个邮箱账号，然后单击对话框中的“设置为默认值”按钮。此后，用户每次发出的所有 E-mail 均带有这个邮箱的地址。

（2）使用不同的邮箱进行发送　Outlook Express 可以使用拥有的所有邮箱中的任意一个来发 E-mail。具体操作方法是：在“新邮件”窗口中撰写信件结束后，打开窗口中的“文件”菜单。如果是成批发送邮件，可单击菜单中的“以后发送方式”命令，在子菜单中选中需要的发件邮箱。以后发送邮件时，E-mail 就带有所选择的邮箱地址。如果是立即发送邮件，可单击菜单中的“发送邮件方式”命令，在子菜单中选中需要的发件邮箱，则 E-mail 就立即从这个邮箱发出。

（3）自动添加 E-mail 地址　Outlook Express 通讯簿可大大提高撰写信件时输入 E-mail 地址的速度和准确性，为此它提供了 E-mail 地址自动添加功能。打开收到的邮件，用鼠标右键单击要添加的发信人名称，然后单击快捷菜单中的“添加到通讯簿”命令即可。如果要对所有回信的E-mail地址进行添加，可单击Outlook Express“工具”菜单上的“选项”命令，打开“常规”选项卡，选中其中的“自动将回复邮件时的目标用户添加到通讯簿”项，此后所有通讯簿中没有的E-mail地址均被加到通讯簿。

（4）删除垃圾邮件 目前垃圾邮件和病毒邮件很多，用户经常被垃圾邮件所困扰，因为很多垃圾邮件都是通过群发功能发出，OE可以在收邮件的时候，设定只要E-mail的收件人不是自己的话，就直接把邮件从服务器上删除。

① 选择菜单上的“工具→邮件规则→邮件”。

② 在出现的“新建邮件规则”窗口中“选择邮件规则条件”项下，用鼠标单击“若‘收件人’行中包含”，这时“规则描述”栏中出现规则条件，点击“包含用户”。

③ 在弹出的“选择用户”窗口第一栏中输入你的E-mail地址，按“添加”按钮。然后按下旁边的“选项”键，把“邮件包含下列用户”换为“邮件不包含下列用户”，依次按“确定”回到“新建邮件规则”窗口，这时邮件规则变为“若‘收件人’行中不包含……”你的邮件地址。

④ 在“选择规则操作”中，选定“从服务器上删除”。

⑤ 在“规则名称”处输入一个名称，比如“删除不是我的信件”，点击“确定”。

经过这样设置以后，用户将再也收不到收件人不是自己的邮件地址的垃圾邮件了。

（5）自动添加邮件签名

① 启动Outlook Express后，选择“工具/选项”命令；

② 在“选项”对话框中，单击“签名”标签；

③ 在“签名”标签中，单击“在所有发出的邮件中添加该签名”前的方框，使之处于选中的状态，以便自动签名功能生效；

④ 在“签名”框中，新建一个签名名称，在下面文本框中键入想添加的所有个人信息，如姓名、联系地址、电话等；

⑤ 若希望在回复和转发邮件时同样自动添加签名，则可以单击“不在回复和转发的邮件中添加签名”前的方框，使之处于不选中的状态；

⑥ 单击“确定”按钮，下次建立新邮件时就会在你的邮件中自动添加上签名了。当然，可以单击“高级”按钮，为你的每个账号设置一个漂亮的签名。

其他客户端的软件功能与Foxmail和OE差不多，用户可以根据自己的爱好来选择自己所喜欢的客户端软件。

第五章 网络娱乐休闲

Internet 除了给人们工作和学习带来变革之外，也给人们的娱乐、休闲带来很好的去处。现在通过网络交朋友（网恋）、聊天、购物、看电影、玩游戏等娱乐休闲已经占去了网民的大部分上网时间，甚至有的网民通过这些活动还寻找到了商机，成就了一番事业。

第一节 网 络 通 讯

随着计算机的普及，单机已经不能满足用户的需求，数据的共享、资料的传输都离不开网络，因此，新兴的通讯方式就产生了，那就是网络通讯方式。

网络通讯（NC：Network Communication）是指通过计算机和网络通讯设备对图形和文字等形式的资料进行采集、存储、处理和传输等,使信息资源达到充分共享。

本章节主要介绍一下网络上常用的实现以上功能的通讯工具，如聊天室、网络电话等。

一、网络聊天室

想在网络上认识朋友吗？想在网络上学习知识吗？网络聊天室是一个不错的选择。网络聊天室是网民实时地发布信息，自由发表言论的虚拟空间，聊天室提供给网民一个交友与娱乐的场所，在聊天室里网民可选择自己的聊天对象，进行对话交流“既可以一对一，又可以一对多，还可以形成小组进行多对多讨论”。聊天室的另一个优势就是互动性强，在虚拟世界里，网民们可以毫无顾忌地畅所欲言，因而聊天室具有相当强的生命力。目前国内比较知名的聊天室主要有：QQ 聊天室、新浪 UC 聊天室、网易聊天室等等。

1. 工作原理

先看看聊天界面：通常聊天界面由三个页面组成，其中 chat（聊天内容）页面是聊天内容显示部分，talk 是用户输入页面部分，包括聊天内容输入、动作、过滤以及管理功能都在这一页面输入，names 是在线名单显示部分，这一部分是定时刷新的。如图 5-1 所示，聊天室工作的过程如下。

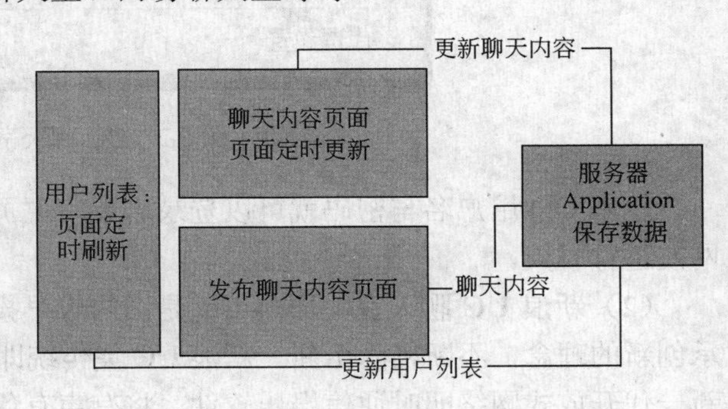

图 5-1 聊天室工作流程

（1）浏览器请求页面：此时产生了一个连接到服务器聊天端口的连接，并发送了一行数据，此数据包含有聊天内容、用户名及各类指令。

（2）服务器将收到的信息保存到数据库或一个文件下，成为聊天信息，向各个浏览器发送。

（3）浏览器的 chat 页面定时刷新页面，向服务器获取聊天信息及各类指令。

2. 聊天室分类

按功能分类可以看出，聊天室可分为语音聊天室和视频聊天室。

语音聊天室：聊天过程中以语音为基础进行交流，为了避免聊天室太混乱，就引入了排麦的概念，即要讲话的都点击自己的麦，加入下次发言的队列中，按先申请先发言的规则来玩。

视频聊天室：一般集合了语音聊天与文本聊天，视频聊天过程中对网络带宽要求更高，电脑需配置有摄像头才能发送视频信号，真正做到面对面聊天。

3. 国内著名的聊天室

（1）QQ 聊天室　QQ 聊天室是腾讯公司创建的供腾讯 QQ 用户聊天的聊天室，这是由腾讯公司官方创建的，也是由腾讯公司官方所拥有的。普通用户在 QQ 聊天室中只能聊天，在其他公司的一些聊天室中普通用户可以自己申请创建聊天室，甚至可以交钱买自己的聊天室，但是这些在 QQ 聊天室中都是不行的。

QQ 聊天室一共有九个大的分类，分别是：同城聊天，交朋识友，岁月本长，兴趣爱好，聊吧，情感天地，视频聊天，谈股论金，影视娱乐。

QQ 聊天室可以在 QQ 官方主页上下载，地址为 http://chat.qq.com。

下载安装后，在电脑桌面上生成 QQ 聊天室的快捷方式，直接双击打开图 5-2 所示登录窗口。

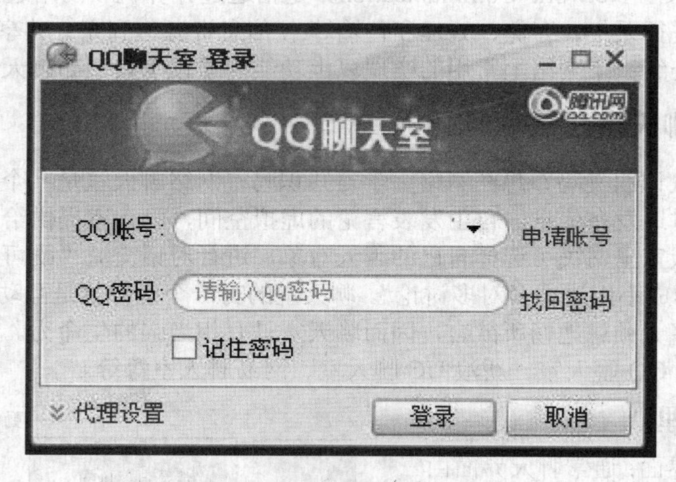

图 5-2　QQ 聊天室登录窗口

输入 QQ 用户名与密码就可以登录聊天室主页面，在里面可以选择自己喜爱的聊天室与网友进行聊天。

（2）新浪 UC 聊天室　新浪 UC 是国内较早投入研发的即时通讯软件。新浪 UC 一直秉承创新的理念，不断推陈出新。新浪 UC 集传统即时通信软件功能于一体，融合 P2P 思想的新一代开放式网络即时通信娱乐软件，将有声有色、图文并茂的场景聊天模式，以及视频电话、可断点续传的文件传输、能够多人聊天的多人世界，消息群发功能和在线游戏功能以及同学录（团体）等有机结合，形成一个完整的网上即时通讯娱乐平台，满足人们日常工作和生活的需要，给大家带来边说、边看、边玩的网络生活全新感觉。

下载地址：http://uc.sina.com.cn/download/uc_download.html

点击下载安装。安装完成后运行新浪 UC，如图 5-3 所示。输入用户名与密码登录，选择喜爱的聊天室进入到相关的聊天室。

图 5-3　新浪 UC 聊天室窗口

如果系统安装有摄像头，就可进行视频聊天，点击启动视频就可以了。

4. 聊天室礼仪

网络聊天室虽然是虚拟的世界，也是现实社会的一个缩影，所以在聊天过程中也应该注意聊天室的一些基本礼仪。

（1）尊重他人，在网络上与人交流时，应该尊重他人的隐私、言论，不应该对他人使用粗口等不健康词汇。

（2）遵纪守法，在网络上虽然是言论自由，但不能发表或支持反动政治言论。

（3）不要滥用权力，如果是管理员或权限比较高，应该珍惜权力，不应该滥用。

（4）讨论问题时应该以理服人，不应该对他人进行人身攻击。

（5）他人的提出问题或他人不懂的问题，可以解答时，应该尽量回答，共享你的知识。

二、腾讯 QQ

QQ 号码犹如手机号码一样重要，成为网民在网上通讯聊天的重要工具。QQ 号码的长短也在某种程度上意味着网龄的长短，而 QQ 的等级也意味着拥有更多权限。所以，下面将专门介绍一下 QQ 的使用及 QQ 相关知识。

1. 基本概述

腾讯公司成立于 1998 年 11 月，是目前中国最大的互联网综合服务提供商之一，也是中国服务用户最多的互联网企业之一。

目前，腾讯以“为用户提供一站式在线生活服务”作为自己的战略目标，并基于此完成了业务布局，构建了QQ、腾讯网（QQ.com）、QQ游戏以及拍拍网这四大网络平台，形成中国规模最大的网络社区。在满足用户信息传递与知识获取的需求方面，腾讯拥有门户网站腾讯网（QQ.com）、QQ即时通讯工具、QQ邮箱以及SOSO搜索；满足用户群体交流和资源共享方面，腾讯推出的QQ空间（Qzone）已成为中国最大的个人空间，并与访问量极大的论坛、聊天室、QQ群相互协同；在满足用户个性展示和娱乐需求方面，腾讯拥有非常成功的虚拟形象产品QQShow、QQ宠物、QQ游戏和QQMusic/Radio/Live（音乐/电台/电视直播）等产品，同时，还为手机用户提供了多种无线增值业务；在满足用户的交易需求方面，c2c电子商务平台——拍拍网已经上线，并完成了和整个社区平台的无缝整合。

腾讯QQ具有合理的系统设计、良好的易用性、强大的功能，稳定高效的系统运行等特点。作为一种即时通信工具，腾讯QQ支持显示朋友在线、寻呼、聊天、即时传送文字、语音和文件等功能。腾讯QQ不仅是网络虚拟呼机，它还具有与无线寻呼、GSM短消息、IP电话网互联等等功能，在本小节主要简单介绍一下QQ的各类功能。

QQ经过十多年的发展，已经成为中国互联网的一面旗帜，有着独特的影响力。

（1）成为网络用户最普遍的网络沟通的方式之一。

（2）成为网民们发挥自我价值、参与和贡献社会的重要平台之一。

（3）成为网民用户共享资源，发布信息的重要平台之一。

（4）成为网络游戏、网络视频、网络音乐的重要平台之一。

2. 腾讯QQ下载与安装

（1）下载 QQ的版本很多，很多公司或个人为了自己的利益，或者不满腾讯QQ捆绑的一些软件或广告，在腾讯QQ原版的基础上做了一些修改，但这些版本在某种程度上安全性不及腾讯公司的，所以用户最好在腾讯的官方主页上下载：http://pc.qq.com，选择相应版本下载。

（2）安装 QQ安装路径及选项设置如图5-4所示。过程与一般软件安装过程相差不大，但有几点需要注意：

① 在安装过程中，为了防止以后系统重新安装时聊天记录或文件丢失，可以选择将QQ安装在别的盘符，如可以安装在D盘。

② 在安装过程中，软件会提示安装别的腾讯软件，可以选择不安装，只要把“自定义安装选项”中相关项目前面的钩去掉就可以了。

3. QQ基本功能

（1）QQ窗口布局 在安装完QQ之后，桌面上生成QQ的快捷方式，双击弹出登录窗口（见图5-5），在登录窗口中输入用户名与密码。当然如果是用户个人电脑（注：为防止QQ被盗，在网吧或公用电脑最好不要这样做），可以在记住密码与自动登录前面的选择框中打上钩，下次启动的时候QQ将自动上线。

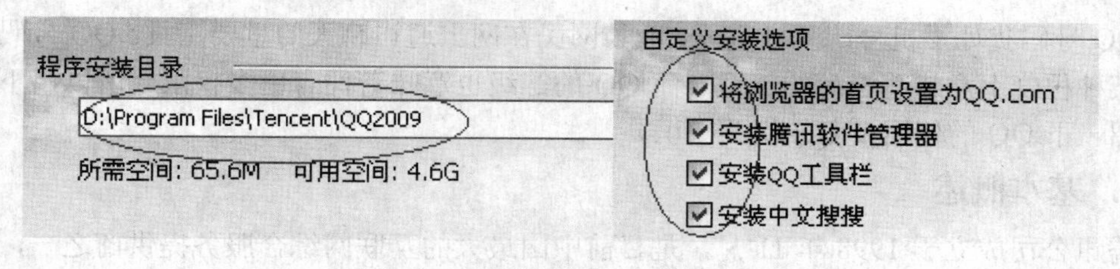

图5-4 QQ安装路径及选项设置

QQ登录后在右下角产生QQ小图标，QQ图标的样式直接可以看出QQ的当前状态，如离线、在线上、隐身、忙碌、请勿打扰等各类状态。

双击右下角小图标，打开QQ主面板窗口。QQ主面板如图5-6所示。

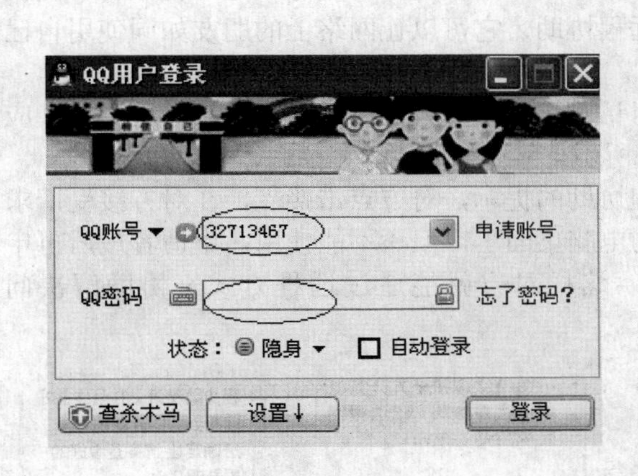

图5-5　QQ登录主窗口

图5-6　QQ主面板

窗口为长形布局，上面为用户个人信息，左边和下边为QQ工具或软件栏，中间为聊天好友列表。

（2）QQ聊天　腾讯公司在早期版本的QQ中，最主要的功能之一是聊天，到现在的版本也是这样。聊天操作非常简单，在弹出的主窗口的好友列表中，查找自己的好友，双击弹出聊天对话框，输入信息发送即可。聊天主窗口包含工具栏、聊天记录窗口、好友QQ形象窗口、信息输入窗口等等，如图5-7所示。

如果为新开用户，可以查找添加好友，在主窗口最下面的系统工具栏中点击查找图标，弹出查找用户窗口。查找方式有几种，一种为精确查找，一种为按条件查找，一种为查看所有用户，等等，不同版本的QQ的查找方法略有不同，不过大体上基本一致。QQ查找联系人如图5-8所示。

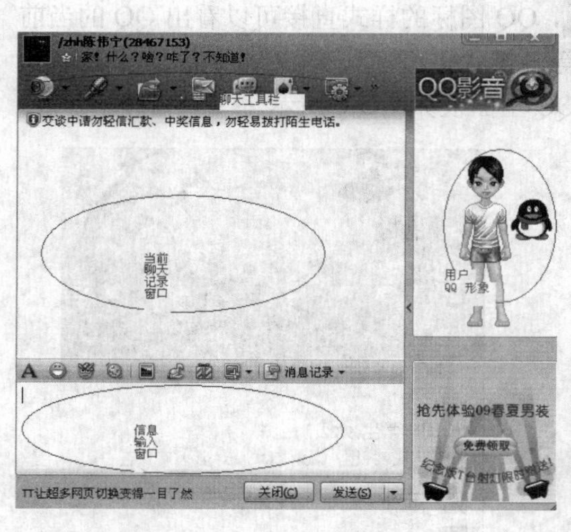

图 5-7　QQ 聊天窗口

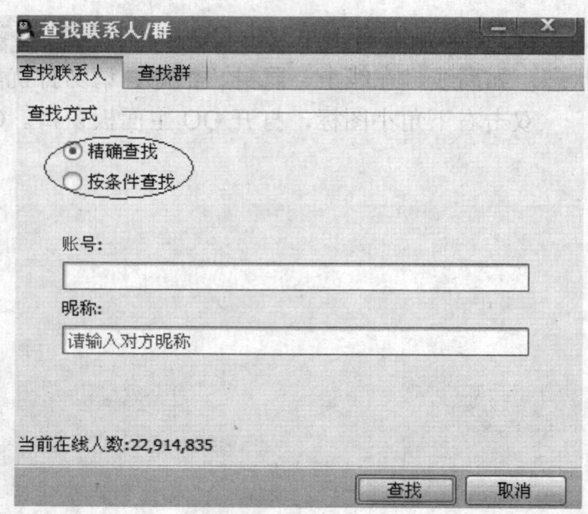

图 5-8　QQ 查找联系人

如果知道对方的 QQ 号码或昵称，可以使用精确查找，其他可以使用模糊查找。查找过程可以根据提示操作。

（3）远程协助　有些网民在上网或使用电脑时常常遇到一些设置自己不能够解决的问题，这时候需要一些网友或朋友帮忙解决，但是他们又不在同一个地方，这时腾讯 QQ 提供了一个最有效的远程解决问题的办法，就是远程协助，它可以让网络上的朋友如同使用自己机器一样使用对方的机器。

操作方法很简单，和要请求协助的网友对话聊天，在聊天主窗口的聊天工具栏上选择应用菜单，里面有个选项为远程协助，如图 5-9 所示。

点击远程协助，在对方就会出现请求远程协助的提示，对方点击接受，在对方接受请求后，需要再确认一次，这样对方就能看到你的电脑桌面了，但还不能使用，申请者最后再申请对方控制你的机器，双方再做确认一次，这样对方就能通过远程方式来协助解决问题了。QQ 远程协助请求如图 5-10 所示。

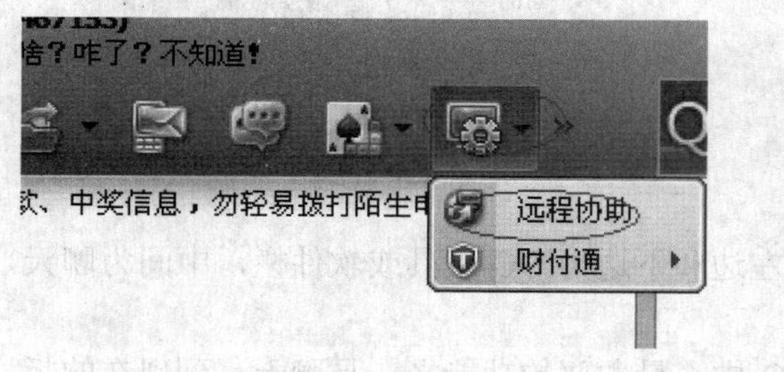

图 5-9　QQ 远程协助

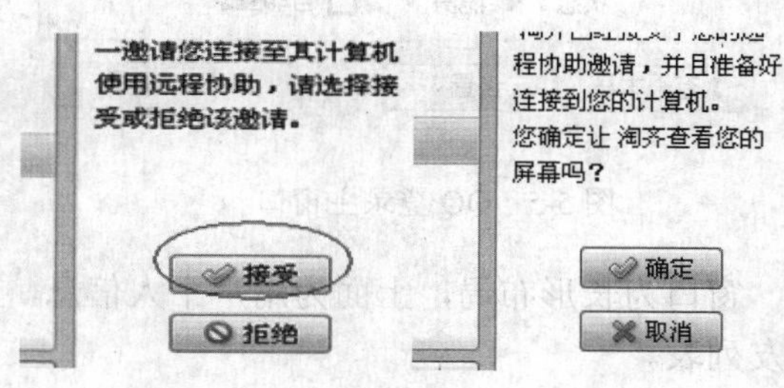

图 5-10　QQ 远程协助请求

（4）文件传送　传统的文件传送有 EMAIL、FTP 等，但这些文件传送方式都不能做到双方都实时在线，QQ 的文件传送是双方实时在线传输文件，给广大网络用户带来了极大的方便。

使用方法与其他功能差不多一致，首先打开要发送文件的用户聊天主窗口，在聊天工具栏中选择传送文件菜单，如果对方在线，选择直接发送，对方接收即可，也可以把文件直接拖到聊天窗口里来。腾讯 QQ 还支持离线文件传送，QQ 服务器可以保留七天用户的文件。QQ 文件传送如图 5-11 所示。

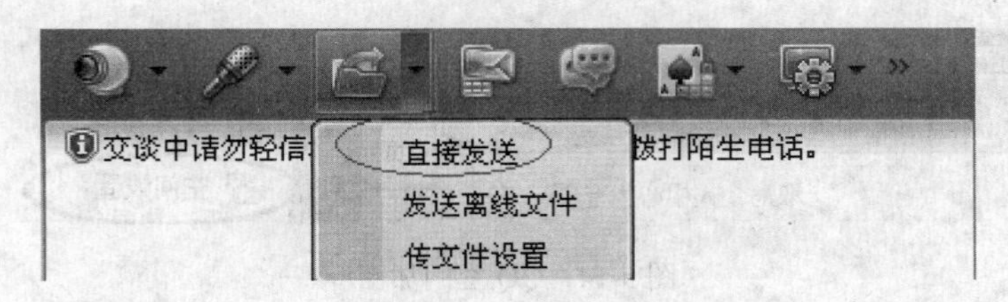

图 5-11　QQ 文件传送

（5）QQ 空间　QQ 空间是腾讯公司于 2005 年开发出来的一个个性空间，具有博客(blog)的功能，自问世以来受到众多网民的喜爱。在 QQ 空间上可以书写日记，上传自己喜欢的图片，链接动听的音乐，写心情。通过多种方式展现自己。除此之外，用户还可以根据自己的喜爱设定空间的背景、小挂件等，从而使每个空间都有自己的特色。当然，QQ 空间还为精通网页的用户还提供了高级的功能：可以通过编写各种各样的代码来打造自己的空间。

图 5-12　QQ 空间

QQ 空间集成网络日志、相册、音乐盒、神奇花藤、互动等专业动态功能，更可以合成自己喜欢的个性大头贴，并且还有各式各样的皮肤、漂浮物、挂件等大量装饰物品，可以随心所欲更改空间装饰风格。

打开 QQ 主窗口，在左侧工具栏中选择五角星图标，点击弹出 QQ 空间主页面，QQ 默认进入的是用户自己的空间，在这里增加、修改日志、相册、空间样式版面、访问权限及密码等。QQ 空间如图 5-12 所示。

如果想进入好友的空间，可以将鼠标移到好友图标上，在显示的好友信息框中选择小五角星图标，点击查看好友空间。如图 5-13 所示。

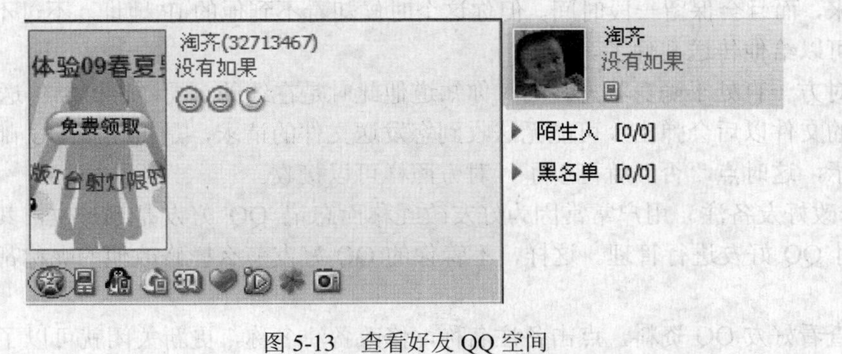

图 5-13　查看好友 QQ 空间

腾讯 QQ 还有很多其他方面的功能模块，如 QQ 网络硬盘、QQ 群、QQ 校友录等等。用户可以自己去体会这些丰富实用的功能。

（6）部分使用技巧　QQ 的使用技巧非常多，需要用户们经常使用去挖掘，如 QQ 空间日志设置、查看好友在线、修改好友备注、给隐身好友传文件、个性签名等等，在这里简单介绍一下比较常用的技巧。

① QQ 空间设置密码访问。有些用户不想自己的空间让其他陌生人访问，可以设置密码，进入自己的 QQ 空间，点击个人中心，点击空间设置，在权限管理中设置 QQ 空间的访问权限，如可以选择只对好友开放。选择好确定或设置密码就可以了，这样陌生人或没有密码的就进不了你的 QQ 空间了。如图 5-14、图 5-15 所示。

装扮空间
自定义
个人中心
取消个人中心为首页
主 页
小纸条
好友管理
空间设置

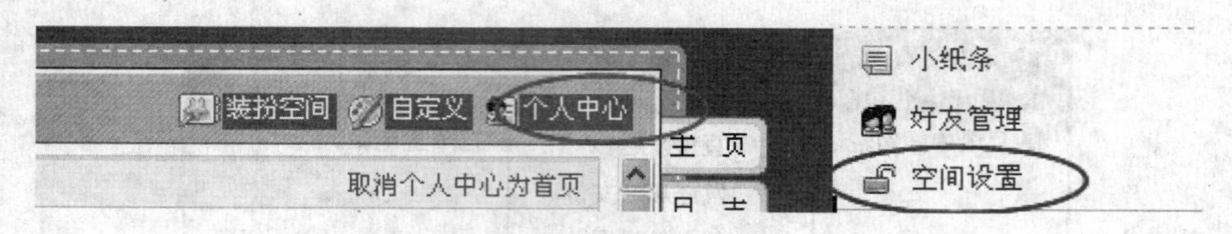

图 5-14 QQ 空间加密

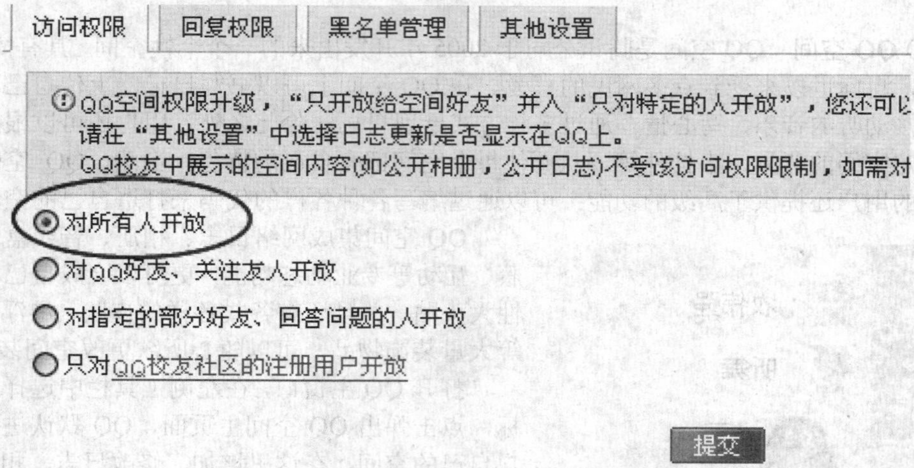

访问权限
回复权限
黑名单管理
其他设置
QQ空间权限升级，“只开放给空间好友”并入“只对特定的人开放”，您还可以
请在“其他设置”中选择日志更新是否显示在QQ上。
QQ校友中展示的空间内容(如公开相册，公开日志)不受该访问权限限制，如需对
对所有人开放
对QQ好友、关注友人开放
对指定的部分好友、回答问题的人开放
只对QQ校友社区的注册用户开放
提交

图 5-15 QQ 空间加密设置

② 给隐身好友传文件。给好友传送文件很好用，因为非常简单易用。一般来说，系统会提示只能将文件传给在线的好友，如果想给隐身的朋友传文件，其实这也很简单，不费吹灰之力。你和你的好友聊天的时候（对方处于隐身状态），他的名字就会以在线的高亮头像图标显示出来，而且会保留一段时间。但你这个时候却看不到他的 IP 地址。不过不要紧，这个时候你就可以给他传送文件了。

如果对方一直处于隐身状态，同时你知道他此时是在线的，同样也可以传送文件。点了你要传送的文件以后会弹出“可能无法收到您发送文件的请求，是否使用 QQ 邮箱来发送文件”的提示，这时点“否”就可以了，对方照样可以接收。

③ 修改好友备注。用户常常因为好友改昵称而忘记 QQ 好友是哪一位，其实可以修改 QQ 备注对 QQ 好友进行管理。这样，不管你的 QQ 好友怎么样修改他的昵称都可以记得谁是谁了。

首先查看好友 QQ 资料，点击备注名称，修改备注名称，更新关闭就可以了。如图 5-16 所示。

修改完之后，在你的 QQ 好友列表中，显示的将不是你的好友的昵称，而是你设置的备注名称。如将昵称“☆︵_︵☆”的好友改为“金发”，见图 5-17。

④ 快速定位好友。现在在一个 QQ 里加有好几百号人是不足为奇的事，但是多了也会给自己添麻烦的,想想看，要在这么一大堆人里找到某个好友可不是件容易的事。

首先打开 QQ 主面板，切换到某某好友所在的组，然后在键盘上按下好友昵称的首字母，如“A 王五”取首字母“A”，而“李四”取拼音“Li”的首字母“L”就定位到一组以此字母为昵称首字母的好友了，如果第一次不是要找的好友，可以再住下按，就可以找到了，现在找起人来方便了许多。

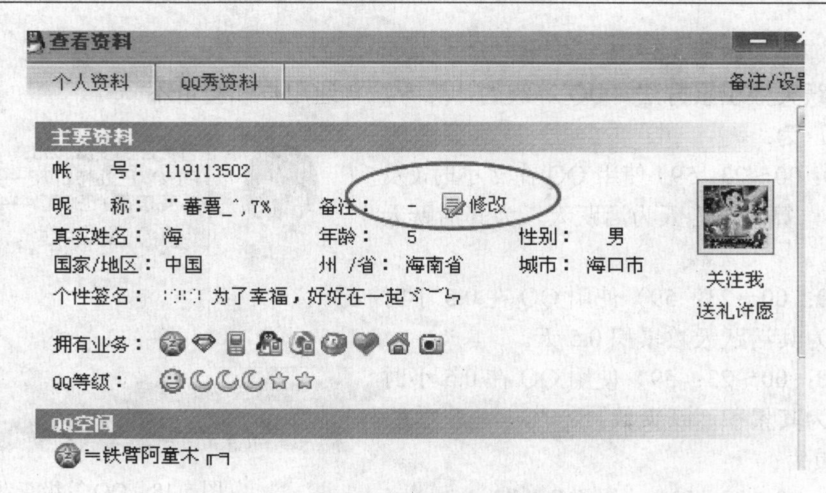

图 5-16 QQ 修改备注

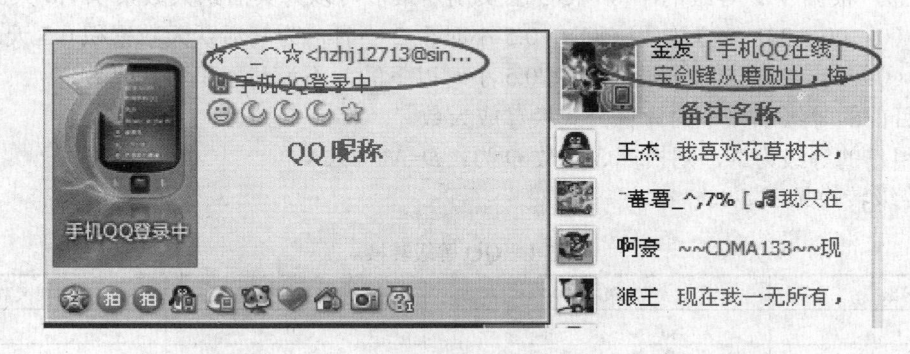

图 5-17 QQ 备注查看

当然 QQ 的使用技巧在这里只是列举了很小的几个提供参考，还是以用户的个人习惯而使用技巧或设置。

4. QQ 会员

腾讯 QQ 为了更好的服务，实行了会员制，加入了会员之后，将可以增加更多的好友，可以创建更多的 QQ 群，可以有更大的网络硬盘空间，在 QQ 游戏中有更多的特别权限等等。

QQ 会员可以在论坛拥有更多特权，会员可以在自己的文章中实现文字加粗、倾斜、下划线，建立文字超级链接，以及通过网上已有的链接地址，插入图片、flash、音频、视频，还可以插入特殊字符、QQ 心情图标。

5. QQ 等级制度

腾讯公司推出的 QQ 在线计划服务。通过累积活跃天数，就可以获取相应的 QQ 等级。累积在线天数将有机会参加腾讯公司推出的奖励活动和享受相关的优惠服务，而不影响正常的 QQ 使用。拥有 QQ 在线等级为太阳级别及以上的用户，可享受任意上传设置 QQ 自定义头像和建立一个 QQ 群的尊贵特权。使用腾讯 QQ（包括在线，隐身，离开状态），使用腾讯 TM，或是在 WinCE 平台下用手机登录腾讯 QQ，均计入活跃天数。QQ 在线等级由太阳、月亮、星星三个图标标识。

可以在好友资料中查看好友的在线等级。也可以在主面板自己头像的浮出的资料中查看自己的在线等级。如图 5-18 所示。

（1）活跃天数积累方法 QQ 等级的计算方法普通用户和会员不一样。

普通用户为：

当天（0：00～23：59）使用 QQ 在 2 小时（及 2 小时以上），算用户当天为活跃天，为其活跃天数累积 1 天。

当天（0：00～23：59）使用 QQ 在 0.5 小时至 2 小时，为其活跃天数累积 0.5 天。

当天（0：00～23：59）使用 QQ 在 0.5 小时以下的，不为其累积活跃天数。

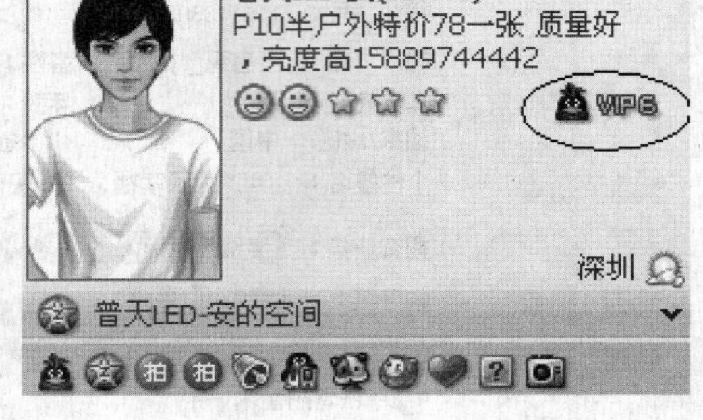

图 5-18　QQ 等级查看

QQ 会员为：

当天（0：00～23：59）使用 QQ 在 2 小时（及 2 小时以上），根据 VIP 等级的不同，QQ 会员用户最多可以为其活跃天数累积 1.6 天。

当天（0：00～23：59）使用 QQ 在 0.5 小时至 2 小时，为其活跃天数累积 0.5 天。

当天（0：00～23：59）使用 QQ 在 0.5 小时以下的，不为其累积活跃天数。

用户目前的等级以如下的计算公式换算成天数。

假设用户的等级为 N，则换算成天数 D 为：$D=N^2+4\times N$。

QQ 等级转换见表 5-1。

表 5-1　QQ 等级转换

等级	等 级 图 标	原来需要的小时数	现需要天数
1		20	5
2		50	12
3		90	21
4		140	32
5		200	45
6		270	60
7		350	77
8		440	96
12		900	192
13		1040	221
14		1190	252
15		1350	285
16		1520	320
32		5600	1152
48		12240	2496

例如：假设有一用户其目前时长等级为 13 级，则换算成“活跃天数”为：

“活跃天数” = 13×13+4×13 = 221 天

如果这个用户在今天使用 QQ 3 小时，根据“活跃天数”的定义，其“活跃天数”累积 1 天，则该用户的“活跃天数”为 222 天。

（2）对升级中的天数的处理 为了避免用户为了提高等级而长时间挂 QQ，节约能源等，QQ 对等级中的在线小时数折算成在线天数，其折算方法是：升级中的小时数按比例折算成活跃天数，时间与天数可对照查看表 5-1。

假设用户在该等级上在线的时间为 X 小时，则折算成天数的方法是：按比例折算成天数。具体举例如下：

假设有一用户目前是 15 级，在线小时数是 1450 小时，他在 15 级上所在线的时间数为 1450–1350=100 小时，15 级升级至 16 级所需小时数为 1520–1350=170 小时。按目前以活跃天数计算，需要 320–285=35 天。则该用户换算得到的天数为 285+（100/170）×35=285+21=306 天。

6. 手机 QQ

手机 QQ 将 QQ 聊天软件搬到手机上，满足随时随地免费聊天的欲望。新版手机 QQ 更引入了语音视频、拍照、传文件等功能，与电脑端无缝连接。还有音乐试听、手机影院等功能，满足用户边聊边玩，填补旅行、课间等的每一秒空闲时间。

手机 QQ 跟电脑 QQ 互联，能显示全部 105 个系统 QQ 头像，96 个 QQ 图形表情让聊天更有乐趣。可显示最近联系人、陌生人、黑名单。在线添加好友，查看好友资料和 QQ 秀，保存聊天记录。个性化设置皮肤、声音，更改在线状态，针对智能手机还提供了传送文件的功能。即使出门在外也可以跟好友聊天、视频、语音对讲、拍照即时发送、浏览娱乐资讯、下载酷铃美图、在线视听、欣赏 MV……（根据不同手机型号功能会有差异），和电脑上的 QQ 一样好玩。手机 QQ 还可以发邮件、进行手机搜索，访问手机 Qzone，浏览手机腾讯网等等。

手机 QQ 由网络运营商收取 GPRS 流量费，使用免费。

目前腾讯已经和各大移动运营商结成合作伙伴，并针对各知名手机厂商的不同型号的手机推出了相应的 QQ 版本，简化了用户在手机上安装 QQ 的难度，甚至一些手机厂商就直接在产品中集成了 QQ，只要开通上网功能，就可以使用。

7. QQ 密码管理

在网络上，用户 QQ 号码经常被盗，前几年出现的“熊猫烧香”病毒就是专门盗取 QQ 号码的。其实这并不是 QQ 本身的问题，腾讯采用不可逆算法对本地密码进行了加密，所谓不可逆算法意思就是哪怕是程序设计人员拿到了存储的加密密码也无法从它反向推算出明文密码，因此现在网上流传的一些 QQ 密码猜解器其实是采用穷举法来一个个推算密码的，当用户的密码长度很短或者太简单的时候，就容易被这些猜解器在短时间内猜解出来。而只要用户的密码长度大于 8 位而且大小写混杂，再加上一些符号的话，这些猜解器大概要花上几个月甚至几年才有可能算出密码，这样破解密码的成本就会很高。

（1）密码修改　现在，为了保证密码的安全，QQ 的客户端已经不可以修改密码了，要修改密码要到腾讯的专门网站去才能进行修改：https://password.qq.com/。QQ 密码修改如图 5-19 所示。

（2）申请密码保护　其实无论密码被盗也好，密码忘记也好，为了保证密码的安全最简单实用的一个方法就是申请 QQ 密码保护。

如图 5-20 所示，单击以上链接，输入 QQ 账号、QQ 密码和验证字符登录进去，按提示填好各项资料（注意，自己填的资料一定要记住，以后取回密码要用的，特别是证件号码，一定要牢记。有的邮箱收不到 QQ 的邮件，推荐使用 QQ 邮箱）。密码保护功能可以保障 QQ 号码更安全，当密码发生问题时，更能帮助方便快捷地取回新密码。

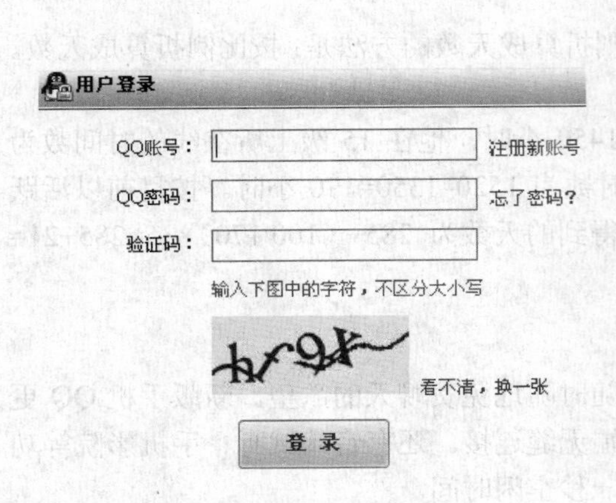

图 5-19　QQ 密码修改

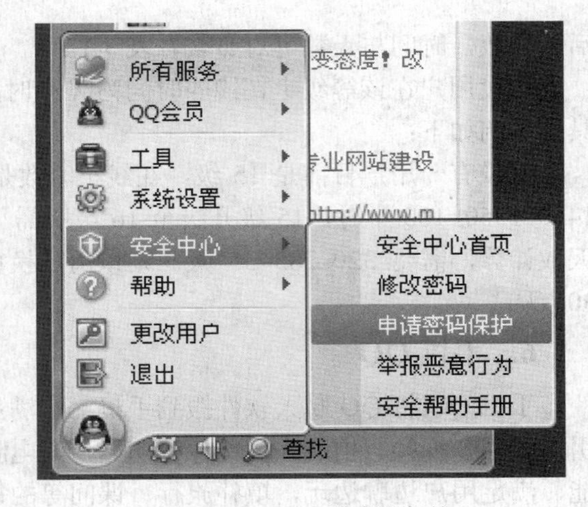

图 5-20　QQ 申请密码保护

如果想更换自己密码保护资料里的安全信箱，或者是提示问题和答案，都可以通过“修改资料”来实现，简单快捷，让自己更放心。跟申请保护一样，输入 QQ 账号、QQ 密码和验证字符登录进去就可以修改了。

（3）找回密码　当密码不正确或忘记时，就可以通过以下方式找回号码了。在 QQ 登录对话框中单击密码旁边的“取回密码”打开链接。如图 5-21 所示。

图 5-21　QQ 找回密码

逐步填好申请密码保护时填的资料，系统就会把一个更改密码的页面发到当时申请密码保护所填写的邮箱里，进入邮箱打开这个页面就可以把密码改回来了。但也有的邮箱收不到 QQ 的邮件，用户可以在选取回密码方式时，选“使用其他 E-mail 信箱接收邮件”，推荐使用免费 QQ 邮箱。若用户的号码是手机支付的 QQ 会员号码，那就比较简单了，可以通过支付的手机发送短信“16”到 10661700（移动用户）即可立即取回 QQ 密码。若丢失的号码是手机支付的QQ行号码，可以通过支付的手机发送短信“MM#丢失的QQ行号码”到10661700，即可立即取回QQ密码。

（4）账号申诉 QQ可能因密码遗忘或被盗等缘故无法正常使用时可以先使用以上方法取回密码。但是如果是用户忘记密码保护资料或者没有申请密码保护的话，这样的话就比较麻烦，只有打腾讯的客服电话或在网站上填写申诉表。QQ账号申诉如图5-22所示。

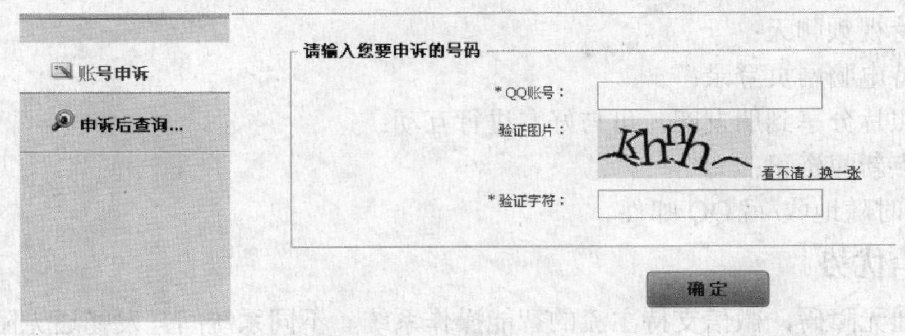

图5-22 QQ账号申诉

申诉的网址：https://account.qq.com/cgi-bin/appeal_new/appeal_portal

申诉步骤如下：

① 发起申诉，验证你的有效邮箱；

② 填写申诉证据；

③ 填写新密码保护资料。

上面所介绍的只是一种亡羊补牢的方法，其实用户可以采取以下措施来预防密码被盗。

① 尽快将QQ升级到安全性更完善的QQ最新版本。

② 为自己的号码申请“密码保护”服务。

③ 密码要复杂,最好是数字加英文加标点符号，8～16位最合适。

④ 在网吧等公共场所上QQ，登录模式请选择“网吧模式”。

⑤ 安装防毒软件，防毒软件更要注意版本更新。

⑥ 不要下载来路不明的软件，尤其是黑客类、炸弹类软件。

⑦ 来历不明的邮件的附件、别人传送过来的文件请慎重打开（特别是以.EXE结尾的可执行文件，例如：相片.EXE），最好马上将其删除。

另外，在每次登陆QQ前，可先进入在线安全检查网页http://safe.qq.com/tso，查看电脑上是否存在盗号威胁。安全检查服务会每日更新，以保证查杀最新出现的盗号木马病毒。

第二节 微信（手机聊天软件）

一、微信介绍

微信是腾讯公司于2011年1月21日推出的一款通过网络快速发送语音短信、视频、图片和文字，支持多人群聊的手机聊天软件。用户可以通过微信与好友进行形式上更加丰富的类似于短信、彩信等方式的联系。微信软件本身完全免费，使用任何功能都不会收取费用，微信时产生的上网流量费由网络运营商收取。它还能根据地理位置找到附近的人，带给朋友们全新的移动沟通体验。

1. 功能特点

（1）支持发送语音短信、视频、图片（包括静/动态表情）和文字；

（2）支持多人群聊；

（3）支持查看所在位置附近使用微信的人；

（4）摇一摇功能结识世界各地的朋友；

（5）支持腾讯微博、QQ 邮箱、漂流瓶、语音记事本、QQ 离线消息、微信支付、游戏中心等功能；

（6）支持视频聊天；

（7）支持电脑网页登录；

（8）把照片分享到朋友圈，可与好友进行互动；

（9）热点新闻资讯；

（10）随时随地收/写 QQ 邮件。

2. 微信优势

（1）沟通无障碍，微信支持主流的智能操作系统，不同系统间互发畅通无阻；

（2）轻松聊天不透露信息是否已读，降低收信压力；

（3）图片压缩传输，节省流量；

（4）输入状态实时显示手机聊天极速新体验，微信为您显示对方实时打字状态；

（5）移动即时通信，楼层式消息对话更是让聊天简洁方便。

3. 支持平台

支持 iPhone、Android、Windows Phone、塞班、blackberry（黑莓）。

4. 注册方式

QQ 号码、手机号码（支持 100 余个国家的手机号）。

5. 下载方式

（1）电脑下载 电脑登录网址“weixin.qq.com”，点击“下载”，选择手机平台或按手机品牌型号下载。

（2）手机网页下载 手机登录“wap.3g.qq.com”，选择“软件”下拉的“腾讯软件”，选择“微信”，选择手机平台或按手机品牌型号下载。

（3）手机短信下载 手机发送短信获取下载地址，移动用户发送短信“wx”到 10657558023309、联通用户发送短信“wx”到 1069070089、电信用户发送短信“wx”到 1069070089(CDMA 用户)，发短信需要收取短信费用。

（4）二维码下载 登录网址“weixin.qq.com”，点击“下载”，扫描页面上的二维码下载即可。

二、微信使用方法

1. 添加朋友

一款社交软件，首先要做的就是找到志趣相投或是有缘分的好友，为此微信提供了非常丰富的找朋友功能。在“朋友们”中可以看到一个“添加朋友”的选项，点击进入就能看到多种方式。

如果已经知道对方的微信号、QQ 号或者是手机号，那么就可以直接输入号码添加好友。当然如果想批量将好友加入联系列表，则可以使用“从 QQ 好友列表添加”和“从手机通讯录列表添加”，这样 QQ 好友和手机通讯录中的开通了微信的好友就能加进来了（图 5-23）。

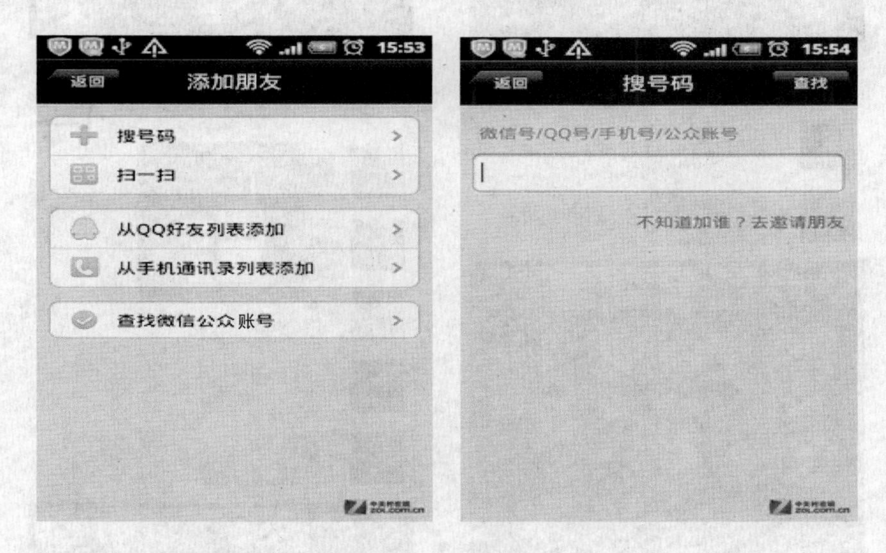

图 5-23　添加朋友操作

为了更广泛的交友，微信还准备了“附近的人”和“摇一摇”功能，前者可以搜索到附近正在使用微信的人，后者则是与你一同摇晃手机的微信用户，如果觉得这些有缘人很有意思，也可以申请加他们为好友（图 5-24）。

图 5-24　微信　“附近的人”和“摇一摇”功能

2. 强大的聊天功能

既然是聊天工具，那么聊天功能也是非常重要的一环。只要选择好一个聊天对象就可以马上开始聊天了，步骤非常简单。

在聊天过程中，除了可以发送最基本的文字信息，还可以发送表情、图片、视频、地理位置和名片，多媒体的互动非常丰富。按住话筒还能直接语音聊天（图 5-25）。

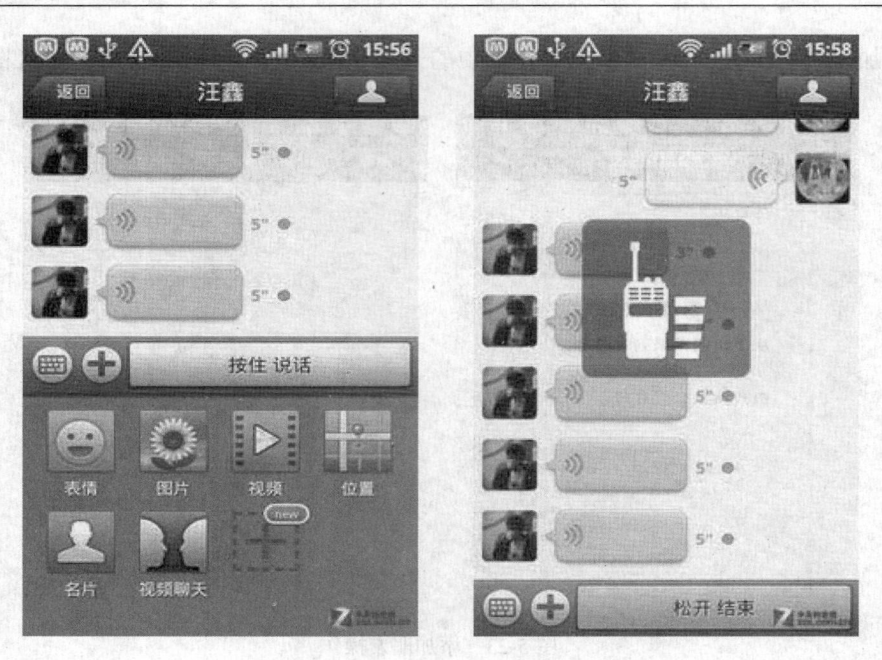

图 5-25　微信聊天功能

值得一提是微信还支持视频聊天功能。在与好友聊天时，在“+”号里就能找到视频通话的选项，点开它就可以进行视频聊天了（图 5-26）。

图 5-26　微信支持聊天

最后，微信还可以自由地建立群聊，也就是多个好友在一起聊天。在“微信”窗口的右上角点击魔术棒图标，然后选择“发起聊天”，接着就可以选择多个好友进行聊天了。在聊天过程中，点击聊天窗口的右上角，还可以随时添加进新的好友来一起聊天（图 5-27）。

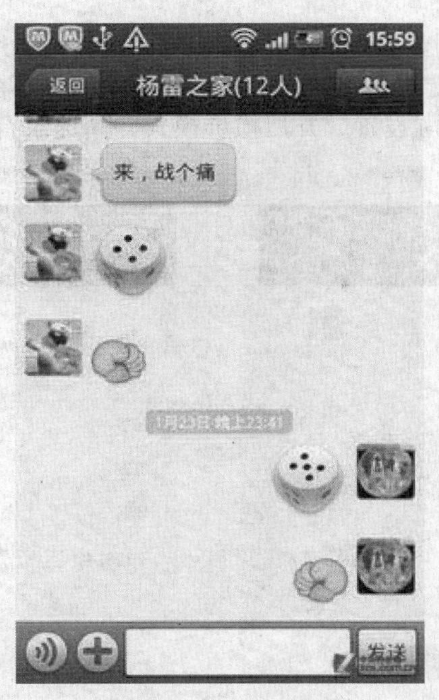

图 5-27　微信支持多个好友聊天功能

3. 朋友圈和功能设置

在“朋友们”中有一个叫做“朋友圈”功能，其实它是一个图片分享平台，大家可以把自己喜欢的图片上传上去，并配上文字，这样你的好友就都可以看到你分享的内容了。你也可以对别人的图片进行评论，算是一个独立的社交平台（图 5-28）。

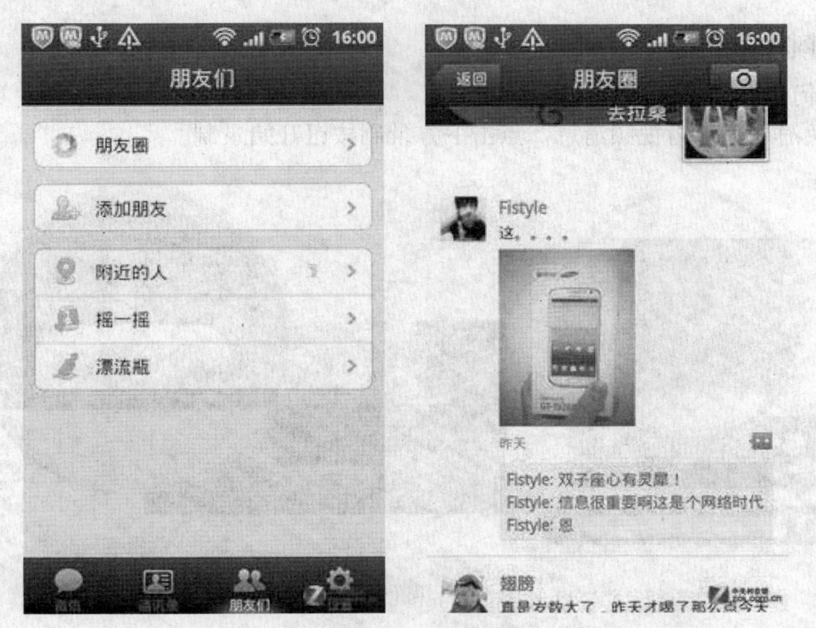

图 5-28　微信支持“朋友圈”功能

4. 微信设置及个人信息修改

微信的设置包含了个人信息修改和系统设置。个人信息部分，可以修改自己的昵称、账号、通讯录匹配等，还可以上传新的个人相册，生成二维码名片等等（图 5-29）。

系统设置部分，可以自定义聊天背景，添加和删除插件。在“通用”中则是最常规的系统设置内容，包括新消息提醒设置、开启横屏模式、高速录音模式、修改语音和字体大小等等。

图 5-29　微信个人信息修改和系统设置

三、微信使用功能

1. 视频功能

（1）如何拍摄并发送视频（图 5-30）

① 切换消息类别为视频消息，点击下方录制按钮开始录制。

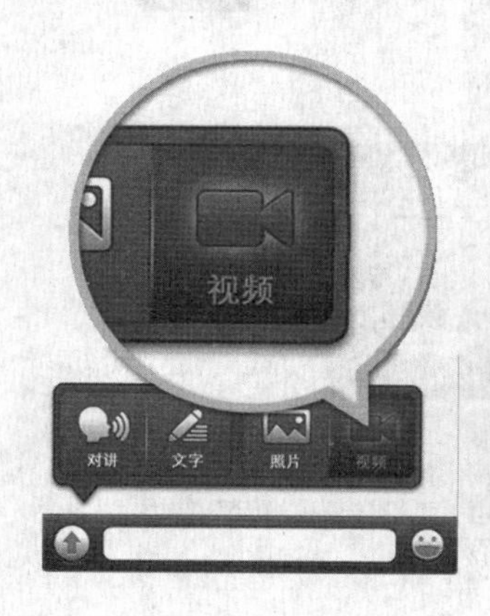

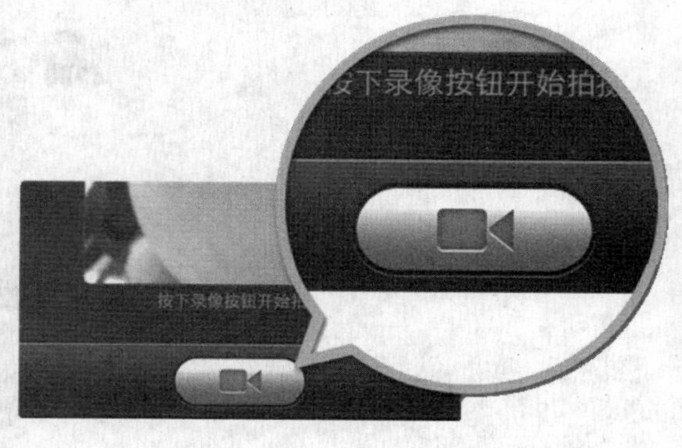

图 5-30　微信拍摄操作

② 结束录制并压缩完毕后，点击播放按钮进行预览，或点击完成按钮发出视频。

（2）如何接收并播放视频　点击视频消息进入新页面开始下载，下载完成则自动开始播放，还可以点击右上角的按钮保存该视频到相册（图 5-31）。

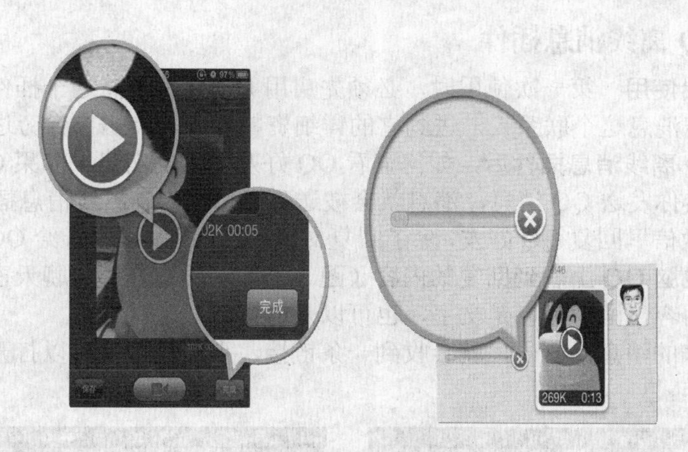

图 5-31　微信播放操作

2. 查看附近使用微信的人

（1）查看的入口在找朋友页面；

（2）第一次使用时，会提示需要同意微信使用地理位置信息和补充个人信息；

（3）进入到查看附近的人页面，可以查看到附近人的相关信息，包括性别、所在地区和个性签名；

（4）点击感兴趣的人，还可以给他打招呼并成为朋友；

（5）如果不想再被附近人查看到，可以点按列表右上角图标清除地理位置信息（图 5-32）。

图 5-32　查看附近使用微信人的操作

3. 使用QQ离线消息插件

（1）怎样开始使用 第一次使用时，必须先启用QQ离线消息这个插件，在微信通讯录里，找到QQ离线消息这个联系人，进到它的详细资料界面，点击头像旁边的启用按钮。

（2）启用QQ离线消息插件后，如何查看QQ好友发来的消息 如果QQ处于离线状态时，有QQ好友给你发送QQ消息，消息就会被送到微信的QQ离线消息插件（图5-33）。

可以直接在微信里回复QQ好友，除了回复文字，还可以发送语音给QQ好友（图5-34）。

（3）对方在电脑QQ上看到回复的内容（图5-35） 对方在QQ聊天窗口看到好友从微信里回复过来的内容，消息可以是文字，也可以是语音。

如果回复过来的消息是语音，就会收到一条链接，点击链接就可以打开一个页面收听好友发来的语音内容。

图5-33 微信QQ离线消息插件设置

图5-34 微信QQ离线消息阅读

图 5-35　微信 QQ 离线消息收听

4. 查看正在使用微信的 QQ 好友、手机通讯录好友

（1）查看 QQ 好友（图 5-36）

① 切换到“找朋友”的界面。点击“查看 QQ 好友”。选择 QQ 分组来查看分组下对应的 QQ 好友。

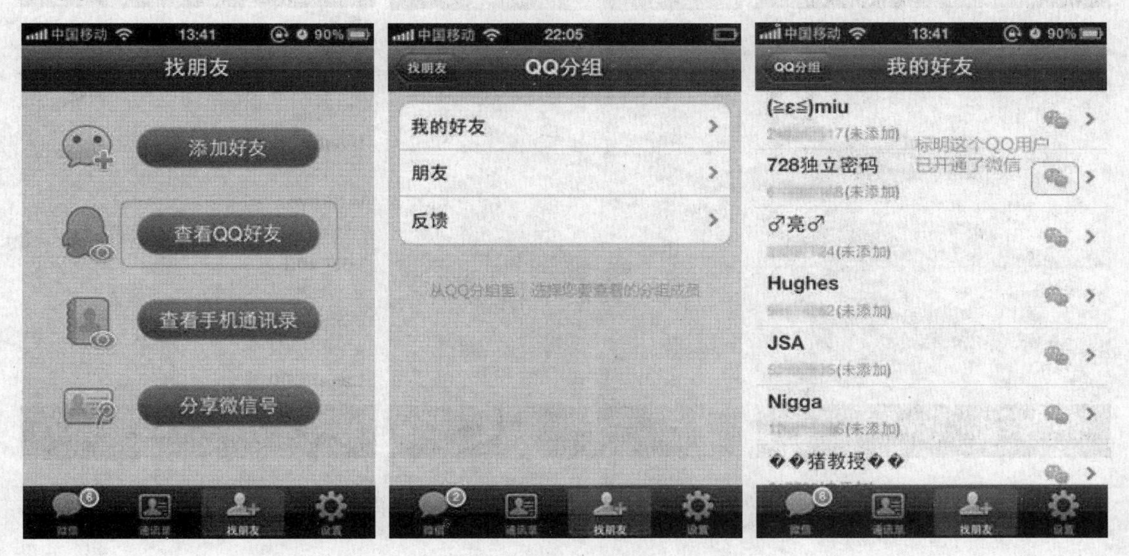

图 5-36　微信中查看 QQ 好友操作

② 某个 QQ 好友注册了微信，可以查看对应这个 QQ 好友的微信资料。

③ 如果某个 QQ 好友还没有注册微信，可以邀请他加入微信（图 5-37）。

（2）查看手机通讯录好友

① 切换到“找朋友”的界面。点击“查看手机通讯录”。如果还没有绑定手机号，系统会提示先绑定手机号，这样系统才能找到手机通讯录中正在使用微信的好友。

② 如果已绑定手机号，则会显示手机通讯录中正在使用和没有使用微信的好友(图 5-38)。

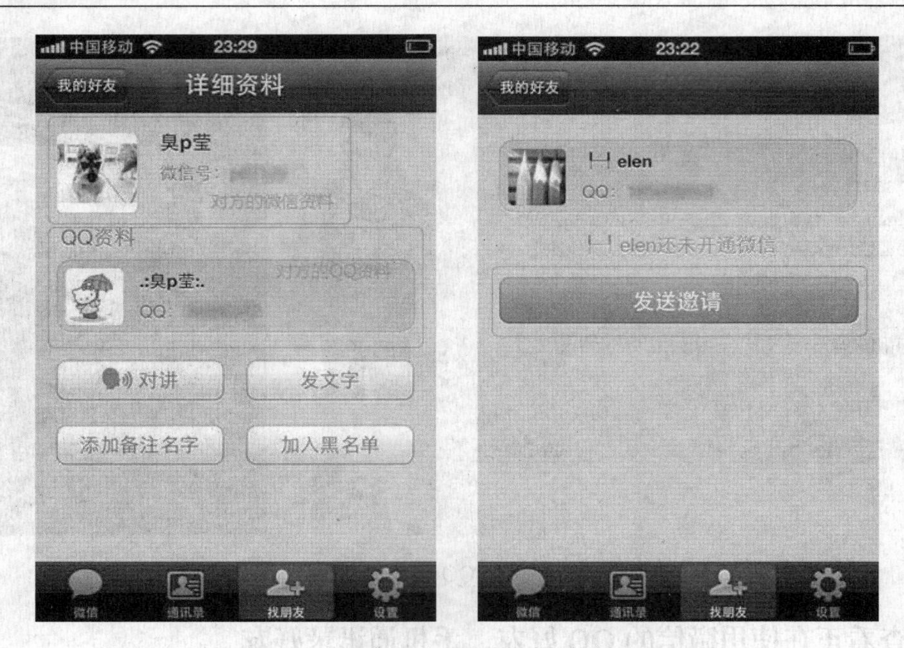

图 5-37 微信中查看 QQ 好友资料和发出邀请

图 5-38 微信中查看手机通讯录好友资料和发出邀请

四、使用微信对讲功能和微博发图助手

1. 如何使用对讲功能

切换到对讲模式，按住对讲按钮不放，开始录音说话。轻开按钮后，语音结束，并且会发送到对方手机（图 5-39）。

2. 如何使用微博发图助手

首先在通讯录中选择“微博发图助手”这个联系人；点击拍照发送到微博的按钮。

可以使用手机的相机直接拍照，也可以选择手机相册的图片（图 5-40）。

拍照或者选择相册图片后，可以选择滤镜处理照片，写一句话和精美的照片一起发送到腾讯微博（图 5-41）。

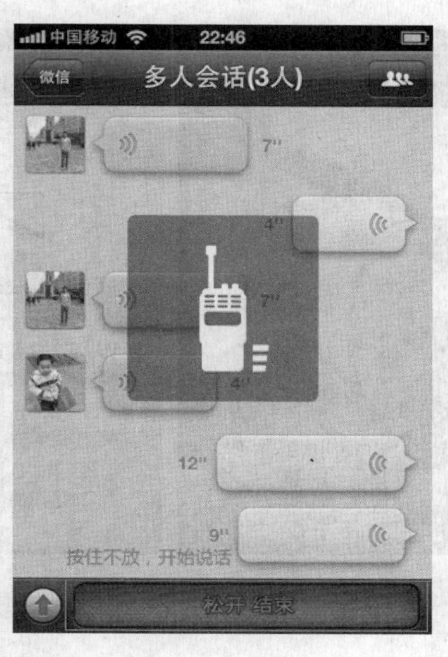

图 5-39　微信中使用对讲功能操作

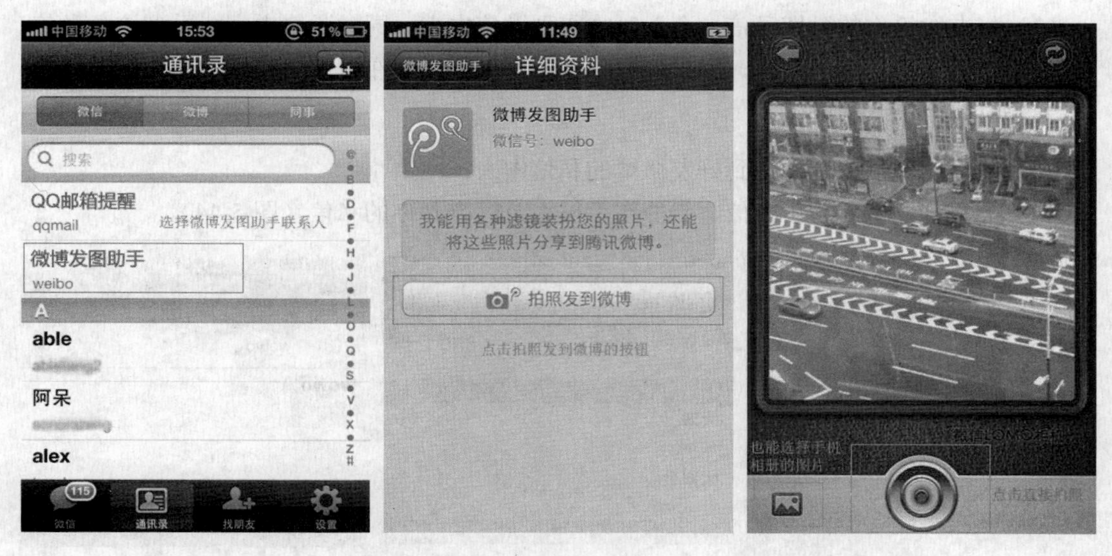

图 5-40　微信中使用微博发图助手操作

五、使用微信收发腾讯微博中的私信

1. 微信哪里能看到微博好友（图 5-42）

（1）通讯录里增加了微博联系人，通讯录分组中会多出一个“微博联系人”分组。

（2）在通讯录中选择微博账号发起私信，或者进入“发起会话”，选择微博账号，发起私信。

（3）选择发送给“wowo”私信联系人，在“wowo”的微博私信中会看到“莫卡”发来的信息。

图 5-41　微信中使用照片处理操作

2. 如何在微信中收到私信

（1）好友发给你的微博私信，会及时收取到微信中来，同时微博中也能看到这条私信。

（2）在微信中发出的私信，如果对方回复了，也能及时在微信中收到（图 5-43）。

3. 回复的私信

（1）回复的私信，会发送到好友微博的私信中去。

（2）如果好友也安装了微信，就能在手机上及时收到你的私信（图 5-44）。

图 5-42　在微信里添加微博联系人

图 5-43　使用微博收发私信操作（一）

图 5-44　使用微博收发私信操作（二）

4. 微信中支持给私信发图，对方收到的是什么效果

（1）如果对方在微博私信中，会收到一个图片链接，打开一个网页查看你发送的图片。

（2）如果对方在微信中查看这封带图片的私信，可以直接看到这张图片（图 5-45）。

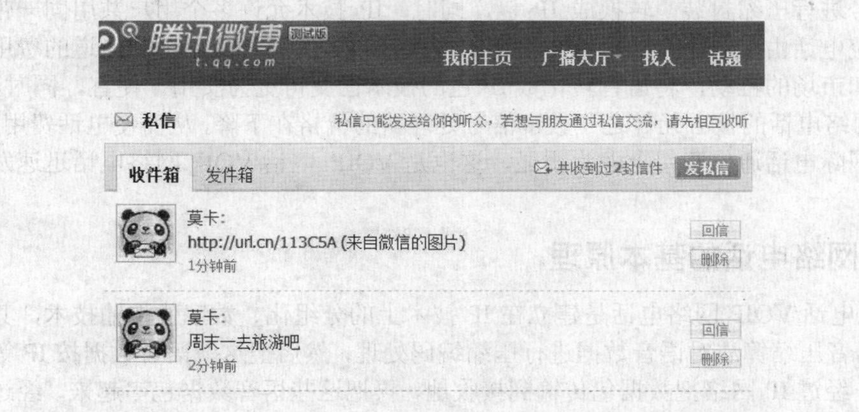

图 5-45

图 5-45　使用微信接收图片操作

第三节　网 络 电 话

现在国内通讯的费用逐步降低，但有些资费还是比较贵，特别是常常打国际电话的用户，费用还是比较高的，其实廉价或免费的网络电话可以节省大量的通话费用。

一、网络电话的概念

VOIP 电话/VOIP 网络电话是一种利用 Internet 技术或网络进行语音通信的新业务。从网络组织来看，目前比较流行的方式有两种：一种是利用 Internet 网络进行的语音通信，称为网络电话；另一种是利用 IP 技术，电信运营商之间通过专线点对点连接进行的语音通信，有人称之为经济电话或廉价电话。

两者比较，前者具有投资省，价格低等优势，但存在着无服务等级和全程通话质量不能保证等重要缺陷。该方式多为计算机公司和数据网络服务公司所采纳。后者相对于前者来讲投资较大，价格较高，但因其是专门用于电话通信的，所以有一定的服务等级，全程通话质量也有一定保证。该方式多为电信运营商所采纳。

VOIP 电话与传统电话具有明显区别。首先，传统电话使用公众电话网作为语音传输的媒介；而 VOIP 电话/VOIP 网络电话则是将语音信号在公众电话网和 Internet 之间进行转换，对语音信号进行压缩封装，转换成 IP 包，同时，IP 技术允许多个用户共用同一带宽资源，改变了传统电话由单个用户独占一个信道的方式，节省了用户使用单独信道的费用。其次，由于技术和市场的推动，将语音转化成 IP 包的技术已变得更为实用、便宜，同时，VOIP 电话/VOIP 网络电话的核心元件之一数字信号处理器的价格在下降，从而使电话费用大大降低，这一点在国际电话通信费用上尤为明显，这也是 VOIP 电话/VOIP 网络电话迅速发展的重要原因。

二、网络电话的基本原理

VOIP 电话/VOIP 网络电话是建立在 IP 技术上的分组化、数字化传输技术，其基本原理是：通过语音压缩算法对语音数据进行压缩编码处理，然后把这些语音数据按 IP 等相关协议进行打包，经过 IP 网络把数据包传输到接收地，再把这些语音数据包串起来，经过解码解压处理后，恢复成原来的语音信号，从而达到由 IP 网络传送语音的目的。VOIP 电话/VOIP 网络电话系统把普通电话的模拟信号转换成计算机可联入因特网传送的 IP 数据包,同时也将收到的IP数据包转换成声音的模拟电信号。经过VOIP电话/VOIP网络电话系统的转换及压缩处理，每个普通电话传输速率约占用8～11kbit/s带宽，因此在与普通电信网同样使用传输速率为64kbit/s的带宽时，VOIP电话/VOIP网络电话数是原来的5～8倍。VOIP电话/VOIP网络电话的核心与关键设备是VOIP电话/VOIP网络电话网关。VOIP电话/VOIP网络电话网关具有路由管理功能，它把各地区电话区号映射为相应的地区网关IP地址。这些信息存放在一个数据库中，有关处理软件完成呼叫处理、数字语音打包、路由管理等功能。在用户拨打VOIP电话/VOIP网络电话时，VOIP电话/VOIP网络电话网关根据电话区号数据库资料，确定相应网关的IP地址，并将此IP 地址加入IP数据包中，同时选择最佳路由，以减少传输时延，IP数据包经因特网到达目的地VOIP电话/VOIP网络电话网关。对于因特网未延伸到或暂时未设立网关的地区，可设置路由，由最近的网关通过长途电话网转接，实现通信业务。

三、网络电话的优点

VOIP电话/VOIP网络电话是语音数据集成与语音/分组技术进展结合的经济优势，从而迎来一个新的网络环境，这个新环境提供了低成本、高灵活性、高生产率及效率的增强应用等优点。VOIP电话/VOIP网络电话的这些优点使企业、服务供应商和电信运营商们看到了许多美好的前景，把语音和数据集成在一个分组交换网络中的契机是由以下因素推动的：

① 通过统计上的多路复用而提高的效率；
② 通过语音压缩和语音活动检测（安静抑制）等增强功能而提高的效率；
③ 通过在私有数据网络上传送电话呼叫而节省长途费用；
④ 通过联合基础设施组件降低管理成本；
⑤ 利用计算机电话集成的新应用的可能性；
⑥ 数据应用上的语音连接；
⑦ 有效使用新的宽带WAN技术。

分组网络提高的效率和随数据分组多路复用语音数据流的能力，允许公司最大限度地得到在数据网络基础设施上投资的回报。而把语音数据流放到数据网络上也减少了语音专用线路的数目，这些专用线路的价格往往很高。LAN、MAN和WAN环境中千兆以太网、密集波分多路复用和Packet over SDH等新技术的实现，以更低的价位为数据网络提高更多的带宽。同样，与标准的TDM连接相比，这些技术提供了更好的性价比。

四、网络电话的种类

VOIP电话/VOIP网络电话就有4种模式，具体如下。

（1）PC到PC　最初VOIP电话/VOIP网络电话方式主要是PC到PC，利用IP地址进行呼叫，通过语音压缩、打包传送方式，实现因特网上PC机间的实时话音传送，话音压缩、编解码和打包均通过PC上的处理器、声卡、网卡等硬件资源完成，这种方式和公用电话通信有很大的差异，且限定在因特网内，所以有很大的局限性。

（2）电话到电话　电话到电话即普通电话经过电话交换机连到VOIP电话/VOIP网络电话网关，用电话号码穿过IP网进行呼叫，发送端网关鉴别主叫用户，翻译电话号码/网关IP地址，发起VOIP电话/VOIP网络电话呼叫，连接到最靠近被叫的网关，并完成话音编码和打包，接收端网关实现拆包、解码和连接被叫。

（3）电话到PC　电话到PC是由网关来完成IP地址和电话号码的对应和翻译，以及话音编解码和打包。

（4）PC到电话　PC到电话也是由网关来完成IP地址和电话号码的对应和翻译，以及话音编解码和打包。

五、常见网络电话软件

虽然网络电话价格低廉，但在个人电话上使用，除了电脑上需要配备有声卡、耳机、麦克风等硬件外，还需要安装相关的软件。比较常见的网络电话软件有：Net2Phone、dotdialer、skype、uucall 等等。这里介绍一下 Net2Phone 软件。

（1）下载 可以在 Net2Phone 的官方网站上下载 http://www.net2phone.com，也可以到百度上去搜索一下，在这里给一个当前能下载的地址：http://cztele4.skycn.com/down/n2p1220c.zip。

（2）安装注册 Net2Phone 是一个免费的软件，双击安装，文件复制完毕后，出现 Net2Phone 的软件界面，测试声卡和话筒，然后用户可以进行注册购买通话账号。Net2Phone 设置向导如图 5-46 所示。

在软件上面显示当前账号与主界面上会显示当前账号的相关信息，如余额、通话时间等等。在第一个下拉框中选择中国或直接填写上 86，在第二个框中写上电话号码，然后拨号就可以了。Net2Phone 拨号如图 5-47 所示。

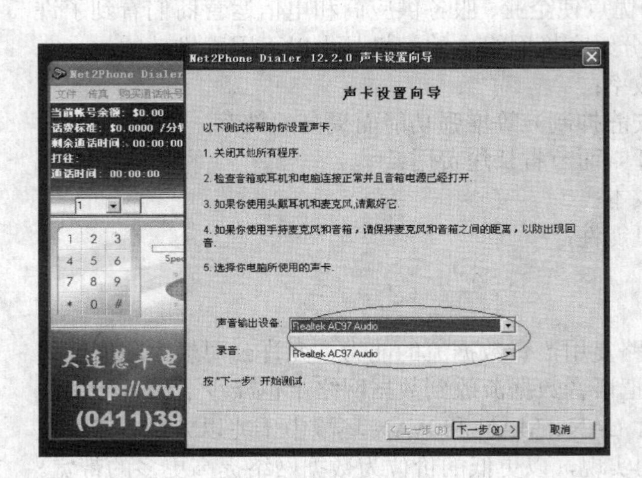

图 5-46 Net2Phone 设置向导

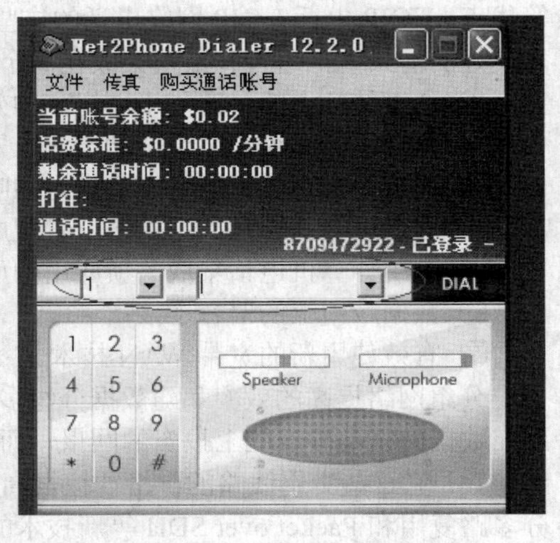

图 5-47 Net2Phone 拨号

六、网络电话的相关资源信息

下面提供一些与网络电话相关的资源信息。

国内网络电话：

（1）GBPhone http:// www.gbphone.com

（2）263ET 网络电话 http://www.etelephone.cn

（3）众方网络电话 http://www.1214088.com

国产可以发短信的网络电话：

（1）REDVIP http://www.redvip.cc

（2）kc2005 http://www.keepc.com

（3）kubao http://www.kubao.com

（4）uucall http://www.uucall.com

国产可以发传真、点歌的网络电话：群英会 http://www.yesme.com.cn/Yesme.asp

国外几款网络电话软件：

（1）skype http://skype.tom.com/

（2）vbuzzer http://www.vbuzzer.com/index.php?iid=freemore
（3）globe7 http://www.globe7.com/
（4）wengo http://www.cn.wengo.com/
（5）voipbuster http://www.voipbuster.com/
国外可以在页面直接拨打的几款网络电话：
（1）MINO http://www.minowireless.com/mino/register.htm?pc=REF23830
（2）webcall http://www.webcalldirect.com/en/index.php
（3）freecall http://www.freecall.com/en/index.html
（4）voipstunt http://www.voipstunt.com/en/index.html
（5）sparvoip http://www.sparvoip.de/de/index.html
（6）youcall http://www.youcall.com

第四节 网络影音世界

一、网络音乐

在网络上，有许多音乐站点免费提供丰富的音乐资料，用户可以从网站收听音乐，下载最新的流行歌曲等。在网络上播放音乐，由于受到网络带宽的限制，有时播放中可能会有停顿、跳跃或者播放延缓等现象出现，为解决此类问题，可以将所需的音乐下载到本地机器上播放等。

1. 网络音乐常见的格式

音乐格式是指音频文件格式，常见的有：Midi、MP3、RM、WAV 等等。它们都有专门的播放软件，在安装了这些软件之后，就可以在网上轻松欣赏这些音乐了。

（1）Midi 格式 这种格式的音频文件比较小，常常用作网站的背景音乐，有些手机的铃声也用此类格式的音频文件。

（2）MP3 格式 它是目前网络上最流行、最受欢迎的音频格式。MP3 音乐的质量与普通 CD 基本相同，而文件大小却大大小于普通 CD 的音乐文件，所以特别适合于在网络上传输，尤其是商业音乐在网络上的传播。由于 MP3 的压缩比很大，所以播放 MP3 的计算量也比较大，因此，当计算机在进行大量的计算，正在读取硬盘或下载文件时，最好暂停 MP3 音乐的播放，以免影响正常的工作。

（3）RM 格式 这是由 REAL networks 公司推出的音频文件格式，同样的 WAV 格式的文件压缩成 RM 比 MP3 还小，也很适合在网络上传播。

（4）WAV 格式 WAV 为微软公司（Microsoft）开发的一种声音文件格式，它符合RIFF (Resource Interchange File Format)文件规范，用于保存 Windows 平台的音频信息资源，被 Windows 平台及其应用程序所广泛支持，该格式也支持 MSADPCM，CCITT A LAW 等多种压缩运算法，支持多种音频数字，取样频率和声道，标准格式化的 WAV 文件和 CD 格式一样，也是 44.1K 的取样频率，16 位量化数字，因此在声音文件质量和CD相差无几。

2. 常见的播放音乐的软件

播放音乐软件目前比较流行的有 WINAMP、KUGOO、REALPLAY 等等。在这里主要介绍一下 KUGOO 网络音乐播放软件。

以前，由于网络带宽的限制，大多数的网络用户不能在网络上实时的收听音乐，但是随着带宽的提高，网络播放音乐文件也已经不是难事。首先要在网上下载播放音乐的软件。

打开网站：http://www.kugou.com,下载 KUGOU 音乐软件。确定保存到本地，完成之后安装KUGOU音乐。

完成之后在桌面上生成KUGOU的图标，打开它，如图5-48所示。

图5-48 KUGOU主窗口

KUGOU支持模糊搜索功能，只要在右边音乐搜索输入想要听的歌曲名字或歌手名字，就可以搜索到相关的歌曲了。如可以输入“周杰伦”出来的都是与周杰伦相关的歌曲，点击下载或试听均可以收听到想听的音乐。

KUGOU音乐软件的设置，在左下角的菜单设置里面。

（1）可以设置一下下载的音乐文件的目录，打开选项设置，选择常规选择，在下载选项里设置下歌词保存的路径和MP3文件保存的路径。如F:\kugou目录下。KUGOU下载路径设置如图5-49所示。

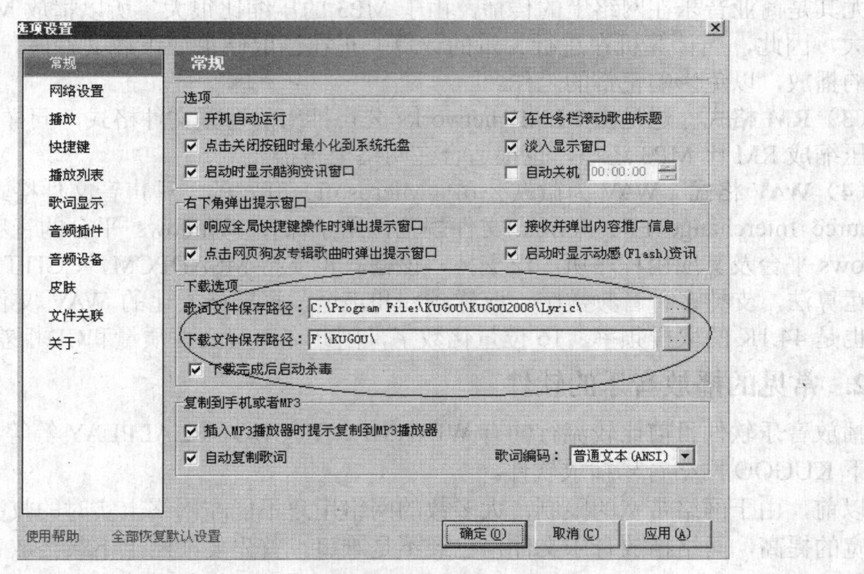

图5-49 KUGOU下载路径设置

（2）可以设置一下网络，点击网络设置，主要设置一下下载的带宽和下载的任务数，这样做的好处是以防在工作的时候网络卡从而影响到正常工作或影响到其他的网络游戏。KUGOU 下载速度设置如图 5-50 所示。

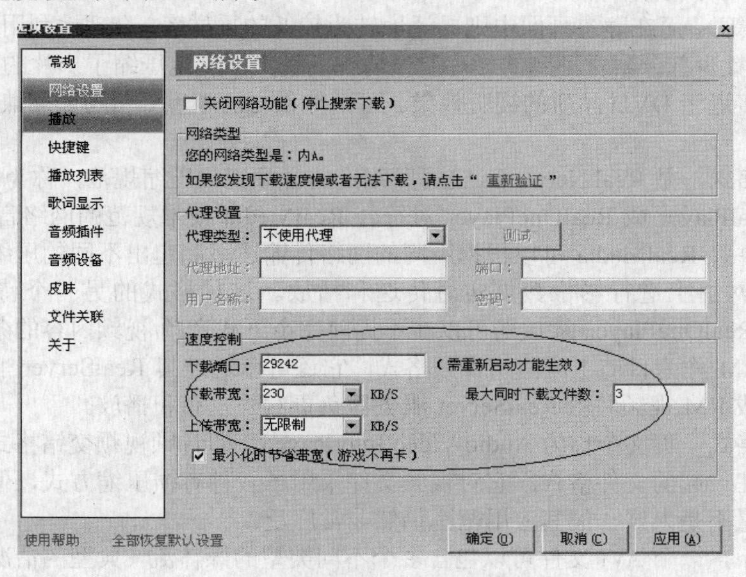

图 5-50　KUGOU 下载速度设置

3. 部分音乐网站

下面提供一些比较常用的音乐网站：

（1）QQ163 音乐网　http://www.qq163.com

（2）百度 MP3 音乐　http://mp3.baidu.com

（3）酷狗音乐　http://www.kugou.com

（4）MP3 曲库　http://www.mp3.com

（5）爱听音乐　http://www.aiting.com

（6）一听音乐网　http://www.1ting.com

（7）天虎音乐网　http://music.tyfo.com

（8）音乐极限　http://www.chinamp3.com

（9）九天音乐网　http://www.9sky.com

（10）九九音乐网　http://www.99music.net

二、网络电影

当前网络上有电影的网站非常多，主要提供免费的下载或播放（注意：我们不提倡盗版制品，所介绍的资源主要用来学习交流之用，并没有任何的商业目的）现在比较流行的电影格式有：RMVB，RM，AVI，MPG，ASF，WAV 等等。下面简单介绍一下各类格式的文件。

1. 常见电影格式

（1）RMVB 格式　是在 RM 影片格式上升级延伸而来，是当前最为普遍的一种视频压缩格式。VB 即 VBR，是 Variable Bit Rate（可改变之比特率）的英文缩写。在播放以往常见的 RM 格式电影时，可以在播放器左下角看到 225Kbps 字样，这就是比特率。影片的静止画面和运动画面对压缩采样率的要求是不同的，如果始终保持固定的比特率，会对影片质量造成浪费。

而 RMVB 则打破了原先 RM 格式那种平均压缩采样的方式，在保证平均压缩比的基础上，设定了一般为平均采样率两倍的最大采样率值。将较高的比特率用于复杂的动态画面（歌舞、飞车、战争等），而在静态画面中则灵活地转为较低的采样率，合理地利用了比特率资源，使 RMVB 在牺牲少部分察觉不到的影片质量情况下最大限度地压缩了影片的大小，最终拥有了近乎完美的接近于 DVD 品质的视听效果。可谓体积与清晰度“鱼与熊掌兼得”，其发展前景不容小觑。

（2）RM 格式 是 Real Networks 公司所制定的音频视频压缩规范，称为 RealMedia，用户可以使用 RealPlayer 或 RealOnePlayer 对符合 RealMedia 技术规范的网络音频/视频资源进行实况转播，并且 RealMedia 可以根据不同的网络传输速率制定出不同的压缩比率，从而实现在低速率的网络上进行影像数据实时传送和播放。这种格式的另一个特点是用户使用 RealPlayer 或 RealOnePlayer 播放器可以在不提前完全下载音频/视频内容的条件下实现在线播放。另外，RM 作为目前主流网络视频格式，它还可以通过其 RealServer 服务器将其他格式的视频转换成 RM 视频并由 RealServer 服务器负责对外发布和播放。

（3）AVI 格式 英文全称为 Audio Video Interleaved，即音频视频交错格式，是将语音和影像同步组合在一起的文件格式。它对视频文件采用了一种有损压缩方式，但压缩比较高，因此尽管面质量不是太好，但其应用范围仍然非常广泛。

通常情况下，一个 AVI 文件可以包含多个不同类型的媒体流（典型的情况下有一个音频流和一个视频流），不过含有单一音频流或单一视频流的 AVI 文件也是可行的。AVI 可以算是 Windows 操作系统上最基本的、也是最常用的一种媒体文件格式。

（4）MPG 格式 又称 MPEG（Moving Pictures Experts Group），即动态图像专家组，由国际标准化组织 ISO(International Standards Organization) 与 IEC(International Electronic Committee)于 1988 年联合成立，专门致力于运动图像（MPEG视频）及其伴音编码（MPEG 音频）标准化工作。

MPEG 是运动图像压缩算法的国际标准，现已被几乎所有的计算机平台支持。它包括 MPEG-1，MPEG-2 和 MPEG-4。MPEG-1 被广泛地应用在 VCD（Video Compact Disk）的制作，绝大多数的 VCD 采用 MPEG-1 格式压缩。MPEG-2 应用在 DVD（Digital Video/Versatile Disk）的制作、HDTV（高清晰电视广播）和一些高要求的视频编辑、处理方面。MPEG-4 是一种新的压缩算法，使用这种算法的 ASF 格式可以把一部 120min 长的电影压缩到 300M 左右的视频流，可供在网上观看。

MPEG 格式视频的文件扩展名通常是 MPEG 或 MPG。

（5）ASF 格式 是 Advanced Streaming Format（高级串流格式）的缩写，是 Microsoft 为 Windows 98 所开发的串流多媒体文件格式。ASF 是微软公司 Windows Media 的核心。这是一种包含音频、视频、图像以及控制命令脚本的数据格式。

ASF 是一个开放标准，它能依靠多种协议在多种网络环境下支持数据的传送。它是专为在 IP 网上传送有同步关系的多媒体数据而设计的，所以 ASF 格式的信息特别适合在 IP 网上传输。ASF 文件的内容既可以是熟悉的普通文件，也可以是一个由编码设备实时生成的连续的数据流，所以 ASF 既可以传送人们事先录制好的节目，也可以传送实时产生的节目。

（6）WMV 格式 是微软推出的一种流媒体格式，它是在“同门”的 ASF（Advanced Stream Format）格式升级延伸来的。在同等视频质量下，WMV 格式的体积非常小，因此很适合在网上播放和传输。

微软的 WMV 还是很有影响力的。可是由于微软本身的局限性，其 WMV 的应用发展并不顺利。第一，WMV 是微软的产品，它必定要依赖着 Windows，Windows 意味着解码部分也要有 PC，起码要有 PC 机的主板。这就大大增加了机顶盒的造价，从而影响了视频广播点播的普及。第二，WMV 技术的视频传输延迟非常大，通常要十几秒，正是由于这种局限性，目前 WMV 也仅限于在计算机上浏览视频文件。

2. 常见的网络电影播放器

上述的视频文件格式众多，有的视频要用专门的播放软件才能播放，而目前网络上比较流行的网络电影播放器有：RealPlayer、暴风影音、QVod、Windows MediaPlayer 等等，在这里简单介绍一下 RealPlayer 这一款能播放多种格式的播放器。

下载地址：可以到 RealPlayer 官方网去下载http://realplayer.cn.real.com/，下载之后安装过程与其他软件一致，最好将安装的路径改到 C 盘以外的盘符。

安装完成之后打开主界面，如图 5-51 所示。

系统选项设置在工具菜单中，点击工具→首选项，打开系统设置界面。如图 5-52 所示。

一般需要设置的是文件的位置，可以将临时文件路径设置到别的盘符下面，这样可防止系统盘出现空间不足的现象。

图 5-51　RealPlayer 主窗口

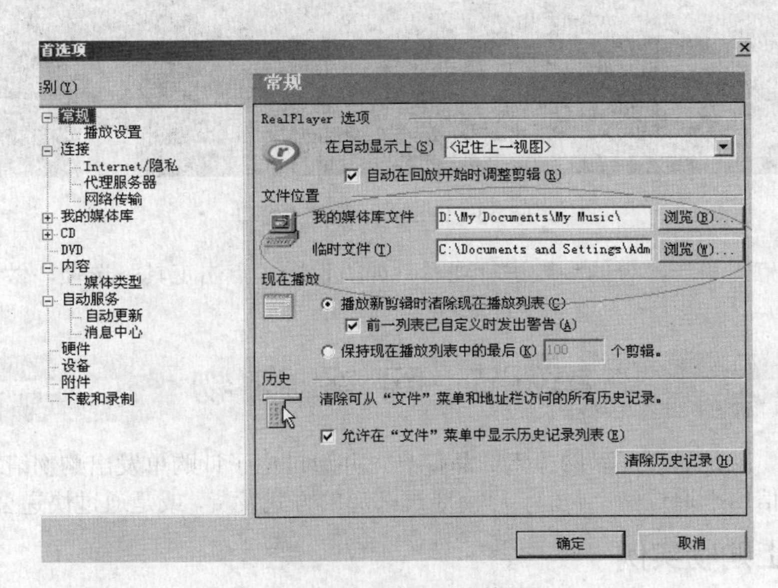

图 5-52　RealPlayer 软件设置

3. 常见的免费网络电影网站

（1）无忧无虑影视　http://www.5156ys.com/
（2）狗狗影视网　http://movie.gougou.com/
（3）迅雷看看　http://kankan.xunlei.com/
（4）优酷网　http://www.youku.com/
（5）土豆网　http://www.tudou.com/
（6）激动网　http://www.joy.cn/
（7）56 网　http://www.56.com/

三、在线电视直播

在线电视直播现在已经是比较通用的一种网络看电视的方法，当前国内主要的电视频道在网络上基本都可以看到，在线电视直播的软件也很多，如 QQLIVE 网络电视、PPS 网络电视（PPStream）、PPLive 网络电视等等。这里主要介绍一下 PPS 网络电视。

下载地址：http://dl.pps.tv/，选择一个下载站点进行下载。

下载安装过程与一般软件相似。安装完成之后，打开 PPS，软件界面主要由三个部分组成,第一部分是电视电影列表,第二部分是播放窗口,第三部分是部分热点资源介绍。PPStream 软件主窗口如图 5-53 所示。

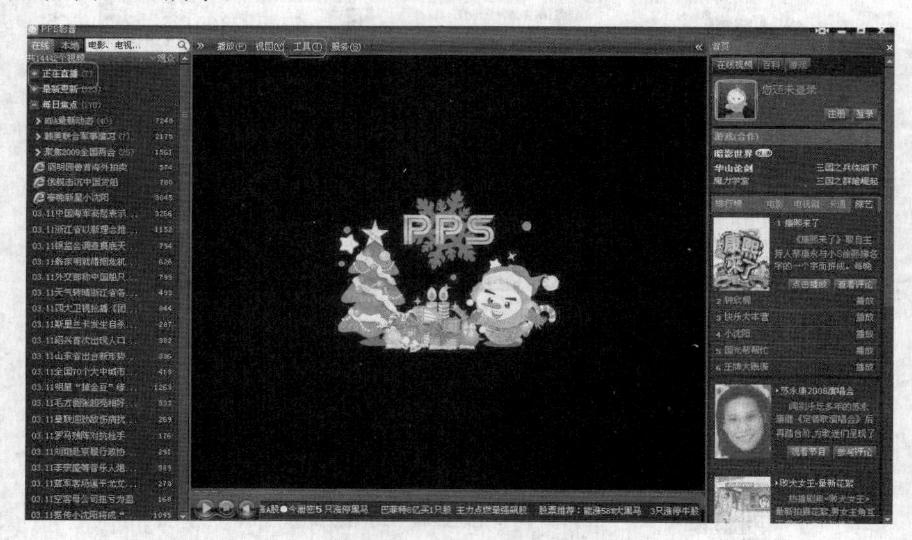

图 5-53　PPStream 软件主窗口

可以直接点击第一部分的列表进行观看，如需设置，点击工具→选项，做一些个性化的设置。

第五节　网 络 购 物

网上购物，就是通过互联网检索商品信息，并通过电子订购单发出购物请求，然后用私人支票账号或信用卡通过网上付款，厂商通过邮递的方式发货，或是通过快递公司送货上门。

一、网上购物实例

在网上购物非常方便，可以使用支付宝、网上银行、财付通、百付宝、网络购物支付卡等等来支付，安全快捷；当在确认购买信息后，可以直接按照系统的提示进行操作付款即可。但若卖家的商品不支持财付通付款，最好先跟卖家进行协商。

下面以淘宝网为例，通过支付宝付款的具体操作步骤来说明购物的过程。

第一步：安装相关软件。在淘宝选择想要购买的商品，在购物之前最好先下载安装淘宝的阿里旺旺，这个软件功能与 QQ 类似，大部分店家都通过这个软件来和客户沟通，也有部分用户通过 QQ 方式来回答客户的询问。

第二步：选择商品。查找要购买的商品，通过货比三家后，选择优质的店家，这些店家一般是信誉度较高，有的甚至是 5 钻或皇冠级别的，信誉高说明这个店家生意较好，但为了防止店家做假，可以通过查看已经购买用户对产品的质量与服务做出的评价。最好选择有六大保障图标的产品。如图 5-54 所示。

图 5-54　淘宝商品六大保障标志

在以上的 6 种保障中，建议关注“7 天退换”、“如实描述”这两项。带有“7 天退换”的标识的商品，商家均承诺“7 天无理由退换货”服务。当签收货物后 7 天内，如对商品不满意、不喜欢，在不影响二次销售的前提下，可以向卖家提出退货申请。如卖家拒绝，可以提出投诉，向淘宝申请赔付。

选定好满意的产品后还可以与店家进行充分砍价、付款及发货方式后，确认出价金额和购买数量，然后点击“立即购买”。淘宝商品购买页面如图 5-55 所示。

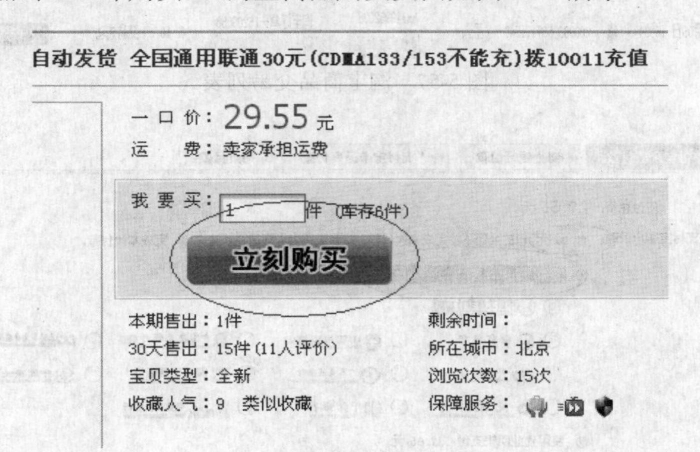

图 5-55　淘宝商品购买页面

第三步：付款。进入“确认购买信息”页面，如图 5-56 所示。购买下商品后到支付宝去付款，选择直接付款或到支付宝管理页面中的去付款。如果对产品不满意可以和店家商量取消订单，不影响用户的信誉。

核对您的商品购买信息和收货信息，如果没有填写收货信息请立即填写，确认无误后，点击“现在就去付款”按钮。淘宝商品付款如图 5-57 所示。

如果您的“支付宝”中余额足够支付，直接输入您“支付宝”的支付密码，然后点击“确认提交”。若您“支付宝”中余额不足支付，可以采用一家银行通过网上银行支付，然后点击“确认提交”进入到该银行页面去支付。淘宝商品付款如图 5-58 所示。

确认购买信息
购买数量*：1 (可购 6 件)
给卖家留言：选填，可以告诉卖家您对商品的特殊要求，如：颜色、尺码等
温馨提醒：
1.购买前请确认宝贝名称，此卡只能充值您所拍下的这款游戏/充值卡，不能兑换
2.此件商品的卖家绝对不会问您索取或诱骗卡号密码，若有此行为，请买家提高警觉
免责声明：自动发货平台为淘宝网提供的存储虚拟产品卡号与密码的空间。请用户保存好自己
议卖家用户不要将大量的虚拟产品存储在该空间，买家用户购买成功后请立即查看卡号密码。
储空间所导致的任何直接、间接的损失不承担任何责任。
确认提交表单
匿名购买（选择后，您对该宝贝的出价、留言和评价都将匿名。）
实付款(含运费)：29.55 元
校验码*：
X85M
看不清楚，再换一张
确认无误，购买

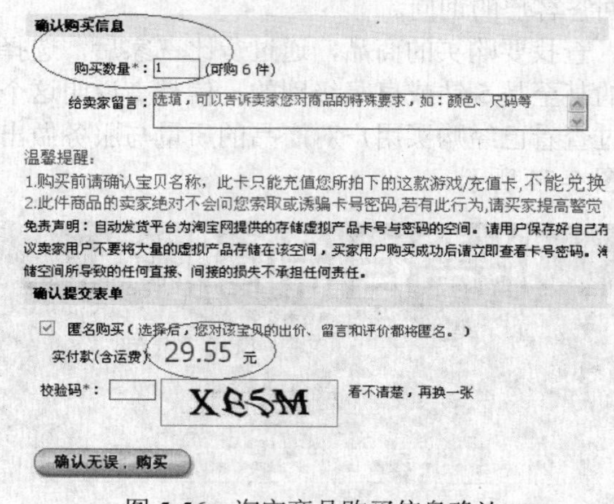

图 5-56　淘宝商品购买信息确认

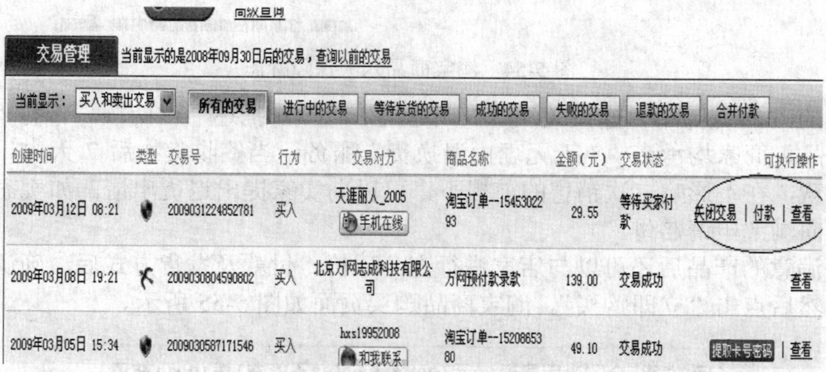

交易管理
当前显示的是2008年09月30日后的交易，查询以前的交易
当前显示：买入和卖出交易
所有的交易
进行中的交易
等待发货的交易
成功的交易
失败的交易
退款的交易
合并付款
创建时间 类型 交易号 行为 交易对方 商品名称 金额（元） 交易状态 可执行操作
2009年03月12日 08:21 2009031224852781 买入 天涯丽人_2005 手机在线 淘宝订单--1545302293 29.55 等待买家付款 关闭交易 | 付款 | 查看
2009年03月08日 19:21 2009030804590802 买入 北京万网志成科技有限公司 万网预付款录款 139.00 交易成功 查看
2009年03月05日 15:34 2009030587171546 买入 hxs19952008 和我联系 淘宝订单--1520865380 49.10 交易成功 提取卡号密码 | 查看

图 5-57　淘宝商品交易列表

支付宝余额付款
网上银行付款
“支付宝卡通”付款
网点付款
应付总价：29.55 元
支付宝账户余额：11.90 元 您的余额不够完成本次付款。支付宝将引导您通过快速充值，完成本次付款。
使用网上银行支付：17.65 元
中国工商银行
招商银行
中国建设银行
中国农业银行
兴业银行
广东发展银行
深圳发展银行
交通银行
中信银行
中国光大银行
使用企业网银支付：17.65 元
请输入支付密码：
找回支付密码
确认无误，付款

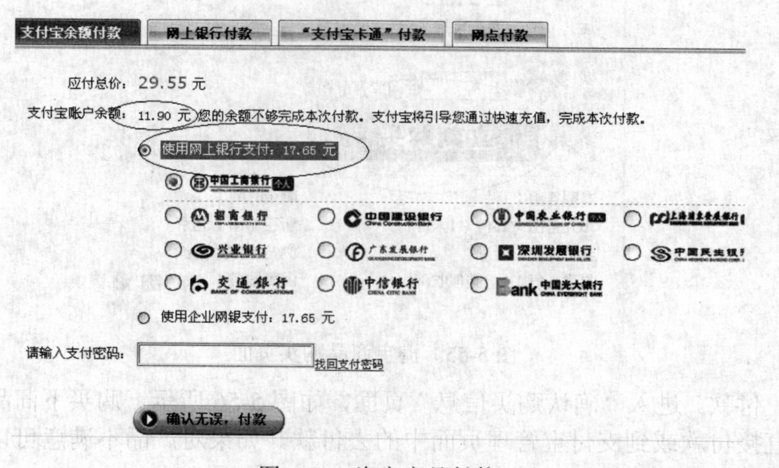

图 5-58　淘宝商品付款

支付成功后，确认信息即可。注意为了防止上当，一定要用支付宝付款。

第四步：收货和放款。付款之后，要等卖家发货，这时候发货会有一个过程，一般很多店家默认的是快递，如果你选择的平邮方式，那么商品到货就会很慢，如是边远地区的话，发货周期可能近一个月，而支付宝有一个默认时间，这个时间大概是 7 天左右。如果在这期间用户不进行确认收货，系统就会自动把款从支付宝转到店家的账上，所以用户如果采用平邮方式，这个时间一定要求店家延长。等收到货物之后验收货物相符以后才确定付款。点确认收货，输入支付宝密码即可。淘宝商品付款确认如图 5-59 所示。收货确认付款如图 5-60 所示。

图 5-59　淘宝商品付款确认

图 5-60　淘宝商品收货确认付款

第五步：评价。在确认付款后，系统还要求双方对本次交易进行评价，如产品服务符合要求，用户可以给予好评，否则用户可以给予中评或差评。评价是给后面的用户对店家的产品和服务进行参考，所以用户最好是认真对待。如用户在规定时间内没有做出评价，系统自动默认给好评。

二、网上购物技巧

网上购物由于具有足不出户就可以购买到自己的喜欢产品，因而受到青睐。但网上购物由于是在网上进行，产品的质量与外观不能真实感觉到，且中间还有很多环节，因此在网上购物时还需小心谨慎，防止上当受骗。

防骗第一招：信息与信用核实。有的店家的信用会作假，这些店家往往是新 ID，评价时间很接近，甚至是几秒的差距，还有就是同一个买家在很短时间内多次购买了同一个商品，且评价描述基本上没有或者一样。

防骗第二招：警惕超低价格。淘宝网现在有一个功能，对于热门产品，会根据网上的报价给出一个平均价格，显示在页面中，如果商家价格比这个价格低很多，那就要提高警惕了。特别是一些正品，低于专卖店里的产品六折以下的商品是假冒伪劣的可能性较大。

除了这些以外，还需注意以下几个方面：

（1）购买商品时，付款人与收款人的资料都要填写准确，以免收发货出现错误；

（2）用银行卡付款时，最好卡里不要有太多的金额，防止被不诚信的卖家拨过多的款项；

（3）遇上欺诈或其他受侵犯的事情可在网上找网络警察处理。

还有另外一种情况注意商家促销。有的网站通过购物返点可以节省更多费用（2%～50%不等）。如在易购合作网站（如卓越、当当、99 书城等）购物，易购会给一定比率的返点，返点以积分（即论坛财富）形式加到会员的论坛账户里，累计满 5000 点后（论坛财富 1 点=人民币 1 分钱，5000 点即 50 元），即可申请支付（把论坛财富兑换成人民币，通过支付宝、招商银行或者工商银行转账）。

第六节 网上银行

网上银行的出现，标志着金融方式的重大变革。随着网上银行功能的不断强大，很多业务现在只要坐在家里，轻松点击鼠标就办妥了。网上银行（Internetbank or E-bank），包含两个层次的含义，一个是机构概念，指通过信息网络开办业务的银行；另一个是业务概念，指银行通过信息网络提供的金融服务，包括传统银行业务和因信息技术应用带来的新兴业务。在日常生活和工作中，提及网上银行，更多是第二层次的概念，即网上银行服务的概念。网上银行业务不仅仅是传统银行业务简单向网上的转移，其他服务方式和内涵发生了一定的变化，而且由于信息技术的应用，又产生了一引起全新的业务品种。

网上银行又称网络银行、在线银行，是指银行利用 Internet 技术，通过 Internet 向客户提供开户、销户、查询、对账、行内转账、跨行转账、信贷、网上证券、投资理财等传统服务项目，使客户可以足不出户就能够安全便捷地管理活期和定期存款、支票、信用卡及个人投资等。可以说，网上银行是在 Internet 上的虚拟银行柜台。

网上银行又被称为“3A 银行”，因为它不受时间、空间限制，能够在任何时间(Anytime)、任何地点(Anywhere)、以任何方式(Anyhow)为客户提供金融服务。

一般说来网上银行的业务品种主要包括基本业务、网上投资、网上购物、个人理财、企业银行及其他金融服务。

一般国内银行所提供的业务有以下几种：

（1）基本网上银行业务　商业银行提供的基本网上银行服务包括：在线查询账户余额、交易记录，下载数据，转账和网上支付等。

（2）网上投资　由于金融服务市场发达，可以投资的金融产品种类众多，国外的网上银行一般提供包括股票、期权、共同基金投资和 CDs 买卖等多种金融产品服务。

（3）网上购物　商业银行的网上银行设立的网上购物协助服务，大大方便了客户网上购物，为客户在相同的服务品种上提供了优质的金融服务或相关的信息服务，加强了商业银行在传统竞争领域的竞争优势。

（4）个人理财助理　个人理财助理是国外网上银行重点发展的一个服务品种。各大银行将传统银行业务中的理财助理转移到网上进行，通过网络为客户提供理财的各种解决方案，提供咨询建议，或者提供金融服务技术的援助，从而极大地扩大了商业银行的服务范围，并降低了相关的服务成本。

（5）企业银行　企业银行服务是网上银行服务中最重要的部分之一。其服务品种比个人客户的服务品种更多，也更为复杂，对相关技术的要求也更高，所以能够为企业提供网上银行服务是商业银行实力的象征之一，一般中小网上银行或纯网上银行只能部分提供，甚至完全不提供这方面的服务。

企业银行服务一般提供账户余额查询、交易记录查询、总账户与分账户管理、转账、在线支付各种费用、透支保护、储蓄账户与支票账户资金自动划拨、商业信用卡等服务。此外，还包括投资服务等。部分网上银行还为企业提供网上贷款业务。

其他金融服务除了银行服务外，大商业银行的网上银行均通过自身或与其他金融服务网站联合的方式，为客户提供多种金融服务产品，如保险、抵押和按揭等，以扩大网上银行的服务范围。

一、网上银行的注册

目前，国内各大银行提供有网上银行，注册过程也基本一样；一种是先在银行柜台签订网上银行协议，获取口令卡，再在网上激活网上银行；一种是先在网上注册后到银行柜台签约。

以建设银行为例，说明网上银行的注册过程。

办理条件：

（1）本人留有密码的实名制账户，包括各种龙卡、定期存折、活期存折、一折通或一本通账户；

（2）与实名制账户预留证件相符的有效身份证件，包括身份证、护照、军官证等；

（3）能上网的计算机，其中浏览器需 IE5.0 或 NETSCAPE COMMUNICATOR4.0 以上版本，浏览器的加密位数是 128 位。

方式一：先网上注册后柜台签约方式

（1）登录 http://www.ccb.com，点击页面中的“网上银行服务”链接。

（2）点击右侧说明栏中的“开通网上银行服务”链接。

（3）阅读“中国建设银行网上银行个人客户服务协议”。

（4）客户是否同意，如果不同意转回主页面，如果同意，填写“中国建设银行网上银行个人申请表”，并提交成功，成为网上银行普通客户。

注：此时需要输入客户名称、证件类型、证件号码、一个实名账户账号＋取款密码、自己设定的网银登录密码，请务必牢记网银登录密码，在进入网上银行时使用。

（5）携带身份证件及注册资料（如龙卡、存折）到建设银行储蓄网点签约，成为个人网上银行签约用户。

（6）登录http://www.ccb.com，点击“个人客户登录”链接，输入证件号码和网银登录密码登录网上银行。

（7）进入个人网上银行系统后，按照系统提示设置交易密码。

（8）按照页面提示下载并安装网银证书。

（9）证书安装完成后，成为个人网上银行高级用户，可以使用个人网上银行的服务。

方式二：先柜台签约，后网上激活方式

（1）携带身份证件及账户资料到建设银行储蓄网点签约，并设定网银登录密码，成为网上银行签约用户（还不能使用网上银行的服务）。

（2）七天内登录http://www.ccb.com，点击个人客户登录链接，输入证件号码和网银登录密码（柜台签约时已设定）登录网上银行。

（3）进入网上银行后，根据系统提示输入激活信息，设置交易密码。

（4）按照页面提示下载并安装网银证书。

（5）证书安装完成后，成为个人网上银行高级用户，可以使用个人网上银行的服务。

二、网上银行使用注意事项

网上银行作为一项新的金融服务工具，具有方便、快捷、省力的特点，正在逐渐成为一种时尚的理财方式。但由于多数人对网上银行缺乏必要的了解，防范风险意识相对较弱，有时会因使用和操作等原因造成资金冻结、划转差错，甚至被人盗转账户资金。因此，掌握一些必要注意事项，对于确保网上银行正确使用和资金安全是非常重要的。

1. 使用银行提供的安全工具

各大网上银行为了保证安全，一般在用户注册时都会提供相应的安全区别，如工行的U盾，农行、建行的K宝等。从技术角度看，这些银行提供的工具是用于网上银行电子签名和数字认证的工具，它内置微型智能卡处理器，采用1024位非对称密钥算法对网上数据进行加密、解密和数字签名，确保网上交易的保密性、真实性、完整性和不可否认性。就像一面盾牌一样保护着网上银行账号的安全。

2. 登录正确的网址

用户在登录网上银行时要认真核对网址。要开通网上银行功能，通常事先要与银行签订协议。客户在登录网上银行时，应留意核对所登录的网址与协议书中的法定网址是否相符，谨防一些不法分子恶意模仿银行网站，骗取账户信息。

3. 保护账号密码

作为网上银行的客户，用户应该是唯一知道网上银行密码的人。一旦卡号和密码被他人窃取或猜出，账户就有可能在网上被盗用，从而造成不必要的损失。因此，请加强安全防范意识，养成良好的网上银行交易习惯，让不法分子无机可乘：

（1）在任何时候及情况下，不要将自己的账号、密码告诉别人；不要相信任何通过电子邮件、短信、电话等方式索要卡号和密码的行为。对于已经向不明人员或网站提供网上银行密码的，要立即登录网上银行修改密码，或到柜面进行密码重置。

（2）选择不容易猜测的密码（建议不要使用出生日期、电话号码、相同数字、连续数字和身份证号码中前几位或后几位等），以免被有心人士猜中。

（3）为网上银行设置专门的密码，区别于在其他场合中（例如：其他网上服务、ATM、存折和银行卡等）使用的用户名和密码，避免因某项密码的丢失而造成其他密码的泄漏。

（4）将网上银行登录密码和用以对外转账的支付密码设置为不同的密码，多重验证以保证资金安全。

（5）不要在计算机上保存密码。不要将密码书写于纸张或卡片上。要定期更改密码。

（6）查看欢迎页面上的“上次登录时间”和实际登录情况是否相符，便于及时发现异常情况。

4. 确保计算机的安全

定期下载安装最新的操作系统和浏览器安全程序或补丁；将计算机中的 hosts 文件修改为只读；安装个人防火墙以防止黑客入侵的计算机；安装并及时更新杀毒软件，养成定期更新杀毒软件的习惯，防止新型病毒入侵；不要开启不明来历的电子邮件。这些都是提高计算机安全的常用措施。

5. 其他保护措施

（1）不要在公共场所（如网吧、公共图书馆等）使用网上银行，因为无法知道这些计算机是否装有恶意的监测程序。

（2）为所使用的计算机设定密码，以防止他人擅自取用资料。

（3）在每次使用网上银行后，不要只关闭浏览器，请点击页面右上角的“退出登录”结束使用。

（4）切勿向别人透露用户名、密码或任何个人身份识别资料。

（5）做好交易记录。客户应对网上银行办理的转账和支付等业务做好记录，定期查看“历史交易明细”、定期打印网上银行业务对账单，如发现异常交易或账务差错，立即与银行联系，避免损失。

第七节　电子商务应用

电子商务，Electronic Commerce，简称 EC。电子商务通常是指是在全球各地广泛的商业贸易活动中，在因特网开放的网络环境下，基于浏览器/服务器应用方式，买卖双方不谋面地进行各种商贸活动，实现消费者的网上购物、商户之间的网上交易和在线电子支付以及各种商务活动、交易活动、金融活动和相关的综合服务活动的一种新型的商业运营模式。“中国网络营销网”Tinlu 相关文章指出，电子商务涵盖的范围很广，一般可分为企业对企业（Business-to-Business）和企业对消费者（Business-to-Customer）两种。另外还有消费者对消费者（Customer-to-Customer)这种大步增长的模式。随着国内 Internet 使用人数的增加，利用 Internet 进行网络购物并以银行卡付款的消费方式已很流行，市场份额也在快速增长，电子商务网站也层出不穷。

一、分类情况

电子商务分为很多种，常用的有 B2B、B2C、C2C、B2M、M2C、B2A（即 B2G)、C2A（即 C2G）七类电子商务模式。

（1）B2B = Business to Business [商家（泛指企业）对商家]　即企业与企业之间通过互联网进行产品、服务及信息的交换。通俗的说法是指进行电子商务交易的供需双方都是商家（或企业、公司)，他（她）们使用了 Internet 的技术或各种商务网络平台，完成商务交易的过程。这些过程包括：发布供求信息，订货及确认订货，支付过程及票据的签发、传送和接收，确定配送方案并监控配送过程等。有时写作 B to B，但为了简便干脆用其谐音 B2B（2 即 two)。B2B 的典型是中国供应商、阿里巴巴、中国制造网、敦煌网、慧聪网、瀛商网等。

（2）B2C = Business to Customer（商家对客户）　B2C 模式是我国最早产生的电子商务模式，以 8848 网上商城正式运营为标志。B2C 即企业通过互联网为消费者提供一个新型的购物环境——网上商店，消费者通过网络在网上购物、在网上支付。由于这种模式节省了客户和企业的时间和空间，大大提高了交易效率，节省了宝贵的时间。

（3）C2C = Consumer to Consumer（客户对客户）　C2C 同 B2B、B2C 一样，都是电子商务的几种模式之一。不同的是 C2C 是用户对用户的模式，C2C 商务平台就是通过为买卖双方提供一个在线交易平台，使卖方可以主动提供商品上网拍卖，而买方可以自行选择商品进行竞价。C2C 的典型是百度 C2C、淘宝网等。

其他分类由于用户比较少，影响力较小，在这就不一一介绍了。

二、电子商务的优点

（1）电子商务将传统的商务流程电子化、数字化，一方面以电子流代替了实物流，可以大量减少人力、物力，降低了成本；另一方面突破了时间和空间的限制，使得交易活动可以在任何时间、任何地点进行，从而大大提高了效率。

（2）电子商务所具有的开放性和全球性的特点，为企业创造了更多的贸易机会。

（3）电子商务使企业可以以相近的成本进入全球电子化市场，使得中小企业有可能拥有和大企业一样的信息资源，提高了中小企业的竞争能力。

（4）电子商务重新定义了传统的流通模式，减少了中间环节，使得生产者和消费者的直接交易成为可能，从而在一定程度上改变了整个社会经济运行的方式。

（5）电子商务一方面破除了时空的壁垒，另一方面又提供了丰富的信息资源，为各种社会经济要素的重新组合提供了更多的可能，这将影响到社会的经济布局和结构。

（6）通过互联网，商家之间可以直接交流，谈判，签合同，消费者也可以把自己的反馈建议反映到企业或商家的网站，而企业或者商家则要根据消费者的反馈及时调查产品种类及服务品质，做到良性互动。

三、电子商务未来发展趋势

（1）电子商务服务业将成为中国服务贸易新的经济增长点 中国电子商务服务业并不是一种“自然演化”的自发过程，而是一种面对国际竞争压力的“追赶”结果，这也是电子商务服务后行的发展中国家的普遍现象。所以，学习和借鉴先行国家的经验非常重要。但因为国际环境以及经济和社会发展水平的原因，中国不可能完全重复先行国家和地区走过的道路，中国电子商务发展的当务之急是：树立创新意识，结合国情，选择低成本、见效快、可持续发展的有效模式。

（2）政府公共服务将带动企业供应链电子商务发展 鉴于非市场化因素即政府的公共服务是目前影响电子商务发展的主要瓶颈，国际电子商务发展明显呈现出以政府公共服务带动企业供应链电子商务发展的新趋势。

为充分发挥政府引导、市场驱动的优势，APEC 经济体成员政府、企业纷纷建立创新服务体系，通过实施电子商务“单一窗口”服务，统一电子商务标准，完善法律规则体系，以及加快贸易手续简化进程等举措，为提升企业供应链功效创造了有利条件。

（3）电子商务服务的全球化时代即将到来 目前，随着国际电子商务环境逐步完善，“可贸易”的条件日趋成熟，国际电子商务服务正从区域、经济体成员内信息聚合向跨区域、跨境和全球化电子商务交易服务发展，使得电子商务服务也从经济体内向跨经济体、跨区域及全球化服务延伸。

第八节 网络游戏

当前，网络游戏是网络娱乐中占据着非常重要的角色，无论是在校学生，还是已经工作的人们，只要稍稍对网络有些了解的人都会对网络游戏产生兴趣，更有甚者，有些玩家还深陷其中，不能自拔。

网络游戏：缩写为 MMOGAME，又称 “在线游戏”，简称“网游”，这是一种必须依托于互联网进行、可以多人同时参与的游戏。通过人与人之间的互动达到交流、娱乐和休闲的目的。网游从最初的 MUD 时代到现在的 web 网络游戏，已经形成了一定的规模，目前的网民群体中，玩过网络游戏的网民也已经接近一半（47.0%），其中付费游戏用户平均每月花费金额达到 84 元。

2015 年 1～6 月，中国游戏市场销售收入 605.1 亿元，同比增长 21.9%。中国游戏市场实际销售收入主要来自五个细分市场，其中客户端游戏市场销售收入 267.1 亿元人民币，网页游戏市场销售收入 102.8 亿元，社交游戏市场销售收入 25.6 亿元人民币，单机游戏市场销售收入 0.3 亿元人民币，而移动游戏市场销售收入 209.3 亿元，同比大涨 67.2%。

原创网络游戏成为中国游戏产业“主力军”。数据显示，今年上半年，原创网络游戏境内市场销售收入 458.3 亿元，同比增长 33.3%，占市场销售总额的 75.7%。

一、一代网络游戏

1969 年至 1977 年，由于当时的计算机硬件和软件尚无统一的技术标准，因此第一代网络游戏的平台、操作系统和语言各不相同。它们大多为试验品，运行在高等院校的大型主机上，如美国的麻省理工学院、弗吉尼亚大学，以及英国的埃塞克斯大学。

游戏特征：

（1）非持续性，机器重启后游戏的相关信息即会丢失，因此无法模拟一个持续发展的世界；

（2）游戏只能在同一服务器/终端机系统内部执行，无法跨系统运行。

第一款真正意义上的网络游戏可追溯到 1969 年，当时瑞克• 布罗米为 PLATO（Programmed Logic for Automatic Teaching Operations）系统编写了一款名为《太空大战》（SpaceWar）的游戏，游戏以八年前诞生于麻省理工学院的第一款电脑游戏《太空大战》为蓝本，不同之处在于，它可支持两人远程连线。

二、二代网络游戏

1978 年至 1995 年，网络游戏出现了“可持续性”的概念，玩家所扮演的角色可以成年累月地在同一世界内不断发展，而不像 PLATO 上的游戏那样，只能在其中扮演一个匆匆过客。游戏可以跨系统运行，只要玩家拥有电脑和调制解调器，且硬件兼容，就能连入当时的任何一款网络游戏。

三、三代网络游戏

1996 年到 2006 年，越来越多的专业游戏开发商和发行商介入网络游戏，一个规模庞大、分工明确的产业生态环境最终形成。人们开始认真思考网络游戏的设计方法和经营方法，希望归纳出一套系统的理论基础，这是长久以来所一直缺乏的。

游戏特征：“大型网络游戏”（MMOG）的概念浮出水面，网络游戏不再依托于单一的服务商和服务平台而存在，而是直接接入互联网，在全球范围内形成了一个大一统的市场。

四、四代网络游戏

2006 年开始，随着 Web 技术的发展，在网站技术上各个层面得到提升，国外已经开始新兴许多的“无端网游”，即不用客户端也能玩的游戏，也叫网页游戏或 webgame（Web 游戏），也有一些公司宣称“老板眼皮底下也能玩的游戏”，确实，网页游戏依靠 Web 技术支持就能玩的在线多人游戏类型，受到许多办公室白领一族的追捧。

当前的网络游戏有很多，常见游戏网址如图 5-61 所示。

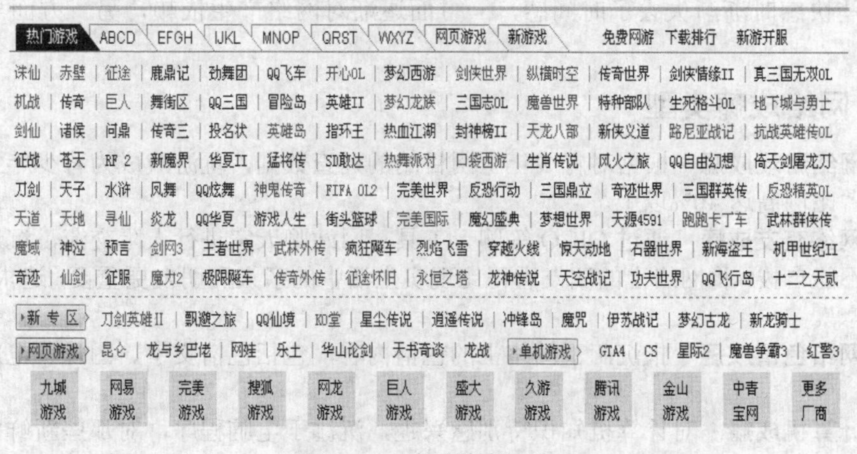

图 5-61　常见游戏网址

总之，网络游戏越来越受广大网民的喜爱，各类的网络游戏也越来越多，但是，长时间进行游戏，会对身体造成一定的损害，所以在玩网络游戏的时候，应该注意游戏时间，做到健康游戏。

第六章 防上网沉迷

随着网络的普及，已成为人们生活必不可少的一部分，当然作为青少年的学生，也不会置其而不顾。Internet 已不再局限于商务运用，更多的是人们展示自我的舞台，青少年上网的越来越多，有关资料表明超过 50%的使用率的功能有网络游戏（62%）和聊天室（54.5%），其次是使用电子邮件（48.6%）。约 50%的青少年用户有保持电子邮件联系的朋友；25.2%的青少年用户在聊天室或 BBS 上经常发言；37.6%的青少年用户使用 ICQ 与认识或不认识的朋友联系，其中有部分青少年自控能力比较差的，有沉迷于网络的隐患，在本章节中，将对青少年网络成瘾及预防网络成瘾的防沉迷系统做简单的介绍。

第一节　青少年上网

一、网络成瘾概述

网络成瘾，又称因特网性心理障碍（Internet addictive disorder，简称 IAD），临床上是指由于患者对互联网络过度依赖而导致的一种心理异常症状以及伴随的一种生理性不适。有学者认为，网络成瘾是由于重复地使用网络而导致的一种慢性或周期性的着迷状态，并且带来难以抗拒的再度使用欲望，同时对上网带来的快感一直有生理及心理依赖。也就是说，因为网络的许多特质带给使用者许多快感，同时又因很容易重复获得这些愉悦的体验，使用者便在享受这些快感时渐渐失去了时间感，一方面逐渐对网络产生依赖，另一方面导致沉迷和上瘾。

二、网络成瘾类型

（1）网络游戏成瘾　根据对青少年上网目的的调查数据，玩游戏成为青少年上网的首选目的，所占比例高达 40%以上。

（2）网络交友成瘾　通过 OICQ 等聊天工具、网站聊天室进行人际交流，沉迷于网络聊天交友而不能自拔，将网络上的朋友看得比现实生活中的亲人和朋友更重要，追求浪漫故事，包括“网恋”。

（3）网络色情成瘾　指沉湎于网络上的色情内容，包括色情文字、图片、电影和色情聊天等。

（4）计算机成瘾　对计算机知识特别感兴趣，沉溺于电脑程序，对那些新鲜的软件有强烈的兴趣，迷恋网络技术包括黑客技术，热衷于自建和发布个人网页或网站等。

（5）其他强迫行为　如，不可抑制地参与网上讨论、BBS 发表文章、购物、拍卖等活动。程度不同、类型不同的青少年网络成瘾者的症状是不一样的，其身心所受的影响也是大不相同的。实际上网络成瘾者多是以上几个类型的混合体。

三、网络成瘾危害性

（1）角色的混乱 青少年网络成瘾者，过度地沉溺于网络中虚拟的角色，容易迷失真实的自我，将网络上的规则带到现实生活中，造成角色的混乱。尤其当青少年在现实社会中与人交往受到挫折时，转向虚拟的网络社会寻求安慰，消极地逃避现实，这对青少年的自我人格塑造是极其不利的。

（2）道德感的弱化 在网络空间，青少年网络成瘾者由于不必与其他人面对面地打交道，容易在网络游戏、黄色网站中放纵自己的欲望。在一项对近3000名青少年的调查中，承认访问过色情网站的青少年占46.9%。另外，计算机成瘾者也容易表现在窃取他人电子邮件或机密信息、制造传播网络病毒等方面，导致网上违规、违法行为。根据北京五所高校的一个调查，有12.5%的人曾经获得他人的邮件，5.4%的人曾发布不健康的信息。据调查，有31.4%的青少年并不认为“网上聊天时撒谎是不道德的”，有37.4%的青少年认为“偶尔在网上说说粗话没什么大不了的”，还有24.9%的人认为“在网上做什么都可以毫无顾忌”。

（3）人格的异化 网络上90%的信息是英文，网络文化实际上仍受西方文化主导。西方国家利用网络大力宣扬其政治制度和文化思想，以及网上大量的黄色、暴力等信息泛滥，青少年网络成瘾者沉迷其中，是首当其冲的受害者，不利于树立健康的人生观、价值观。同时，青少年长久沉迷于网络，容易对真实生活中的人和事缺少兴趣，情感淡漠，和亲人、朋友之间的交往减少，将自己封闭起来。青少年在网络上无拘无束的行为习性，容易导致自我约束力的下降，如将这种习性带入现实世界，容易产生冲突，导致违规甚至犯罪行为。

（4）学习的挫折 据华东某高校对237名退学试读和留级学生调查，有80%的学生是因为迷恋网络而导致成绩下降。北京某高校曾发生过两个专业90多名学生中竟有超过1/6的学生因沉迷于网络而导致考试不及格，最终退学的事件。美国宾州某大学调查表明，58%的青年学生因为花在网上时间太多而影响学习。迹象表明，青少年网络成瘾者多因迷恋网络而无心学习，学业不佳，这已形成恶性循环。

（5）健康的损害 对于处于身体发育的关键阶段的青少年而言，一旦沉溺于网络世界，长时间面对电脑，日常的生活规律完全被打破，饮食不正常，体重下降，睡眠减少，身体易变得越来越虚弱，更严重者容易导致猝死。

第二节 防沉迷系统

一、概述

当前，青少年沉迷网络游戏的主要诱因是大多数网络游戏都设置了经验值增长和虚拟物品奖励功能，需要获得上述奖励，主要靠长时间在线累计获得，因而导致部分青少年沉迷其中。

网络游戏防沉迷系统就是针对上述未成年人沉迷网络游戏的诱因，利用技术手段对未成年人在线游戏时间予以限制。

二、设计目的

（1）防止未成年人过度游戏，倡导健康游戏习惯，保护未成年人的合法权益。

（2）帮助法定监护人了解其监护对象是否参与此网络游戏、是否受到防沉迷系统的保护等情况。

（3）在实现上述目的的同时，兼顾成年玩家自主支配其游戏时间的合法权益。

设计的核心内容是：

未成年人累计 3 小时以内的游戏时间为“健康”游戏时间。超过 3 小时后的 2 小时游戏时间为“疲劳”时间，在此时间段，玩家获得的游戏收益将减半。如累计游戏时间超过 5 小时即为“不健康”游戏时间，玩家的收益降为 0，以此迫使未成年人下线休息、学习。

其中将“健康”游戏时间定为 3 小时的依据是：根据青少年的身心发育状况、网络游戏的基本特点，以及对未成年人的调查分析，累计 3 小时以内的在线游戏时间既无损于未成年人的身心健康，又能使他们适当享受到游戏的乐趣。如下一盘围棋的时间一般也需 2～3 小时。身体状况与游戏时间见表 6-1。

表 6-1　身体状况与游戏时间

健康时间			疲劳时间		不健康时间	
0	1	2	3	4	5	6 …

三、系统实现方法

（1）使用者下线后，其不在线时间也将累计计算，称为“累计下线时间”。

（2）使用者累计在线时间在 3 小时以内的，游戏收益正常。每累计在线时间满 1 小时，应提醒一次：“您累计在线时间已满 1 小时。”至累计在线时间满 3 小时时，应提醒：“您累计在线时间已满 3 小时，请您下线休息，做适当身体活动。”

（3）如果累计在线时间超过 3 小时进入第 4～5 小时，在开始进入时就应做出警示：“您已经进入疲劳游戏时间，您的游戏收益将降为正常值的 50%，请您尽快下线休息，做适当身体活动。”此后，应每 30 分钟警示一次。

（4）如果累计在线时间超过 5 小时进入第 6 小时，在开始进入时就应做出警示：“您已进入不健康游戏时间，请您立即下线休息。如不下线，您的身体健康将受到损害，您的收益已降为零。”此后，应每 15 分钟警示一次。

（5）如果使用者的累计下线休息时间已满 5 小时，则累计在线时间清零，如再上线则重新累计上线时间。

累计在线时间与游戏收益见表 6-2。

表 6-2　累计在线时间与游戏收益

累计在线时间	游戏收益
0～3 小时内	正常
超过 3 小时后，5 小时内	降为正常值的 50%
5 小时以上	降为 0

四、防沉迷系统注册实例

当前比较流行的网络游戏有很多，如魔兽世界、梦幻西游、劲舞团、魔域、QQ 游戏等等，要玩网络游戏，必须得在网络游戏系统的官方网上去注册一个用户，这些网游的防沉迷系统也都已经启动，就以魔兽世界的注册来举例。

打开魔兽世界的官方网站：http://www.wowchina.com/，如图 6-1 所示。

图 6-1　魔兽世界游戏网址

进入账号注册，其中一项就是必须填写真实信息的选项，如图 6-2 所示。

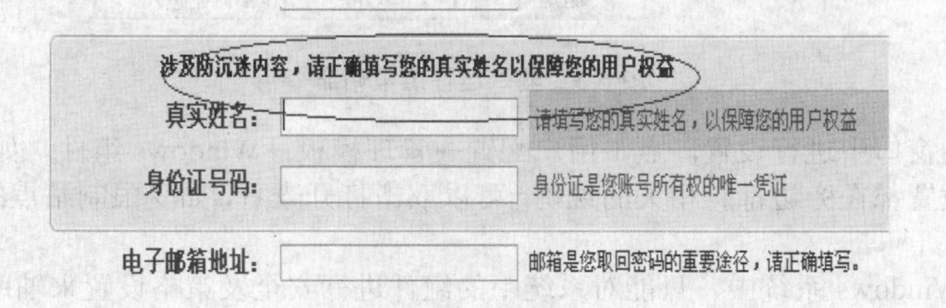

图 6-2　魔兽世界防沉迷注册实例

填写信息之后，系统会验证是否未成年人，如果为未成年人将纳入到网络游戏防沉迷系统中来，时时对未成年人健康游戏时间限制。其中未成年人指的是未满十八周岁的人。防沉迷工作流程如图 6-3 所示。

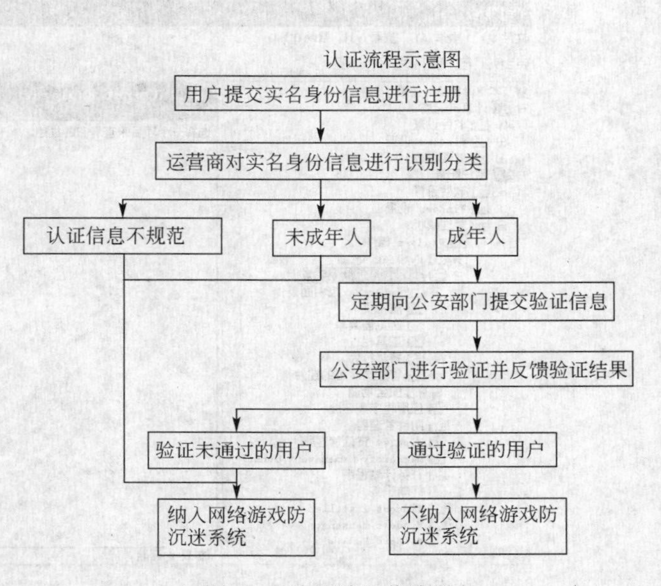

图 6-3　防沉迷工作流程

五、Windows 系统设置

除了各类大型游戏忘却了防沉迷系统外，家长为了更好监控小孩玩游戏的时间，也可以直接在操作系统中对本地用户进行部分设置，这样更有效地防止青少年沉迷于网络。如可以设置网络连接的禁止与启用，IE 浏览器的安全及等级等等。

具体操作如下：点击开始→运行，

如图 6-4 所示，在命令框中输入命令：gpedit.msc。如图 6-5 所示。

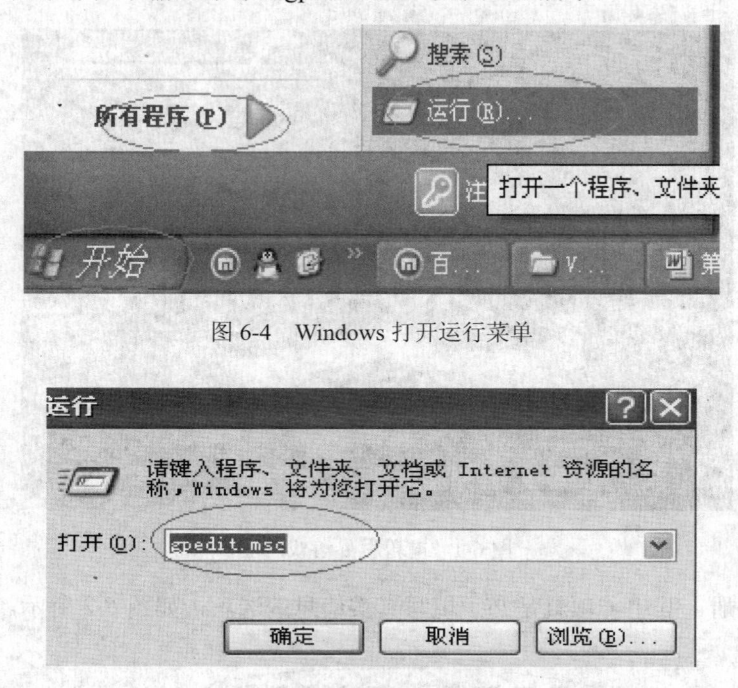

图 6-4　Windows 打开运行菜单

图 6-5　输入运行组策略命令

在弹出的窗口中进行设置，点击用户配置→管理模板→Windows 组件。如图 6-6 所示。

每一项设置都在旁边都有相关的说明，可以双击打开查看，如受限制站点的安全等设置。如图 6-7 所示。

注：在 Windows 系统中，只能对系统中的组件进行安全及策略设置来辅助防沉迷系统，网络防沉迷系统一般都由网络游戏公司与专业开发公司共同完成。

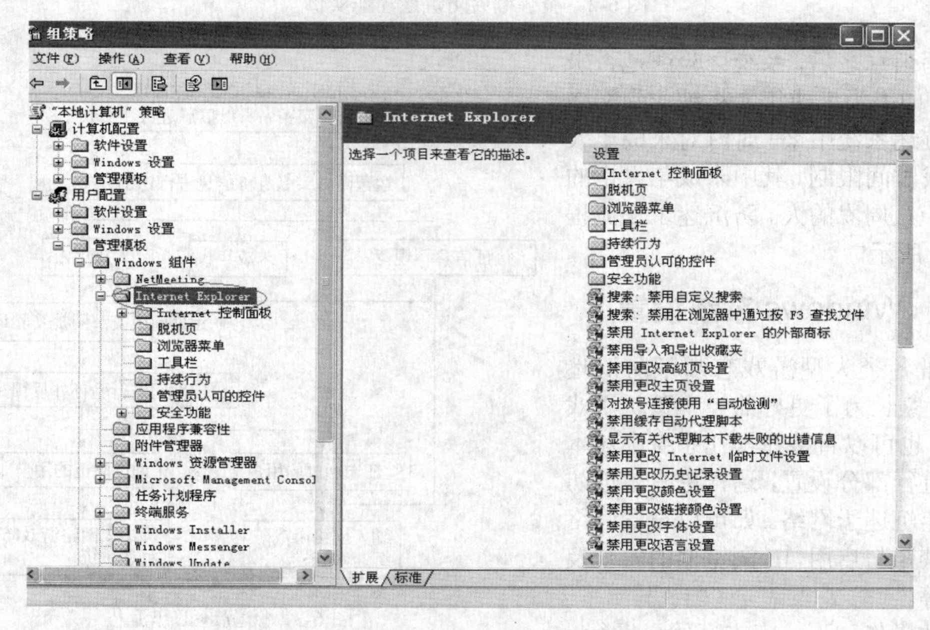

图 6-6　组策略设置之一

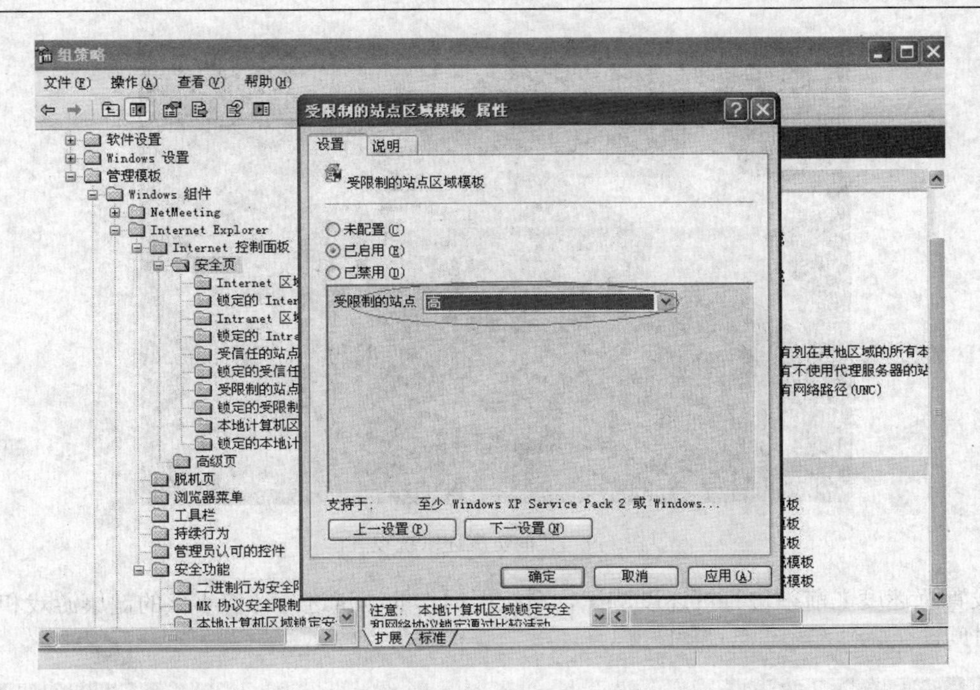

图 6-7　组策略设置之二

六、其他防沉迷系统工具

其他的防沉迷系统主要有针对操作系统做设置的，如射日防沉迷系统，该系统属于单机版本系统，可以在网上下载安装，安装过程会检测系统杀毒软件，检测通过后首次安装需设置系统管理密码。其安装如图 6-8 所示。

安装完成之后有绿色导航，可以在系统设置里设置防沉迷，点击右下角的小图标，弹出输入用户密码窗口，输入第一次设置的用户密码，在弹出的设置界面设置沉迷度与游戏时间段设置。如图 6-9 所示。

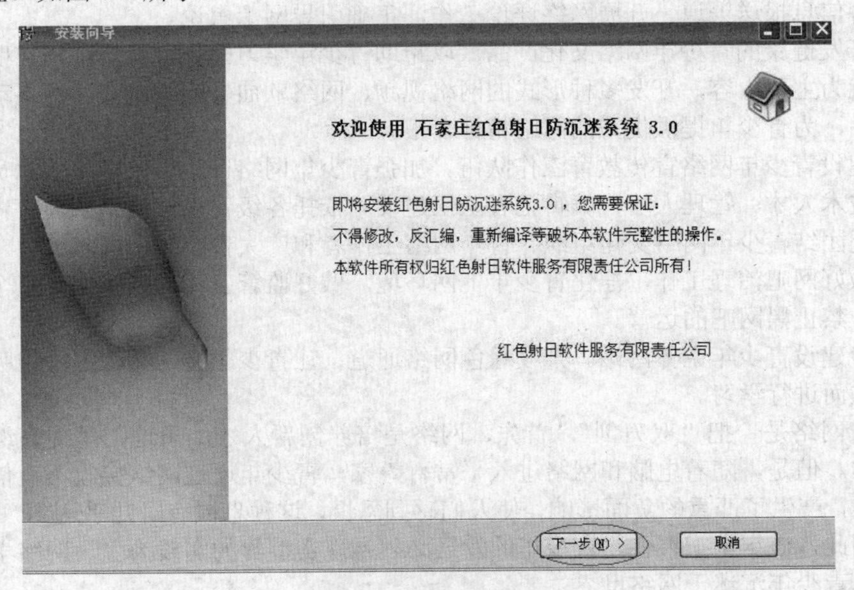

图 6-8　其他防沉迷系统安装

图 6-9　其他防沉迷系统设置

设置沉迷度之前须进行沉迷度测试，系统根据你的测试进行评价小孩的健康游戏和疲劳游戏时间。

第三节　青少年上网教育

青少年网上教育，是一项长期而艰巨的任务，除了各个内容提供商如游戏运营商的技术限制和家长的教育外，网上引导也是一项重要的工作，特别是社会的宣传教育尤其重要。为促进青少年健康成长发展、构建社会主义和谐社会营造良好的网上舆论氛围，有关部门可以从以下几个方面来着手。

(1) 加强网络宣传教育工作。深化青少年绿色网络行动、帮助未成年人戒除网瘾大行动、未成年人网络工程等青少年网络宣传教育活动，引导青少年正确应用互联网。

(2) 做好青少年网络评论和舆情信息工作。搜集和分析网络舆情信息，构建舆情信息数据库，完善信息报送渠道。开展网络评论工作，正确引导网上舆论。

(3) 开发健康的青少年网络文化产品。以帮助青少年学习知识、弘扬中华文明、展示改革开放成就为主要内容，开发多种形式的网络视频、网络歌曲、网络游戏、网络动漫等网络多媒体产品，为青少年提供优秀的网络精神食粮。

(4) 建设青少年网络宣传教育工作队伍。加强青少年网络评论员、网络信息员、团属青少年网站技术人才、管理人才、编辑记者队伍建设。依托各级青少年网络协会等青少年网络社团，广泛团结青少年网络文化组织、青年网络工作者和广大青少年网民。

(5) 做好网吧治理工作，净化青少年上网环境，做好监管工作，确实保证每个网吧都在监管之内，禁止黑网吧的运营。

(6) 多建设青少年主体网站。开设绿色网络通道，让青少年在娱乐的过程中吸引青少所的注意力从而进行学习。

总之，网络是一把“双刃剑”，首先，网络是培养创新人才的圣地，是提高综合素质的平台和载体。但是，随着电脑和网络进入平常百姓家，青少年通过网络接收不良信息，沉迷于网络游戏，产生了严重的负面影响，使人们感到恐惧，这种恐惧有时几乎达到“谈网色变”的程度。因此，该牢牢把握住，青少年的发展必须是现实世界的实践为主，网络学习为辅的原则，避免青少年沉迷于网络世界。

第七章 网络安全防范

第一节 网络安全概述

随着互联网的高速发展，网络安全形势也变得愈加严峻。由于互联网的开放性，黑客行为比以往更猖獗，各种病毒、木马等恶意程序以爆发式的形态增长，泛滥于整个互联网安全领域。下面仅以比较典型的两个例子来说明：

一、“熊猫烧香”病毒

看到这幅“国宝”熊猫的图片（见图 7-1），有的人可能还记忆犹新。是的，它就是 2006 年下半年开始出现在互联网上，并疯狂泛滥的一个病毒——“熊猫烧香”。该病毒感染电脑后，会终止大量的反病毒软件和防火墙软件进程。病毒会删除扩展名为.gho 的文件，使用户无法使用 Ghost 软件恢复操作系统。“熊猫烧香”感染系统的.exe、.com、.pif、.src、.html、.asp 文件，添加病毒网址，导致用户一打开这些网页文件，IE 浏览器就会自动连接到指定的病毒网址中下载病毒。在硬盘各个分区下生成文件 autorun.inf 和 setup.exe，可以通过 U 盘和移动硬盘等方式进行传播，并且利用 Windows 系统的自动播放功能来运行，搜索硬盘中的.exe 可执行文件并感染，感染后的文件图标变成“熊猫烧香”图案。“熊猫烧香”还可以通过共享文件夹、系统口令等多种方式进行传播。

据 CCTV 报道，该病毒感染了互联网上数百万台电脑，带来巨大的损失。当然，该病毒的作者李俊等人，已经受到了法律的严惩。

据警方介绍，在“熊猫烧香”案中，产业链的每一环都有不同的牟利方式。病毒制造者有两种方式，一是“卖病毒”，按购买者的要求在病毒程序中填上“指定网址”后把病毒出售；二是“卖肉机”，因中毒而被病毒制造者控制的计算机被称为“肉机”，“肉机”的资料信息随时可被窃取，“卖肉机”就是转让控制权。

病毒购买者的牟利方式主要是“卖流量”，由于病毒程序中预设了“指定网址”，而这个“指定网址”设置了木马程序，中毒的计算机只要一上网，就会被强制性地牵到这个“指定网址”上，自动下载木马程序，将这台计算机的相关信息资料传给购买者，这些信息资料被称为“信”，病毒购买者往往会将某一“指定网址”的“获信权”出售，根据访问流量收取费用。在“熊猫烧香”案中，目前警方发现的“信”绝大部分是网民的聊天及游戏工具的账号与密码，以及各种游戏装备。

下一环是“拆信人”，他们将获取的资料信息通过网上交易平台出售给普通网民。“拆信人”往往不需要专业电脑技术，只需要花时间在网上交易。

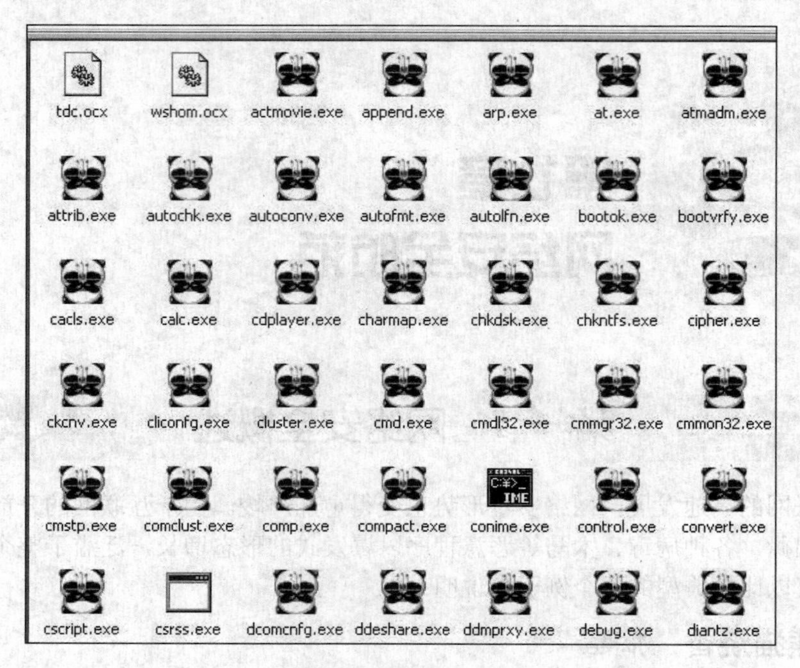

图 7-1　电脑感染“熊猫烧香”病毒后的症状

二、2014 年 DDoS 黑客攻击事件

事件一　1•21 中国互联网 DNS 大劫难

2014 年 1 月 21 日下午 3 时 10 分左右，国内通用顶级域的根服务器忽然出现异常，导致众多知名网站出现 DNS 解析故障，用户无法正常访问。虽然国内访问根服务器很快恢复，但由于 DNS 缓存问题，部分地区用户“断网”现象仍持续了数个小时，至少有 2/3 的国内网站受到影响。微博调查显示，“1•21 全国 DNS 大劫难”影响空前。事故发生期间，超过 85%的用户遭遇了 DNS 故障，引发网速变慢和打不开网站的情况。

事件二　比特币交易站受攻击破产

2014 年 2 月，全球最大的比特币交易平台 Mt.Gox 由于交易系统出现漏洞，75 万个比特币以及 Mt.Gox 自身账号中约 10 万个比特币被窃，损失估计达到 4.67 亿美元，被迫宣布破产。这一事件凸显了互联网金融在网络安全威胁面前的脆弱性。

事件三　携程漏洞事件

2014 年 3 月 22 日，有安全研究人员在第三方漏洞收集平台上报了一个题目为“携程安全支付日志可遍历下载导致大量用户银行卡信息泄露（包含持卡人姓名身份证、银行卡号、卡 CVV 码、6 位卡 Bin）”的漏洞。上报材料指出携程安全支付日志可遍历下载，导致大量用户银行卡信息泄露，并称已将细节通知厂商并且等待厂商处理中。一石激起千层浪，该漏洞立即引发了关于“电商网站存储用户信用卡等敏感信息，并存在泄露风险”等问题的热议。

事件四　XP 系统停止服务

微软公司在 2014 年 4 月 8 日后对 XP 系统停止更新维护的服务。但 XP 仍然是当今世界被广泛使用的操作系统之一。特别是在中国，仍有 63.7%的用户，也就是大约 3 亿的用户还在使用 XP 系统。因此“后 XP 时代”的信息安全一直备受关注，但国内安全厂商推出的防护软件究竟效果如何，面对市场上如此多的安全防护软件，选哪个又是一个疑问，所以 XP 挑战赛应运而生。

事件五　OpenSSL 心脏出血漏洞

2014 年 4 月爆出了 Heartbleed 漏洞，该漏洞是近年来影响范围最广的高危漏洞，涉及各大网银、门户网站等。该漏洞可被用于窃取服务器敏感信息，实时抓取用户的账号密码。从该漏洞被公开到漏洞被修复的这段时间内，已经有黑客利用 OpenSSL 漏洞发动了大量攻击，有些网站用户信息或许已经被黑客非法获取。未来一段时间内，黑客可能会利用获取到的这些用户信息，在互联网上再次进行其他形式的恶意攻击，针对用户的“次生危害”（如网络诈骗等）会大量集中显现。即使是在今后十年中，预计仍会在成千上万台服务器上发现这一漏洞，甚至包括一些非常重要的服务器。

事件六　中国快递 1400 万信息泄露

2014 年 4 月，国内某黑客对国内两个大型物流公司的内部系统发起网络攻击，非法获取快递用户个人信息 1400 多万条，并出售给不法分子。而有趣的是，该黑客贩卖这些信息仅获利 1000 元。根据媒体报道，该黑客仅是一名 22 岁的大学生，正在某大学计算机专业读大学二年级。

事件七　eBay 数据的大泄露

2014 年 5 月 22 日，eBay 要求近 1.28 亿活跃用户全部重新设置密码，此前这家零售网站透露黑客能从该网站获取密码、电话号码、地址及其他个人数据。该公司表示，黑客网络攻击得手的 eBay 数据库不包含客户任何财务信息——比如信用卡号码之类的信息。eBay 表示该公司会就重设密码一事联系用户以解决这次危机。

事件八　BadUSB 漏洞

2014 年 8 月，在美国黑帽大会上，JakobLell 和 KarstenNohl 公布了 BadUSB 漏洞。攻击者利用该漏洞将恶意代码存放在 USB 设备控制器的固件存储区，而不是存放在其他可以通过 USB 接口进行读取的存储区域。这样，杀毒软件或者普通的格式化操作是清除不掉该代码的，从而使 USB 设备在接入 PC 等设备时，可以欺骗 PC 的操作系统，从而达到某些目的。

事件九　Shellshock 漏洞

2014 年 9 月 25 日，US-CERT 公布了一个严重的 Bash 安全漏洞(CVE-2014 -6271) 。由于 Bash 是 Linux 用户广泛使用的一款用于控制命令提示符工具，从而导致该漏洞影响范围甚广。安全专家表示，由于并非所有运行 Bash 的电脑都存在漏洞，所以受影响的系统数量或许不及“心脏流血”。不过，Shellshock 本身的破坏力却更大，因为黑客可以借此完全控制被感染的机器，不仅能破坏数据，甚至会关闭网络，或对网站发起攻击。

事件十　500 万谷歌账户信息被泄露

2014 年 9 月，大约有 500 万谷歌的账户和密码的数据库被泄露给一家俄罗斯互联网网络安全论坛。这些用户大多使用了 Gmail 邮件服务和美国互联网巨头的其他产品。据俄罗斯一个受欢迎的 IT 新闻网站 CNews 报道，论坛用户 tvskit 声称 60%的密码是有效的，一些用户也确认在数据库里发现他们的数据。

事件十一　飓风熊猫本地提权工具

2014 年 10 月，CrowdStrike 发现飓风熊猫这个本地提权工具，飓风熊猫是主要针对基础设施公司的先进攻击者。国外专业人士还表示，该攻击代码写得非常好，成功率为 100%。飓风熊猫使用的是“ChinaChopper” Webshell，而一旦上传这一 Webshell，操作者就可试图提升权限，然后通过各种密码破解工具获得目标访问的合法凭证。该本地提权工具影响了所有的 Windows 版本，包括 Windows7 和 WindowsServer 2008 R2 及以下版本。

第二节　黑客攻击及预防

“黑客”一词，源于英文单词“Hacker”，原指热心于计算机技术，水平高超的电脑专家，主要是程序设计人员。早期，在美国的电脑界，“黑客”这个词是带有褒义的。

曾经黑客是一种荣耀，一种美好的传统，它代表着反权威却奉公守法的网络英雄，但到了今天，“黑客”一词已被用于泛指那些专门利用电脑搞破坏或恶作剧的家伙，对这些人的正确英文叫法是 Cracker，有人翻译成“骇客”。

虽然现在绝大部分“骇客”都认为自己是“黑客”，但事实上，他们已经远离最早时候的“黑客”们的行为和道德准则了，所以，事实上，他们根本就不是最初意义上的那种“黑客”。正因为如此，“黑客”一词，在如今大多数人眼中，几乎已经没有丝毫褒义，而只剩下贬义的味道了。

以下文字中用到的“黑客”一词，如无特别说明，均指“骇客”。

图 7-2 所示为“灰帽子”（Grey Hat）黑客阿德里安·拉莫照片的 ASCII 字符画。

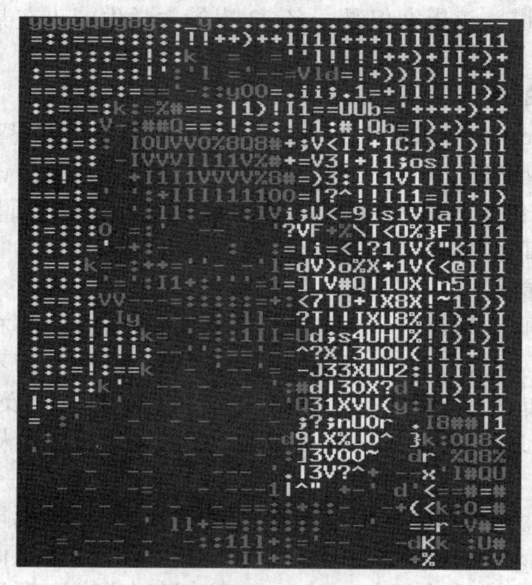

图 7-2 “灰帽子”（Grey Hat）黑客阿德里安·拉莫照片的 ASCII 字符画

当你在 Internet 上进行各种活动，譬如网上购物、使用在线银行、收发电子邮件、与人聊天等的时候，有没有想到，也许，在网络大世界的某个阴暗的角落，正有一个或者一群人正在尝试运用各种手段，试图从你的电脑中得到他们所需要的数据？或者，他们试图控制你的电脑，并利用你的电脑来运行他们的程序，甚至以你的电脑为“跳板”，再次发动对其他人的电脑或者网站的攻击，而你将会成为受害者顺藤摸瓜所寻找出来的“替罪羊”？再或者，他们已经控制了你的电脑，正默默地监视着你在电脑上的一举一动？……

这并不是危言耸听，事实上，绝大部分电脑入侵事件的发生，都是因为缺乏必要的警惕心和基本的防护知识。

黑客在对一个目标实施攻击网络行为之前，一般首先需要了解的是目标电脑的情况。

黑客经常采用的是一些端口扫描工具，用来扫描目标电脑是何种操作系统、开放了哪些端口、运行的有哪些服务等，根据这些端口或服务，再来试探对应的端口、服务是否存在一些已知的漏洞。这期间，黑客一般会使用一些工具软件来快速探测漏洞。一旦发现目标主机存在漏洞，黑客立即使用对应的工具开始“攻城”。当然，能否“破城”，就看目标电脑的设置情况了。

从这个对过程的简单描述中，可以看到，黑客在整个入侵、攻击过程中，如果为了快速对目标电脑实施不法行为，一般在各个环节都采用相应的工具软件，而很少采用纯手工的方式来进行。那么，这些工具软件，从何而来？当然，这些黑客工具软件，主要是一些经验老到的黑客们根据已知的漏洞的原理，编写出来的对应的工具。

正因为如此，现在存在着这样一批所谓的“黑客”：他们并不拥有黑客们所掌握的系统知识，也没有黑客们所具备的刻苦学习、钻研（无论其是否将自己的学习、钻研成果用在正道上）精神，甚至连基本的电脑操作还不一定熟练，却热衷于破坏系统，而如前所述，一些经验丰富的黑客们编写出来的黑客工具，使用起来并不复杂，有些甚至可以称得上“傻瓜化”，同时，在这样一个网络发达的年代，可以很容易在网络上下载到黑客工具软件或攻击脚本，所以这些便利的条件，刚好满足了他们的需要——他们只需要使用这些工具软件或攻击脚本，即可实施攻击。这种所谓的“黑客”，有人称之为“脚本小孩”或“脚本小子”，英文叫“Script Kiddies”。

要了解如何自我保护，首先必须了解黑客们常用的攻击手段都有哪些。

一、利用操作系统或软件漏洞

电脑它的核心软件，就是操作系统。操作系统是一切软件的基石，离开了操作系统的支持，所有系统软件、应用软件都将无法工作。正因为如此，保证操作系统自身的安全，是我们讨论安全的最基本条件。

现代操作系统，具有强大而复杂的功能，但正因为它的复杂，在操作系统设计的时候，难免存在一些不够严密的部分。如果这些不严密的部分可能影响到操作系统的安全性，而这些漏洞又为黑客所知并掌握的话，就有可能成为他们侵入他人电脑的途径之一。

常用的 Windows 操作系统，因为使用的人众多，所谓“树大招风”，自然研究它的人也为数众多。于是，它的种种漏洞、缺陷不断地被人暴露出来。虽然 Windows 的开发商——微软公司自己也在不断地增强自身产品的安全性，但一般来说，漏洞总是难以避免的（无论是商业操作系统，还是开源的操作系统）。

除了操作系统漏洞以外，某些软件的漏洞，也有可能导致黑客的攻击，譬如 SQL Server 或 IIS 曾经存在的一些漏洞，就有可能为黑客所利用，并对安装有这些软件的系统实施攻击。

在这方面，有两种攻击方式，发生的比较频繁。

第一种，就是缓冲区溢出漏洞。

近年来，缓冲区溢出漏洞攻击占据了网络远程攻击的绝大多数。这种攻击方式，可以使得远程的匿名用户有机会获得存在漏洞的目标主机的部分或者全部控制权。因为这类攻击可以使攻击者获得系统主机的完全控制权，所以它是一类极具危害的攻击。

缓冲区，也就是计算机内存里用来存储数据的存储单元。软件的设计，是当用户正常操作情况下，能够得到正确的结果，但如果用户操作的时候，提供了超过缓冲区长度大小的数据，就可能引起缓冲区溢出，如果攻击者同时再向一个有限空间的缓冲区中提供一个超长的字符串，这时就会带来这样的后果：轻则引起程序输出结果出错，重则使得系统崩溃，更有甚者，如果攻击者提供的是精心构造的输入数据，则可能获得系统的部分或者全部控制权。

当然，缓冲区溢出漏洞并不是就无法避免或弥补，实际上，在软件设计阶段，如果软件开发人员对代码中可能出现缓冲区溢出的部分，用代码做了比较详细的边界检查，则可以将缓冲区溢出漏洞出现的概率降低。操作系统也可以通过限制手段，来控制缓冲区代码的执行。

第二种，因为软件本身不安全，故而存在的一些可为黑客利用的“后门”。

有些软件，由于疏漏或其他原因，自身存在着一些可为黑客利用的“后门”。这些漏洞一旦被黑客发现，就会成为黑客攻击的途径之一。

举个例子，Codebrws.asp 和 Showcode.asp 在 IIS4.0 中是附带的查看文件的程序，但不是默认安装的，这个查看器是在管理员允许查看样例文件作为练习的情况下安装的。但是，这个查看器并没有很好地限制所访问的文件，远程攻击者可以利用这个漏洞来查看目标机器上的任意文件内容。显然，这对系统的危害是相当大的。当然，这个漏洞，出现在早期版本的IIS上，现在Microsoft已经实施了修补。

二、猜测弱口令

在涉及身份验证的场合，很多软件都采用账号+密码这种常规的验证方式。这种验证方式简单易行，而且具有一定的可靠性。然而有些粗心大意、缺乏基本安全常识的人，总喜欢把账号密码设置得简单易记，虽然方便了自己，却同时也为黑客大开了方便之门，为将来丢失账号埋下了祸根。如果这些丢失的账号，涉及电子银行、银行信用卡或系统管理员权限等重要信息，那带来的后果将会是相当严重的。

三、诱骗链接

经常上网的人，会遇到一些看似很吸引人的标题或者图片，譬如什么为庆祝腾讯公司成立多少周年免费送5位、6位QQ号啊，什么中奖信息之类的，或者用一个类似于浏览器窗口，或类似于本机的一个弹出窗口，而实际上是一个图片的链接来引诱不明真相的用户点击相关链接，而这个链接其实是带有攻击代码的网页（当然，有些目标链接可能是广告或者流氓软件的下载等，而并不一定都是黑客链接）。请看图7-3所示的例子。请注意观察鼠标放在这个“窗口”上后，鼠标指针的形状。

查看这个图片链接的属性，看到类似于图7-4所示的内容。

至此，它的真实链接属性，暴露无遗。如果浏览者的浏览器设置了对下载内容自动运行，则这个.exe文件将会自动下载并自动运行、安装。如果这一目标链接是指向一个木马，那后果不用赘述了。

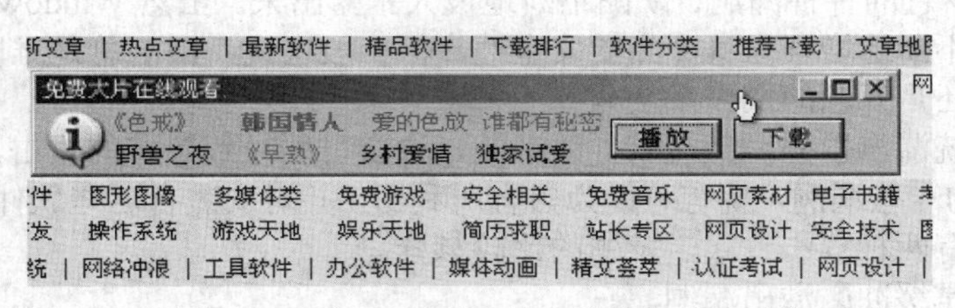

图7-3　某网页上，看起来貌似本地电脑某软件运行弹出的窗口

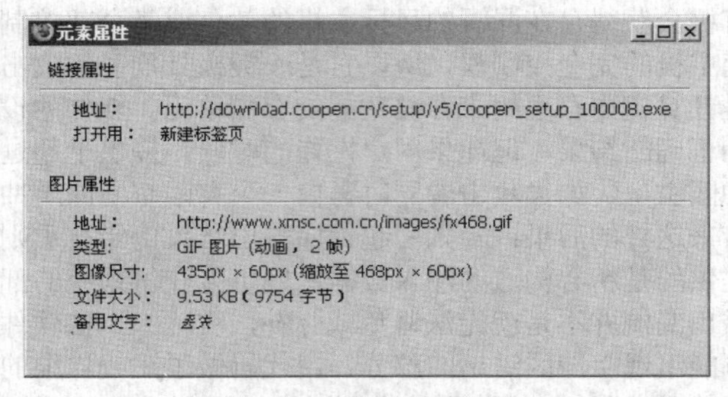

图7-4　图片链接的属性

再看看另两个例子，如图7-5、图7-6所示。

图7-5　某网页上出现的一个图片，酷似本地电脑弹出的一个窗口

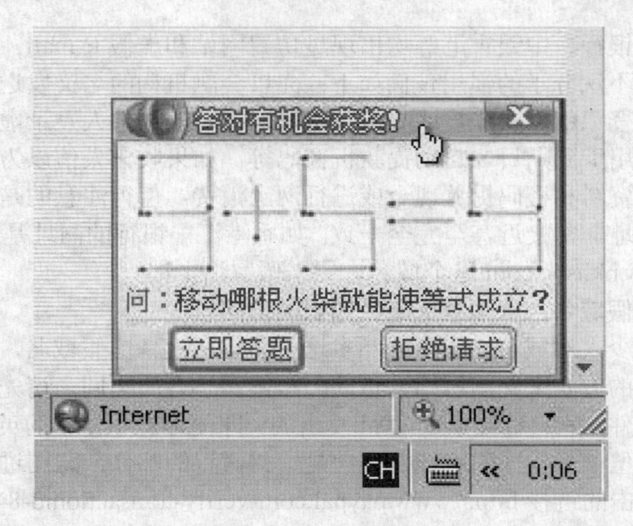

图 7-6　在某网页页面右下角的一幅模仿 QQ 渐升式提示框的图片

在图 7-6 这个例子里的图，是不是看起来似乎很面熟？是的，它模仿了 QQ 的右下角渐升式提示框，不仔细看的，还真以为这是自己正在聊天的 QQ 弹出的一个提示框。可惜，它只是模仿地比较像而已，它并不是。很明显，跟上一例类似，鼠标指针暴露了它的真实面目——实际上是该网页上的一个图片链接。

再看一个例子，如图 7-7 所示。

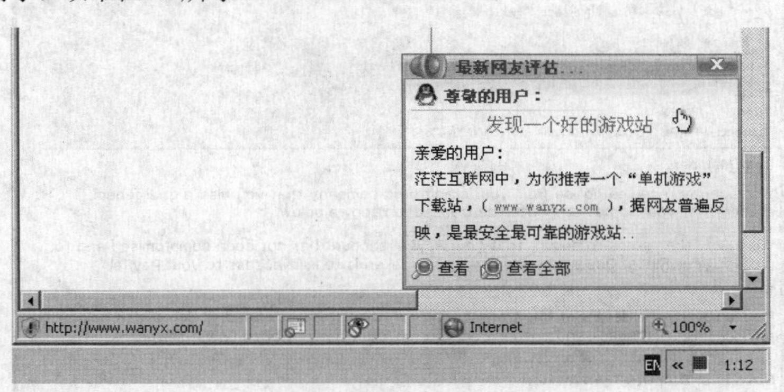

图 7-7　另一个仿冒 QQ 渐升式提示框的网页

在这个例子中，仿冒者的手法跟上例类似。请注意鼠标指针指向它时，浏览器状态栏显示的内容，以及这个看似“QQ 渐升式提示框”的图片所在的位置——是在浏览器窗口的右下角，而不是 Windows 右下角。

四、网络钓鱼

近年来，网络上出现了一种新的欺骗、攻击方式——钓鱼。所谓钓鱼，就是把“渔钩”和“诱饵”摆好，等着“鱼”上钩。在英文里，叫做 Phishing，与 Fishing 谐音，但拼写不同。从这个拼写上，其实就已经说明了“钓鱼”的含义了——用一个看似很像的虚假网站（或 URL），来诱骗访问者上当，使之以为是某个自己信任的网站（或 URL）。

案例一　申请相近域名，假冒银行网站

Visa 在一份声明中指出，有人冒用该组织名义向其客户发送 E-mail 并伪造 Visa 网站，非法套取了持卡者的信用卡资料。2003 年，共发生 6 宗假冒金融机构网站事件。花旗银行、香港汇丰银行、东亚银行、中银香港等均出现过仿冒网站和虚假 E-mail。

安全专家指出，不法分子的惯用伎俩如下：先以金融机构的名义发送电子邮件，告知收信人金融机构将重新登记信用卡账户或个人理财账户，要求收信人登录虚假电子邮件提供的网站，提供姓名、信用卡到期日、自动提款机密码等。如果收信人信以为真一一照办，不法分子就可利用得到的资料和密码提兑现金或进行网上消费。值得注意的是，虚假网站的网址和被假冒金融机构网址非常接近甚至完全一致。如香港汇丰银行的网址是 www.hsbc.com.hk，曾经有人申请了 www.hkhsbc.com 这个域名，用来假冒汇丰银行。

案例二　建立虚假域名，蒙骗缺乏域名知识的访问者

黑客可能利用不少人对域名知识了解不多这个弱点，建立虚假域名，用以诱骗访问者。

这种用假冒域名的方式来实施网络钓鱼的，跟案例一有所不同，请先看图 7-8。

这是一封电子邮件，它自称是从 PayPal 发出的。即便你看不懂它的英文内容，也不了解 PayPal 是什么网站，但稍微看一眼就能发现它是一封假冒的邮件，意图进行网络钓鱼。很明显，图中需要让你单击的链接 http://www.paypal.com-verify-transactionid-84937213938021.login.ebay -buyerprotection.net/ 其实是冒充了 PayPal 网址的。虽然它的前面有“www.paypal.com”字样，但在它长长的域名的最后面，隐藏着它的狐狸尾巴——其实它真正的域名是“ebay-buyerprotection.net”，而非“paypal.com”。如果真的相信它是 PayPal 发来的电子邮件，并单击这个链接输入你的信用卡账号、密码的话，就会掉入发送邮件的人设计好的陷阱里去，并造成经济损失。这种方式主要是欺骗一些不了解基本域名解析原理或粗心大意的人。

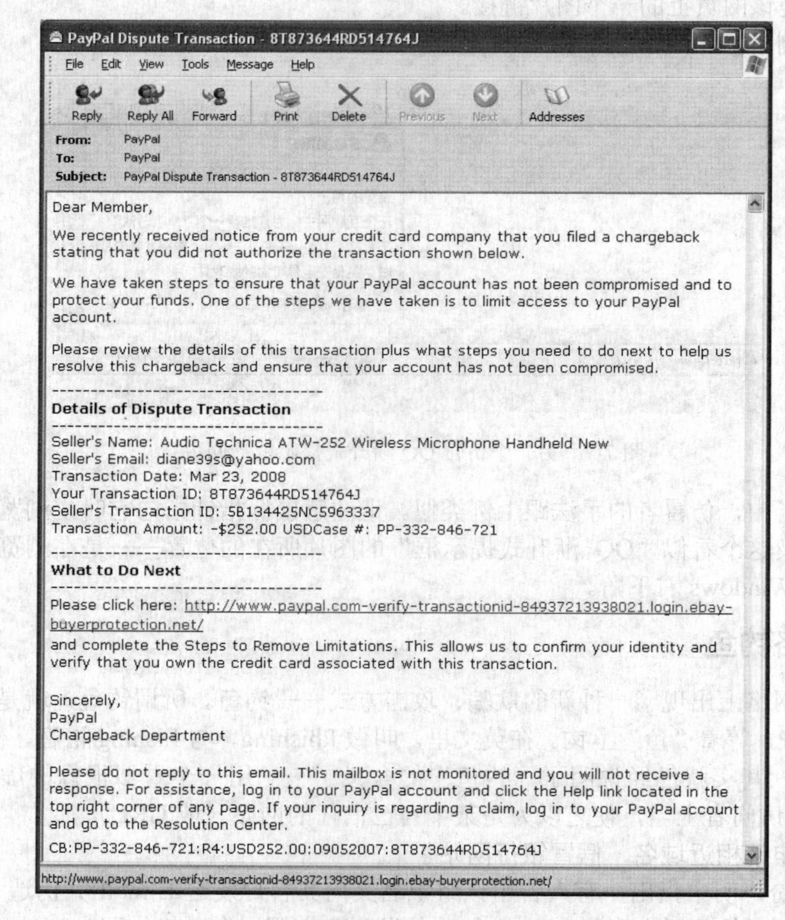

From: PayPal
To: PayPal
Subject: PayPal Dispute Transaction - 8T873644RD514764J

Dear Member,

We recently received notice from your credit card company that you filed a chargeback stating that you did not authorize the transaction shown below.

We have taken steps to ensure that your PayPal account has not been compromised and to protect your funds. One of the steps we have taken is to limit access to your PayPal account.

Please review the details of this transaction plus what steps you need to do next to help us resolve this chargeback and ensure that your account has not been compromised.

Details of Dispute Transaction

Seller's Name: Audio Technica ATW-252 Wireless Microphone Handheld New
Seller's Email: diane39s@yahoo.com
Transaction Date: Mar 23, 2008
Your Transaction ID: 8T873644RD514764J
Seller's Transaction ID: 5B134425NC5963337
Transaction Amount: -$252.00 USDCase #: PP-332-846-721

What to Do Next

Please click here: http://www.paypal.com-verify-transactionid-84937213938021.login.ebay-buyerprotection.net/
and complete the Steps to Remove Limitations. This allows us to confirm your identity and verify that you own the credit card associated with this transaction.

Sincerely,
PayPal
Chargeback Department

Please do not reply to this email. This mailbox is not monitored and you will not receive a response. For assistance, log in to your PayPal account and click the Help link located in the top right corner of any page. If your inquiry is regarding a claim, log in to your PayPal account and go to the Resolution Center.

CB:PP-332-846-721:R4:USD252.00:09052007:8T873644RD514764J

http://www.paypal.com-verify-transactionid-84937213938021.login.ebay-buyerprotection.net/

图 7-8　一封冒充 PayPal 发来的 E-mail

案例三　利用浏览器漏洞，构造假冒网址

请看以下网页代码：

```
<p><a id="SPOOF" href="http://www.baidu.com/"></a></p>
<div>
<a href="http://www.google.com"  target="_blank">
<table>
<caption>
<label for="SPOOF">
<u style="cursor: pointer; color: blue">
www.Google.com
</u>
</label>
</caption>
</table>
</a>
</div>
```

如果把这段代码保存成.html 格式，在浏览器（本例子在 IE 7.0.5730.13 版本测试通过，希望读者在看到此例的时候，已经更换了更新版本且已经没有这个问题的浏览器）里打开，将会看到类似图 7-9 所示画面。

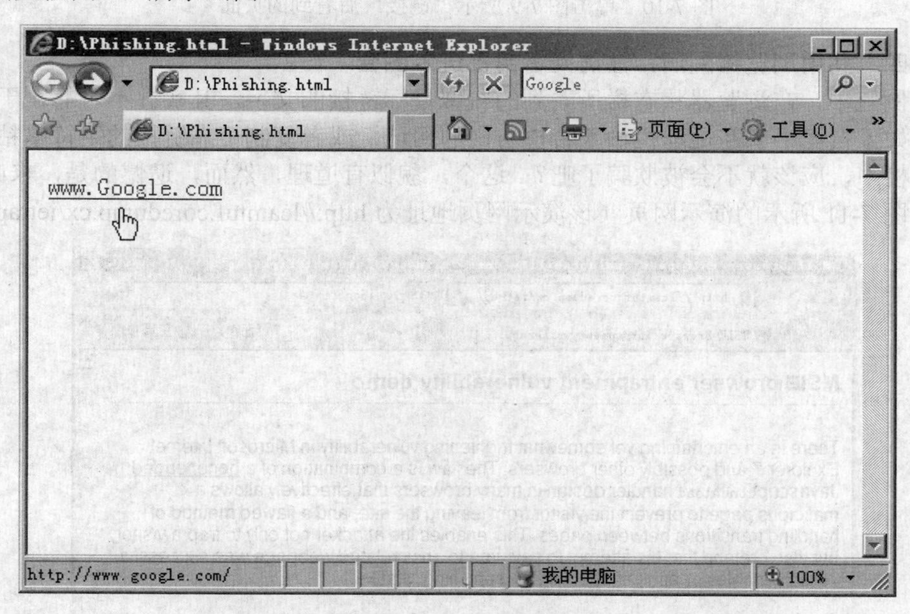

图 7-9　按照例子代码创建的一个.html 网页文件运行后的效果

从这个图上可以看到，鼠标指向这个蓝色的“www.Google.com”的时候，鼠标指针变成手形，在浏览器状态栏，显示它的目标链接是指向 http://www.google.com/的。那么单击之后是不是真的就可以转到 Google 的网站呢？

用鼠标单击它，我们会看到图 7-10 所示画面。

结果已经很明显——转到的目标网址，并非 Google 的网站。

也就是说，刚才在浏览器状态栏看到的链接，其实并不是真正的目标链接。黑客可以利用这一点用来网络钓鱼。如果黑客在某诱骗网页上放置类似这样的一个链接，看似指向某电子银行网站或 E-mail 等重要信息网站，实则指向的是其事先设置好的一个“钓鱼”网页，然后再把目标链接网页的外观做得跟真正的银行网站或E-mail网站非常相像，甚至可以完全一样，那么，粗心的访问者如果真的相信目标网站就是他需要转向的电子银行或E-mail网站，并输入了账号密码，后果不言而喻。

图 7-10　单击图 7-9 所示“链接”后看到的页面

案例四　利用浏览器漏洞，让访问者自己进入圈套

在案例三中，在浏览器状态栏所看到的貌似目标链接的文字，其实并不可靠，于是很多人想到，如果自己手工在地址栏输入希望访问的网址，或者复制可靠链接的字符串粘贴到浏览器地址栏中，应该就不会被欺骗了吧？ 这个，貌似有道理，然而，遗憾的是，未必如此！

请看图 7-11 所示的演示网页（该演示网页地址为 http://lcamtuf.coredump.cx/ietrap/）。

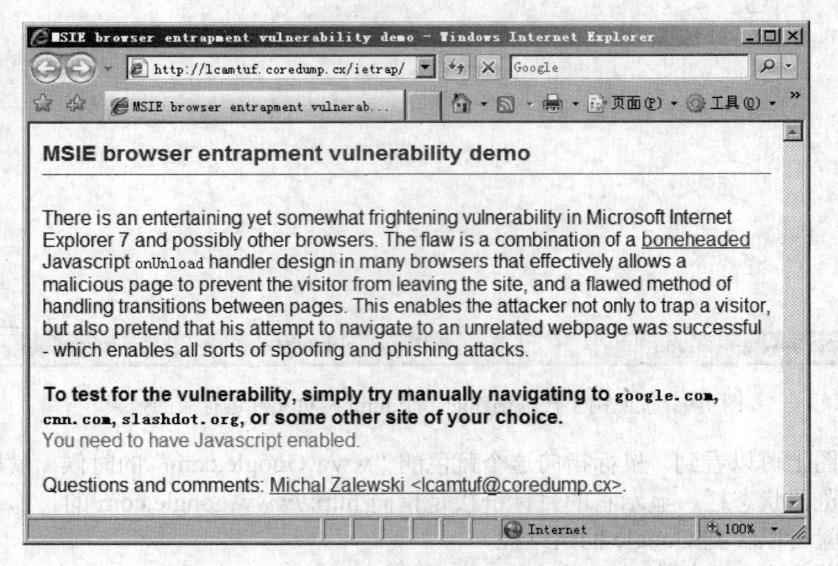

图 7-11　http://lcamtuf.coredump.cx/ietrap/ 给出的 IE 浏览器欺骗攻击漏洞演示页面

当在这个页面所在的浏览器窗口地址栏输入 http://www.google.com，试图访问 Google 网站（图 7-12）时，当输入完网址，回车后，请注意浏览器状态栏显示的内容（图 7-13）。稍等几秒，看到的画面如图 7-14 所示。

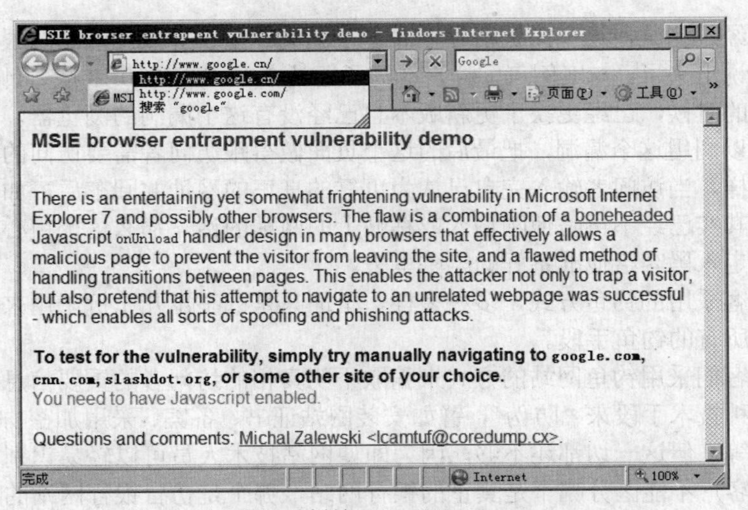

图 7-12　在地址栏输入 http://www.google.com

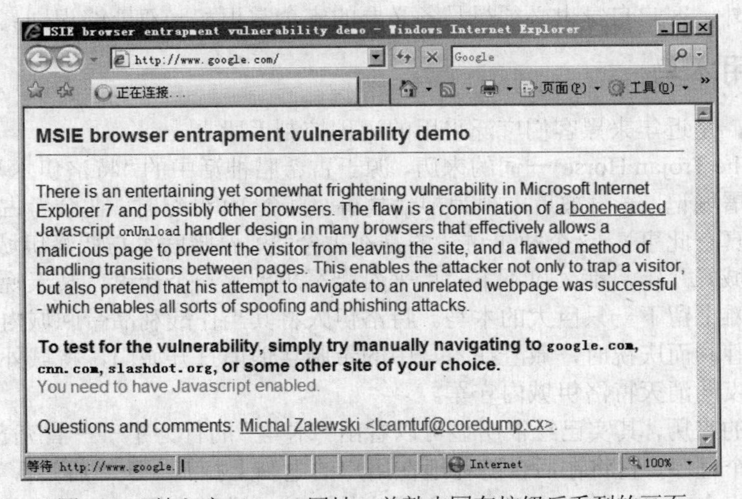

图 7-13　输入完 Google 网址，并敲击回车按钮后看到的画面

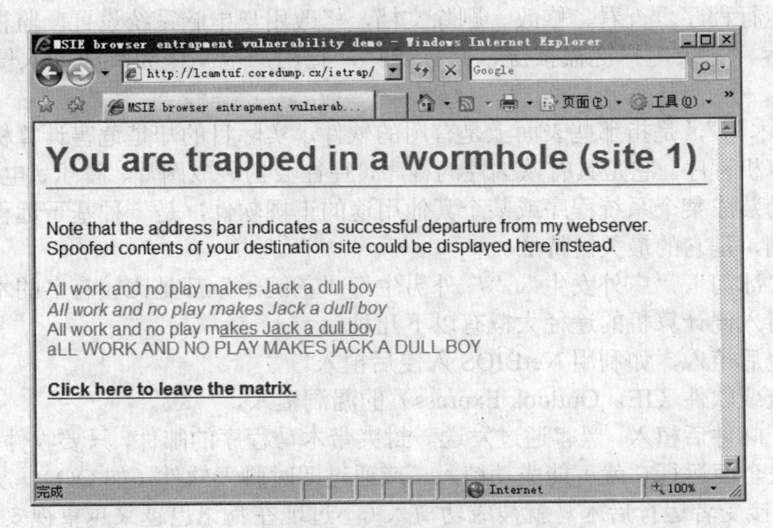

图 7-14　页面读取完毕后显示的内容

很显然，经过测试，这个浏览器存在着这个漏洞。至于导致此漏洞的根源，在图中的英文文字中已经说出来了。与案例三一样，本例子还是在 IE 7.0.5730.13 版本测试通过，希望读者在看到此例的时候，已经更换了更新版本且已经没有这个漏洞的浏览器。

攻击者可以利用这个漏洞，把最后的这个页面做得跟访问者需要访问的真正的网址对应的页面一模一样，当访问者输入完自己认为可靠的真正的网址并回车后，如果他并没有注意地址栏显示的其实已经不再是他刚输入或粘贴上的网址的话，那么这个粗心的访问者很可能就会一步一步走入黑客给他准备好的陷阱里去。

当然，黑客采用的钓鱼方式，多种多样，上面只是列举出几个例子用来说明问题而已，无法完全包括所有的钓鱼手段。

正因为黑客们采用钓鱼网站的方式来骗取不明真相的访问者的重要信息，现在绝大多数银行采用了多种技术手段来“防伪”，譬如安装网站证书、备案、采用加密协议、要求客户提供电子证书等等。但这一切都还不够，因为即便网站技术人员可以轻易识别“钓鱼”网站或网页，而如果客户不能区分哪个是真正的银行网站，哪个是仿冒银行网站的网站，那么依然可能会误入黑客设置好的陷阱。所以，为了避免钓鱼网站冒充电子银行，除了银行采用较先进的技术手段外，客户自身也必须得具备必要的安全常识和一双能够识别真伪的“慧眼”。

五、利用木马

利用木马，是近年来黑客们广泛采用的远程控制手段之一。

“木马”(The Trojan Horse)一词的来历，源于古希腊神话中的“特洛伊木马”(《荷马史诗》中记载的木马屠城记，一直被后人视为神话故事，直至 19 世纪时，业余考古学者苏利曼才证实木马屠城记真有此事)。这个故事讲述的是在古希腊，希腊联军与特洛伊城的战争中，希腊军围困特洛伊城好几年，都久攻不下，后来希腊军想到了一个计谋。某天晚上，希腊联军撤退了，但在沙滩上留下一只巨大的木马。特洛伊人将其当作战利品带回城内。当天晚上，当特洛伊士兵为胜利而庆祝时，藏匿在木马中的希腊兵悄悄打开城门，将城外的军队迎进，大肆屠杀，在一夜间消灭特洛伊城内守军。

从这个词的来历，其实已经很明显可以看出“木马”的行为了——冒充普通的应用程序，当用户运行这个程序，它将在后台隐秘地在用户的电脑上打开一个“后门”，使得安置木马的黑客在远程网络上，可以悄无声息地进入用户的电脑，进而在用户的电脑上完成他想做的一切事情，如运行程序，查看、修改、删除文档，修改用户电脑系统设置，监视用户屏幕上显示的一切内容，记录用户键盘按键、鼠标操作，把用户电脑作为跳板并入侵其他电脑系统等等。

所以，“木马”，是指那些表面上是有用的软件，实际目的却是危害计算机安全并导致严重破坏的计算机程序。它是具有欺骗性的程序，往往会伪装成图片、音乐、电影或普通文件，或者把自己伪装成某个系统程序或某个其他用途的正规软件，是一种基于远程控制的黑客工具。远程控制，是它的最关键特征。

国内的“冰河”、“广外女生”、“广外男生”、“灰鸽子”都是比较有名的木马。

木马病毒入侵计算机的途径大概有以下几种：

黑客入侵后植入，如利用 NetBIOS 入侵后植入。

利用系统或软件（IE，Outlook Express）的漏洞植入。

发送电子邮件后植入。黑客通过发送一封夹带木马程序的邮件，只要收件者没有警觉心、不注意网络安全而运行它就可能成功植入。或通过即时聊天软件（如 QQ），发送含木马的链接或者文件，接受者运行后木马就被成功植入（不过现在腾讯也越来越重视安全了，新版 QQ 就不允许发送可执行文件，并且登录时使用了键盘加密保护技术）。

在自己的网站上放一些伪装后的木马程序，宣称它是好玩的或者有用的工具等名目，让不知情的人下载后运行后便可成功植入木马程序，这点有点像姜太公钓鱼——愿者上钩。见图 7-15 所示某网站页面的部分截图。

木马被植入后，黑客可以进行哪些动作？这必须看黑客选用的木马程序而定。一般说的木马程序多半是指功能强大且完整的工具，如冰河、Sub7 等。它们通常可以进行如下黑客任务：

① 复制各类文件或电子邮件（可能包含商业秘密、个人隐私）、删除各类文件、查看被黑者电脑中的文件，就如同使用资源管理器查看一样。

② 转向入侵（redirection Intrusion），利用被黑者的电脑来进入其他电脑或服务器进行各种黑客行为，也就是找个替罪羊。

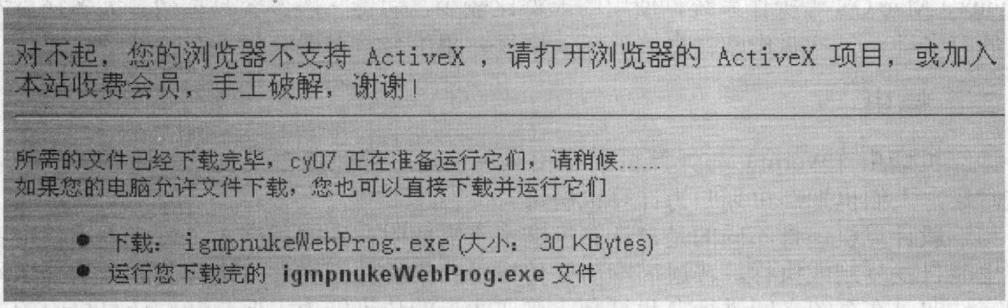

对不起，您的浏览器不支持 ActiveX ，请打开浏览器的 ActiveX 项目，或加入本站收费会员，手工破解，谢谢！

所需的文件已经下载完毕，cy07 正在准备运行它们，请稍候……
如果您的电脑允许文件下载，您也可以直接下载并运行它们

- 下载： igmpnukeWebProg.exe (大小： 30 KBytes)
- 运行您下载完的 **igmpnukeWebProg.exe** 文件

图 7-15 某网站提供下载的一个软件，其实是诱骗访问者点击的木马软件

③ 监控被黑者的电脑屏幕画面、键盘操作来获取各类密码，例如进入各种会员网页的密码、拨号上网的密码、网络银行的密码、邮件密码等。

④ 远程遥控，操作对方的 Windows 系统、程序、键盘。

最后，不得不说的是，千万不要以为黑客只是通过网络来实施攻击行为，他们也有可能通过种种方式，直接物理接触到你的计算机，并利用系统的漏洞来安装木马，或建立高权限账号，最终在网络上远程实施对你的计算机的控制或攻击。

第三节 计算机病毒、蠕虫、木马恶意软件的预防及清除

随着互联网的日益流行，各种病毒木马也猖獗起来，几乎每天都有新的病毒产生，大肆传播破坏，给广大互联网用户造成了极大的危害，几乎到了令人谈毒色变的地步。各种病毒、蠕虫、木马纷至沓来，令人防不胜防、苦恼无比。

一、计算机病毒

计算机病毒，是一类恶意程序。在 1994 年 2 月 18 日发布的《中华人民共和国计算机信息系统安全保护条例》第二十八条中，对计算机病毒的定义是：计算机病毒，是指编制或者在计算机程序中插入的破坏计算机功能或者毁坏数据，影响计算机使用，并能自我复制的一组计算机指令或者程序代码。

中国的司法部门，也就是依此条例为依据，对计算机病毒的编制和传播者实施法律制裁的。

“病毒”一词最早用来表达此意是在弗雷德·科恩（Fred Cohen）1984 年的论文《电脑病毒实验》。而病毒一词广为人知是得力于科幻小说。一部是 20 世纪 70 年代中期大卫· 杰洛

德（David Gerrold）的《When H.A.R.L.I.E. was One》，描述了一个叫“病毒”的程序和与之对战的叫“抗体”的程序；另一部是约翰·布鲁勒尔（John Brunner）1975 年的小说《震荡波骑士（Shakewave Rider）》，描述了一个叫做“磁带蠕虫”、在网络上删除数据的程序。

20 世纪 60 年代初，美国麻省理工学院的一些青年研究人员，在做完工作后，利用业务时间玩一种他们自己创造的计算机游戏。做法是某个人编制一段小程序，然后输入到计算机中运行，并销毁对方的游戏程序。而这可能就是计算机病毒的雏形。

由于世界操作系统桌面环境 90%的市场都由微软 Windows 系列产品占有，所以病毒作者纷纷把病毒攻击对象选为 Windows。制作病毒者首先应该确定要攻击的操作系统版本有何漏洞，这才是他所写的病毒能够利用的关键，而 Windows 没有行之有效的固有安全功能，且用户常以管理员权限运行未经安全检查的软件，这也为 Windows 下病毒的泛滥提供了温床。对于 Linux、Mac OS 等操作系统，使用的人群比较少，病毒一般不容易扩散。大多病毒发布者的目的有多种，包括恶作剧、想搞破坏、报复、想出名、对研究病毒有特殊嗜好等。

二、蠕虫

计算机蠕虫（Worm）与计算机病毒相似，也是一种能够自我复制的计算机程序（所以有些时候，人们也把蠕虫划归为计算机病毒）。

与一般计算机病毒不同的是，计算机蠕虫不需要附在别的程序内，可能不用使用者介入操作也能自我复制或执行。普通病毒需要传播受感染的驻留文件来进行复制，而蠕虫不使用驻留文件即可在系统之间进行自我复制。普通病毒的传染能力主要是针对计算机内的文件系统而言，而蠕虫病毒的传染目标是网络内的所有计算机。它能控制计算机上可以传输文件或信息的功能，一旦系统感染蠕虫，蠕虫即可自行传播，将自己从一台计算机复制到另一台计算机，更危险的是，它还可大量复制。因而在产生的破坏性上，蠕虫病毒也不是普通病毒所能比拟的，网络的发展使得蠕虫可以在短短的时间内蔓延整个网络，造成网络瘫痪！计算机蠕虫可能会执行垃圾代码以发动拒绝服务式攻击 D.o.S(Denial of Service)，使得计算机的执行效率极大程度降低，从而影响计算机的正常使用；可能会损毁或修改目标计算机的文件；也可能只是浪费带宽。（恶意的）计算机蠕虫可根据其目的分成两类：

① 面对大规模计算机使用网络发动拒绝服务的计算机蠕虫；

② 针对个人用户的以执行大量垃圾代码的计算机蠕虫。

第一个被广泛注意的计算机蠕虫名为：“莫里斯蠕虫”，由罗伯特·泰潘·莫里斯编写，于 1988 年 11 月 2 日散播了第一个版本。这个计算机蠕虫间接和直接地造成了近 1 亿美元的损失。这个计算机蠕虫散播之后，引起了各界对计算机蠕虫的广泛关注。

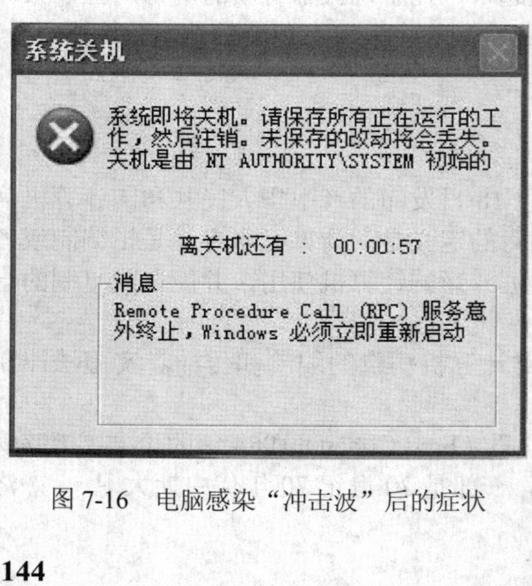

计算机蠕虫的传播过程是：蠕虫程序常驻于一台或多台机器中，通常它会扫描其他机器是否感染同种计算机蠕虫。如果没有感染，就会通过其内置的传播手段进行感染，以达到使计算机瘫痪的目的。其通常会以宿主机器作为扫描源，通常采用垃圾邮件、漏洞传播这两种方法来传播。

2003 年的 8 月 11 日发现的“冲击波”病毒，就是很典型的蠕虫病毒。计算机感染“冲击波”后的症状：一旦此蠕虫在网络上检测到联网，它将会造成被感染系统的不稳定，显示一条消息并开始倒计时 60s，而 60s 后重新启动计算机（见图 7-16）。

图 7-16　电脑感染“冲击波”后的症状

Remote Procedure Call (RPC) 服务意外终止，Windows 必须立即重新启动。

因为病毒、蠕虫、木马都具有破坏计算机的特征，而且，随着恶意程序制造者们技术的提高，现在已经出现了病毒、蠕虫、木马混合型恶意程序了，所以很多时候经常把它们统称为病毒。

三、计算机病毒的特征

在计算机科学里，电脑病毒是类似生物病毒一样的程序，它会复制自己并传播到其他宿主，并对宿主造成损害。宿主也是程序，通常是操作系统，从而进一步传染到其他程序、其他的电脑。电脑病毒在传播期间一般会隐蔽自己，由特定的条件触发，并开始产生破坏。

电脑病毒具有的不良特征有传播性、隐蔽性、感染性、潜伏性、可激发性、破坏性，通常表现两种以上所述的特征就可以认定该程序是病毒。

（1）传播性　病毒主要通过网络浏览以及下载，盗版 CD 或 DVD 以及可移动存储设备（移动硬盘，U 盘，数码相机、手机、MP3 等的存储卡）等途径迅速传播。

（2）隐蔽性　病毒程序一般都不大，这样除了传播快速之外，隐蔽性也极强。部分病毒使用“无进程”技术或插入到某个系统必要的关键进程当中，所以在任务管理器中找不到它的单独运行进程。而病毒自身一旦运行后，就会自己修改自己的文件名并隐藏在某个用户不常去的系统文件夹中，这样的文件夹通常有上千个系统文件，如果凭手工查找很难找到病毒。而病毒在运行前的伪装技术也不得不值得关注，将病毒和一个吸引人的文件捆绑合并成一个文件（见图 7-17），那么运行正常吸引他的文件时，病毒也在操作系统中悄悄地运行了。

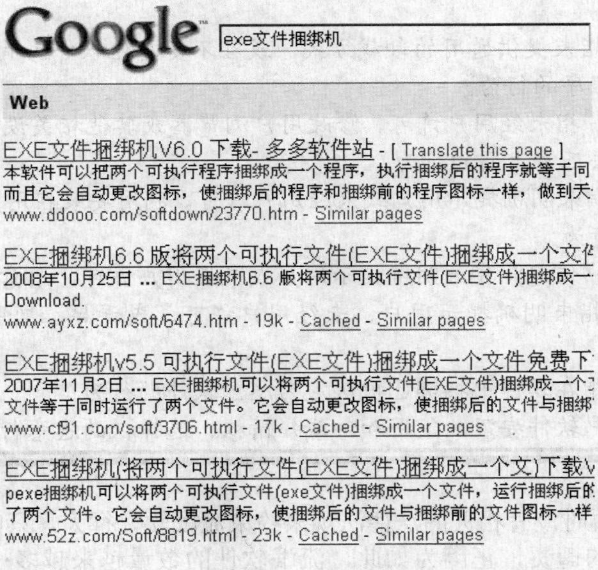

Google　exe文件捆绑机

Web

EXE文件捆绑机V6.0 下载- 多多软件站 - [Translate this page]
本软件可以把两个可执行程序捆绑成一个程序，执行捆绑后的程序就等于同
而且它会自动更改图标，使捆绑后的程序和捆绑前的程序图标一样，做到天
www.ddooo.com/softdown/23770.htm - Similar pages

EXE捆绑机6.6 版将两个可执行文件(EXE文件)捆绑成一个文件
2008年10月25日 ... EXE捆绑机6.6 版将两个可执行文件(EXE文件)捆绑成一
Download.
www.ayxz.com/soft/6474.htm - 19k - Cached - Similar pages

EXE捆绑机v5.5 可执行文件(EXE文件)捆绑成一个文件免费下
2007年11月2日 ... EXE捆绑机可以将两个可执行文件(EXE文件)捆绑成一个
文件等于同时运行了两个文件。它会自动更改图标，使捆绑后的文件与捆绑
www.cf91.com/soft/3706.html - 17k - Cached - Similar pages

EXE捆绑机(将两个可执行文件(EXE文件)捆绑成一个文)下载v
pexe捆绑机可以将两个可执行文件(exe文件)捆绑成一个文件，运行捆绑后的
了两个文件。它会自动更改图标，使捆绑后的文件与捆绑前的文件图标一样
www.52z.com/Soft/8819.html - 23k - Cached - Similar pages

图 7-17　网上出现一种叫“exe 文件捆绑机”的软件

（3）感染性　某些病毒具有感染性，比如感染中毒用户计算机上的可执行文件，如.exe、.bat、.scr、.com 等格式，而微软 Office 的宏病毒则可以感染 Office 文档。通过这种方法达到自我复制，对自己生存保护的目的。通常也可以利用网络共享的漏洞，复制并传播给邻近的计算机用户群，使邻近通过路由器上网的计算机或网吧里的多台计算机全部受到感染。

（4）潜伏性　部分病毒有一定的“潜伏期”，在特定的日子，如某个节日或者星期几按时爆发。如 1999 年破坏 BIOS 的 CIH 病毒就在每年的 4 月 26 日爆发。如同生物病毒一样，这使计算机病毒可以在爆发之前，以最大幅度散播开去。

（5）可激发性 根据病毒作者的“需求”，设置触发病毒攻击的“玄机”。如CIH病毒的制作者陈盈豪曾打算设计的病毒，就是“精心”为简体中文Windows系统所设计的。病毒运行后会主动检测中毒者操作系统的语言，如果发现操作系统语言为简体中文，该病毒就会自动对计算机发起攻击，而语言不是简体中文版本的Windows，那么即使运行了这个病毒，它也不会对计算机发起攻击或者破坏。

（6）破坏性 某些威力强大的病毒，运行后直接格式化用户的硬盘数据，更为厉害一些可以破坏引导扇区以及BIOS，已经在硬件环境造成了相当大的破坏。

四、流氓软件

流氓软件，是最近几年开始出现的一类恶意程序。

中国互联网协会称之为“恶意软件”，而在广大网民中，更习惯采用“流氓软件”这个名称来称呼它。

那么到底什么是“流氓软件”呢？

中国互联网协会给它下的是这样一个定义：

恶意软件是指在未明确提示用户或未经用户许可的情况下，在用户计算机或其他终端上安装运行，侵害用户合法权益的软件，但不包含我国法律法规规定的计算机病毒。

具有下列特征之一的软件可以被认为是恶意软件：

1. 强制安装：指未明确提示用户或未经用户许可，在用户计算机或其他终端上安装软件的行为。

2. 难以卸载：指未提供通用的卸载方式，或在不受其他软件影响、人为破坏的情况下，卸载后仍然有活动程序的行为。

3. 浏览器劫持：指未经用户许可，修改用户浏览器或其他相关设置，迫使用户访问特定网站或导致用户无法正常上网的行为。

4. 广告弹出：指未明确提示用户或未经用户许可，利用安装在用户计算机或其他终端上的软件弹出广告的行为。

5. 恶意收集用户信息：指未明确提示用户或未经用户许可，恶意收集用户信息的行为。

6. 恶意卸载：指未明确提示用户、未经用户许可，或误导、欺骗用户卸载其他软件的行为。

7. 恶意捆绑：指在软件中捆绑已被认定为恶意软件的行为。

8. 其他侵害用户软件安装、使用和卸载知情权、选择权的恶意行为。

因为我国目前暂时没有相关的法律法规来约束流氓软件行为，只能对制造流氓软件的人或团体予以道德上的谴责，正因为如此，流氓软件的数量越来越多……在此难以一一列举出来。

五、如何保护上网计算机的安全

那么，如何保护网络安全呢？

因为威胁可能来自多个方面，而且随着“敌人”技术手段的日益复杂化、交叉化（譬如病毒性木马等），所以防御手段也必须与时俱进，而不能停留在传统手段上（近年来有杀毒软件厂商提出的变“被动防御”为“主动防御”即是一种新的思路）。针对这种现状，必须采取一系列的防护措施：

（1）安装杀毒软件并及时更新。

（2）安装网络防火墙并及时更新。

（3）经常对操作系统进行更新，以保证能够第一时间得到操作系统厂商提供的各种漏洞补丁（参见注释 1）。

（4）养成使用电脑时的良好的习惯。

① 不要点击任何来历不明的链接。

② 不要登录任何不可靠的网站。

③ 不从不可靠的网站下载任何软件。

④ 即使从可靠的网站（参见注释 2）下载软件，也要看清楚网站上的说明，譬如是否包含有强制安装的插件，是否能够自由、彻底卸载，是否带有广告软件、间谍软件。

⑤ 不运行来历不明的程序和文档（如 Word、Excel 等可能带有宏病毒的 Office 文档）。

⑥ 从其他电脑拷贝来的，或从其他网站下载回来的软件、文档，在使用前，一定要用杀毒软件检查。

⑦ 在使用可移动存储设备（U 盘、移动硬盘、软盘、光盘等）前，一定要先检查是否有病毒，如果有病毒，一定要清除干净后再使用；对于不可写的光盘，如果带有病毒，一定不要运行带有病毒的程序或文档。

⑧ 把具有写保护功能的 U 盘等拿去其他电脑上使用前，如果不需要修改或拷贝文件，尽量把 U 盘设置成写保护状态，以免感染病毒。

⑨ 修改 Windows 的资源管理器中“文件夹选项”的默认设置（参见注释 3）：

- 将“隐藏文件和文件夹”中默认选中的“不显示隐藏的文件和文件夹”改为“显示所有文件和文件夹”（以防止病毒或木马把自己隐藏起来而无法看到它们）（参见注释 4）；
- 将默认勾选的“隐藏已知文件类型的扩展名”这一项前面的钩去掉（以防止病毒、木马把自己冒充其他类型的文件）（参见注释 5）。

⑩ 对不了解的文档或程序，不要随意双击它，以免误运行了有害程序。

⑪ 关闭光盘驱动器的自动运行功能，以避免受到用 Autorun.inf 方式运行的病毒或木马的攻击。

⑫ 摒弃不安全的浏览磁盘（或光盘、U 盘等）文件的习惯，不要用双击驱动器图标的方式来浏览磁盘文件，而改成在“资源管理器”里单击⊞，来展开文件夹，或⊟，来折叠文件夹，或其他安全的方式，原因同上。

（5）学习并掌握基本的反钓鱼知识。

① 尽量使用高安全性的 Web 浏览器。

② 学习关于如何辨认域名的基本知识。

③ 打开一个网址前，请仔细检查该网站的域名，是否为要打开的网址，以免被假冒网站所蒙骗。

④ 登录网上银行等需要高安全高可靠连接的时候，在输入敏感数据前，除要使用高安全性 Web 浏览器外，还一定要注意仔细检查该网站是否采用 https 加密的协议而不是普通的 http 协议，以确保发送给该网站，以及从该网站得到的信息不会被第三方窃取；并检查该网站的电子证书（不是指个人网银证书），以确保该网站的真实身份。

（6）不在不可靠的计算机上（譬如网吧、公共图书馆等）使用网上银行等涉及个人隐私的服务或软件。

（7）有些网站或论坛需要注册账号才能使用全部功能，如果可能，尽量不要把真实的 E-mail 信箱提供给不可靠的网站，以免隐私泄露并因此遭到广告、垃圾邮件的骚扰。

（8）对于陌生人发来的邮件，不要轻易打开；建议使用专门的 E-mail 客户端软件，对于任何人的 HTML 邮件，都一定要用纯文本方式浏览，坚决不能用 HTML 方式浏览；对于邮件中的附件，绝不能双击，要下载回来，先用杀毒软件杀毒，然后再看文件类型（确保在能够显示其扩展名的前提下），如果是可执行类型的文件，如 .exe，.com，.bat，.pif，.vbs 或.cmd 等格式，一定不要运行。

（9）要提高密码设置的安全性（参见注释 6）。

（10）在每次使用网上银行或电子信箱等账号服务后，不要只关闭浏览器，请点击网页页面右上角的“退出”或“退出登录”等链接，结束使用，以免他人利用浏览器 Cookie 继续使用账号。

（11）如果使用的是 Windows 操作系统，把 C:\Windows\System32\Drivers\Etc 文件夹下的 Host 文件的属性，修改成只读，以免被病毒、木马利用。

对各个注释的说明：

[注释 1] 对于 Windows 操作系统，可以登录 http://Windowsupdate.microsoft.com/ 或 http://www. Windowsupdate.com 网站进行更新，也可以使用 Windows 自带的 Windows Update（见图 7-18）功能来进行更新。最好打开控制面板里的“自动更新”功能（见图 7-19）。

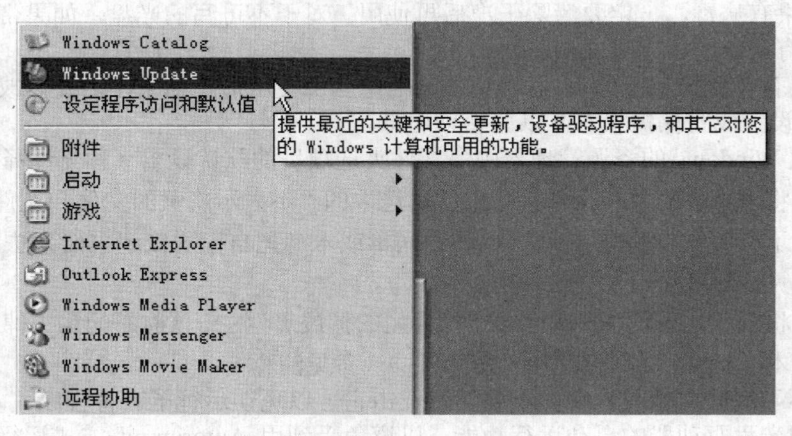

图 7-18　使用 Windows Update

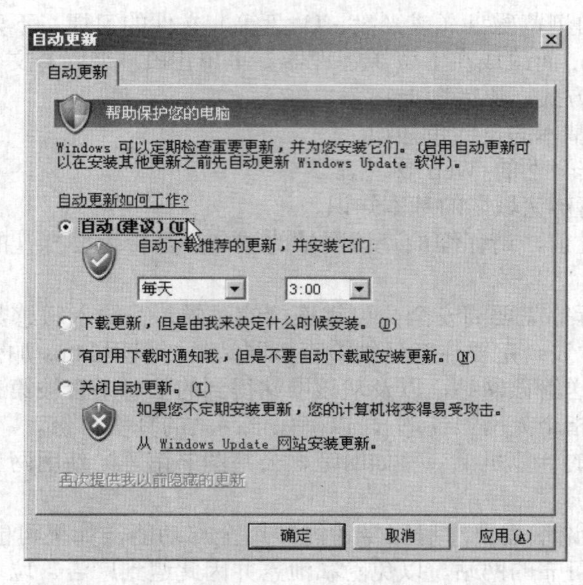

图 7-19　打开自动更新，选择“自动（建议）”选项

[注释 2]　常见相对可靠的软件下载网站。

国内下载网站：

天空软件站　　http://www.skycn.com/
华军软件园　　http://www.onlinedown.net/
斑马网　　http://www.banma.com/
无忧当当下载网　　http://www.51dd.com/
PChome 下载　　http://download.pchome.net/
中关村在线下载　　http://download.zol.com.cn/
IT168 下载　　http://download.it168.com/
腾讯下载　　http://download.tech.qq.com/
天极下载　　http://mydown.yesky.com/
eNet 下载　　http://download.enet.com.cn/
太平洋下载　　http://dl.pconline.com.cn/
小熊在线软件站　　http://down.beareyes.com.cn/
21CN-下载频道　　http://download.21cn.com/
ZDNet 下载频道　　http://download.zdnet.com.cn/
新浪软件下载　　http://download.sina.com.cn/

国外下载网站：

http://www.download.com/
http://downloads.zdnet.com/
http://www.tucows.com/

[注释 3]　打开“我的电脑”，或者按⊞+E 键，也可以对“我的电脑”单击右键，选择“资源管理器”菜单（见图 7-20）。在打开的窗口中，选择“工具”主菜单下的“文件夹选项”子菜单（见图 7-21）。

[注释 4]　见图 7-22。

[注释 5]　见图 7-23。

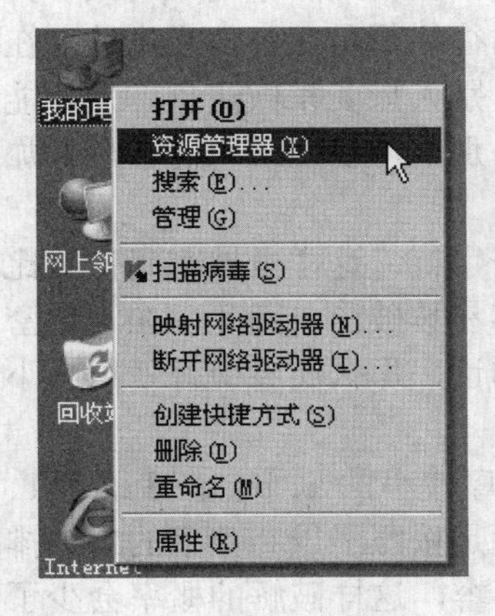

图 7-20　打开资源管理器

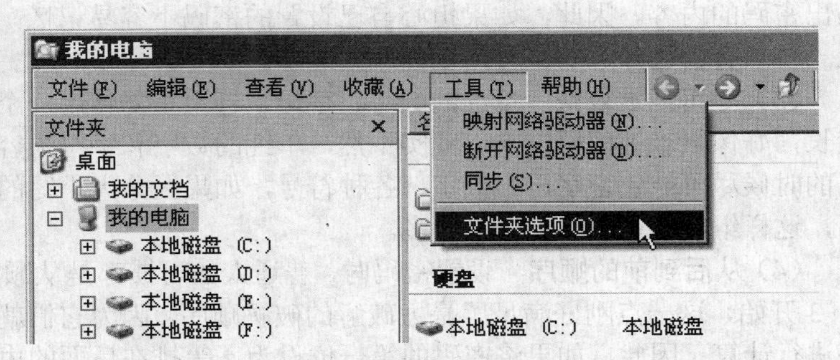

图 7-21　选择“工具”主菜单下的“文件夹选项”子菜单

[注释 6]　设置密码的注意事项：

在使用电脑的过程中，无时无刻不在与密码打交道。很多黑客之所以成功盗取 QQ、破解邮箱，就是因为设置的密码过于简单。如果自己设置的密码被别人猜到或破译，那么重要资料、个人隐私将被泄露。因此如何设置一个安全的密码是与每个都相关的一件大事。下面是在设置密码过程中必须遵守的十条规则。

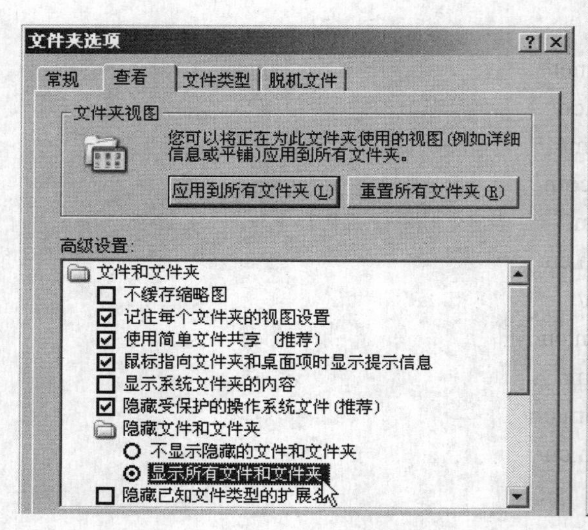

图 7-22　选择“显示所有文件和文件夹”

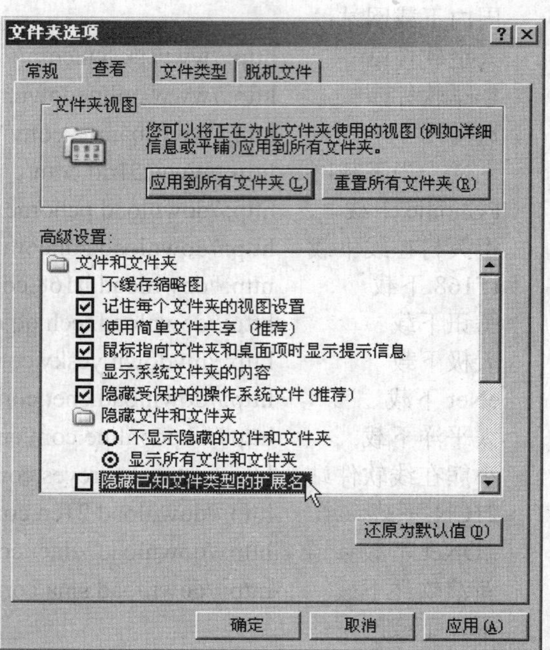

图 7-23　去掉“隐藏已知文件类型的扩展名”选项

（1）尽可能地长　一般来说，设置密码的时候都要求不短于 6 位。由此可见，小于 6 位数的密码极容易被破解。从密码破解的角度来看，最普遍的办法就是暴力破解。暴力破解的一个最典型的特征就是对可能使用到的字符进行数学排列组合，一个个进行试验，直到找出正确的密码。如果增加了位数，对数学排列组合了解的朋友就知道，每多增加 1 位，将产生多少个排列组合的机会。因此，密码尽可能地长是首先要遵守的第一条规则。

（2）尽可能地陌生　有很多用户喜欢用自己的姓名、昵称、出生日期、电话号码或者其他一些使用频率比较高的单词作为密码的内容。大家都知道矛盾往往都是在内部产生的，在公司内部，这些信息往往都是大家所熟知的。这样输入密码时，别人只要稍微注意一下就能猜出密码的内容。因此，如果担心自己设置的密码不容易记忆，那么可以在密码前、后各加上一些只有自己知道的字符，以便产生迷惑。

（3）尽可能地复杂　单纯的数字、字母，甚至重复使用一个字符，这样虽然密码位数比较长，好像很难被破解出来。其实不然，单纯的数字和字符很容易被破译。因此，在设置密码的时候尽可能包含字母、数字、各种符号，如果区分大小写的话，那么还应交替使用大小写，这样组成的密码将会安全许多。

（4）从后到前的顺序　设置密码时，普通人的习惯都是从顺序较小的 a、b、c、d 或者 1、2、3 开始，这一点刚好满足了暴力破解的破解顺序，因为它们就是按照字母和数字的自然排序进行计算。因此，如果将密码的第一位设为 z 等排在后面的内容，这样破解的概率会少了许多。

（5）方便忘记的口令　既要求密码足够长，又要求足够复杂，这样虽然能够防住黑客，但同样给自己的输入带来了很大的麻烦。如果时间再一长，也容易忘记，给使用带来不便。其实大可不必这样担心，在设置密码时完全可以使用自己熟悉的内容，然后在自己设置的密码最前面和最后面都固定加上某一个字符。同时可以使用多个熟悉的内容进行叠加，例如自己的昵称加上电话号码和手机号码的后三位，再如自己就读的小学名称加上姓名最后一个字母等，这类密码既是自己所熟悉的，不存在忘记的顾虑，也起到了麻痹别人的目的。

（6）不要使用同一个密码　在实际的使用过程中，不可能只有一个地方需要使用密码的。邮箱、QQ、MSN、论坛……如果所有的地方都重复使用同一个密码，那么是极其危险的，尤其是QQ，是很容易发生QQ密码被盗事件的。因为只要破译了其中的一个，那么所有的防范都将形同虚设。在具体设置不同的密码过程中可以增加一点灵活性，譬如，假设正常使用的密码为rEhiG%e1r，那么在用作QQ密码时可以设为qqrEhiG%e1r，在设为新浪邮箱密码时可以使用rEhiG%e1rsina。

（7）经常更换密码　这一点同样很重要，不管设置多么复杂的密码，只要有足够的时间，都存在被破解的可能。因此，养成定期更换密码的习惯非常重要。在具体的操作过程中，可以遵循自己既定的规律进行更换。譬如，假设第一次使用的密码为qqrEhiG%e1r，第二次可以把qq放在第一位后面变成rqqEhiG%e1r，第三次可以把qq放在第二位后面rEqqhiG%e1r等。

（8）不要保存密码　设置了复杂的密码，给输入带来了一定的难度，因此很多人干脆在输入密码时设为保存密码。这样以后每次进入时则不需要输入，可以直接进入。这是一种很危险的做法，随便到网上下载一个*号查看软件，密码的内容立刻现出原形，这样不管你多么复杂的密码也是白搭；甚至网上还有一些专门的工具软件，可以从缓存中分析出输入的各种密码。因此不仅不要设为保存密码，必要的时候还需要及时清空各类缓存和临时文件。

（9）正确输入密码　密码的输入也是一项很讲究的事情。正确的输入密码主要是防止自己的电脑中了木马，这样输入的密码将全部被木马记录下来。对此，一方面要经常检查电脑是否中了木马或病毒，另外一方面在输入密码时也增加一些技巧。例如在输入用户名和密码时，可以在输入用户名后，再随意输入其他一些字符，然后再输入密码，这样别人以为随意输的字符就是密码；先输密码，然后再输用户名；再如输入一个八位数的密码，可以先输后五位，然后一直按住向左方向光标键到最左侧，再输入前三位。

另外还有一种通用的方法就是使用鼠标来用软键盘输入。切换到任意输入法，单击输入法状态条上的鼠标键，这样屏幕上即会出现一个模拟的键盘，用鼠标单击相应的字符实现输入。而有些软件，本身直接提供软键盘输入，那将更加方便。

（10）自我安全意识最重要　天下没有绝对安全的密码，不管怎么设置都不能保证万事无忧。因此在加强密码的复杂性的同时，需要增强自己的安全意识，只有这样才能尽可能避免安全事故的发生。

第四节　常见杀毒软件、软件防火墙

为了尽可能避免让电脑感染病毒，必须采取一些必要的措施，其中，使用防、杀病毒软件，是广泛采用的方法。而且因为防、杀这两方面基本上是结合在一起的，所以用户都希望在病毒感染之前，能及时发现它们的存在并把它们阻挡在“门”外。同时，如果电脑被感染，能够及时清除掉这些病毒。正因为如此，现在所有的杀毒软件，都兼具防、杀功能。杀毒软件实时检测工作基本原理如图7-24所示。

网络防火墙（Firewall），主要是在用户的电脑与恶意攻击行为之间，建立一道阻隔的“防火墙”。

在前几年，杀毒软件、防火墙，一般是各自独立的，也有些公司同时开发这两类软件。一般用户都需要同时安装这两类软件。近年来，杀毒软件、软件防火墙整合，成为了一种流行趋势。尤其是一些同时具有这两类产品的软件厂家。

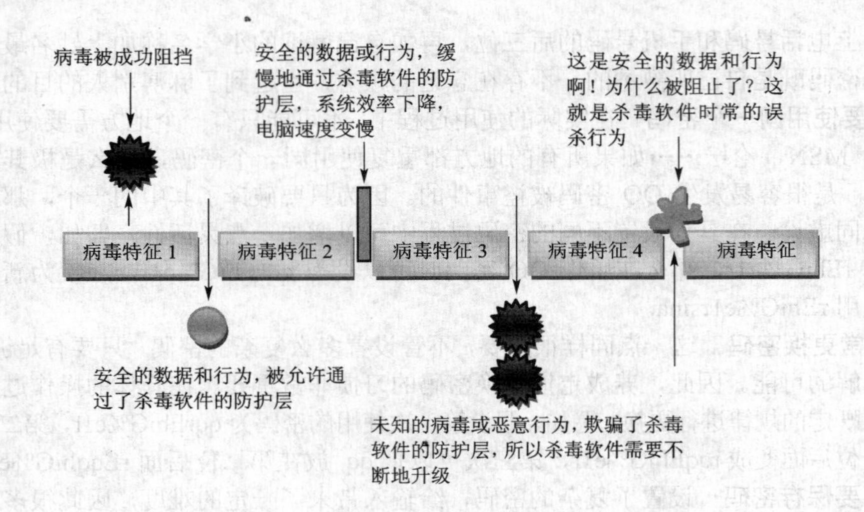

图 7-24　杀毒软件实时检测工作基本原理

常见杀毒软件、防火墙软件见表 7-1。

表 7-1　常见杀毒软件、防火墙软件

软件厂商	杀毒软件	防火墙	杀毒软件、防火墙整合功能
瑞星	瑞星杀毒软件	瑞星个人防火墙	瑞星全功能安全软件 瑞星杀毒防火墙组合版
江民科技	江民杀毒软件	江民防火墙	无
金山	金山毒霸	金山 ARP 防火墙（免费，主要针对 Arp）、金山网盾、金山网镖等（名字变化较多）	金山毒霸 2015 杀毒软件套装 Kingsoft Internet Security 2015
费尔	费尔托斯特安全	费尔个人防火墙专业版（完全免费）	无
东方微点	微点主动防御软件	无	无
奇虎	360 安全卫士（免费）	360Arp 防火墙（完全免费，主要针对 Arp）	无
赛门铁克（诺顿）	诺顿防病毒软件（Norton AntiVirus）		诺顿网络安全特警（Norton Internet Security）、Norton 360、Symantec Endpoint Protection
McAfee			McAfee VirusScan Plus、McAfee Internet Security、McAfee Total Protection
卡巴斯基反病毒软件（KasperskyAnti-Virus）	卡巴斯基反病毒软件（Kaspersky Anti-Virus）		卡巴斯基全功能安全软件（Kaspersky Internet Security）

一、瑞星防毒软件

瑞星品牌诞生于 1991 年刚刚在经济改革中蹒跚起步的中关村，是中国最早的计算机反病毒标志。瑞星公司历史上几经重组，已形成一支中国最大的反病毒队伍。瑞星以研究、开发、生产及销售计算机反病毒产品、网络安全产品和反“黑客”防治产品为主，拥有全部自主知识产权和多项专利技术。

瑞星杀毒软件 2015 功能介绍：

（1）木马入侵拦截——网站拦截　通过对恶意网页行为的监控，阻止木马病毒通过网站入侵用户电脑，将木马病毒威胁拦截在电脑之外。

（2）木马入侵拦截——U 盘拦截　通过对木马病毒传播行为的分析，阻止其通过 U 盘、光盘等入侵用户电脑，阻断其利用存储介质传播的通道。

（3）木马行为防御　通过对木马等病毒的行为分析，智能监控未知木马等病毒，抢先阻止其偷窃和破坏行为。

图 7-25 为“瑞星杀毒软件 2015”的主界面。

瑞星个人防火墙 2015 功能介绍：

（1）网络攻击拦截　入侵检测规则库每日随时更新，拦截来自互联网的黑客、病毒攻击，包括木马攻击、后门攻击、远程溢出攻击、浏览器攻击、僵尸网络攻击等。

（2）恶意网址拦截　依托瑞星“云安全”计划，每日及时更新恶意网址库，阻断网页木马、钓鱼网站等对电脑的侵害。

（3）出站攻击防御　阻止电脑被黑客操纵，变为攻击互联网的“肉鸡”，保护带宽和系统资源不被恶意占用，避免成为“僵尸网络”成员。

图 7-26 为“瑞星个人防火墙 2015”的主界面。

图 7-25　“瑞星杀毒软件 2015”的主界面

图 7-26　“瑞星个人防火墙 2015”的主界面

瑞星全功能安全软件 2015，基本可以看作是瑞星杀毒软件+瑞星个人防火墙+“云安全”（Cloud Security）计划。

二、江民

江民新科技术有限公司（简称江民科技）成立于 1996 年，是国内最大的信息安全技术开发商与服务提供商，国内首个亚洲反病毒协会会员企业。研发和经营范围涉及单机、网络反病毒软件；单机、网络黑客防火墙；邮件服务器防病毒软件等一系列信息安全产品。

江民杀毒 KV2015 功能介绍：

国内首家研发成功启发式扫描、内核级自防御引擎，填补了国产杀毒软件在启发式病毒扫描以及内核级自我保护方面的技术空白。KV2015 具有启发式扫描、虚拟机脱壳、“沙盒”(Sandbox）技术、内核级自我保护金钟罩、智能主动防御、网页防木马墙、ARP 攻击防护、互联网安检通道、系统检测安全分级、反病毒 Rootkit/HOOK 技术、“云安全”防毒系统等十余项新技术。

图 7-27 为“江民杀毒软件 KV2015”的主界面。

图 7-27 “江民杀毒软件 KV2015”的主界面

三、金山

金山软件有限公司自 1989 年将金山的第一款办公软件产品 WPS 1.0 投放市场以来，目前已经成为中国最知名的软件企业之一，中国领先的应用软件产品和互联网服务供应商。金山软件在珠海、北京、成都、大连、深圳五地分设研发中心，2005 年成立日本合资公司。公司目前主要涉及软件和网游两大核心业务，创造了 WPS Office、金山词霸、金山毒霸、剑侠情缘、封神榜等众多知名产品。同时，金山旗下拥有国内最知名的大型英语学习社区爱词霸网（http://www.iciba.com）以及大型在线游戏交流社区逍遥网（http://www.xoyo.com）。

金山毒霸 2015 杀毒软件套装 Kingsoft Internet Security 2015 功能介绍：

超大病毒库+智能主动防御+互联网可信认证-病毒库病毒样本数量增加 5 倍；

7×24 小时全天候主动实时升级——日最大病毒处理能力提高 100 倍；

文件实时防毒——紧急病毒响应时间缩短到 1 小时以内；

智能主动漏洞修复——采用快速漏洞补丁下载技术和漏洞数据自动收集技术；

MSN 聊天加密功能——网页防挂马，嵌入式防毒，隐私保护；

木马/黑客防火墙——邮件实时监控，垃圾邮件快捷过滤；

智能主动漏洞修复——采用快速漏洞补丁下载技术和漏洞数据自动收集技术；

彻底查杀木马/病毒——抢杀技术，首创流行病毒免疫器，定时杀毒；

恶意行为主动拦截——金山网镖自动识别联网程序的安全性；

自保护能力提升——新的病毒收集客户端模块；

集成金山清理专家——在线系统诊断，集合系统修复工具；

系统安全增强计划——在线客服，虚拟上门服务，一对一安全诊断。

图 7-28 为“金山毒霸 2015”的主界面。

图 7-28 “金山毒霸 2015”的主界面

四、东方微点

作为国内防病毒软件的后起之秀，东方微点提出国际领先的“主动防御”防病毒思想，突破传统，具有创新意识和较高技术，同时也具有较好防病毒效果。

1. 第三代反病毒产品——微点主动防御软件概述

微点主动防御软件是第三代反病毒软件，颠覆了传统杀毒软件采用病毒特征码识别病毒的反病毒理念。微点主动防御软件采用主动防御技术能够自主分析判断病毒，解决了杀毒软件无法防杀层出不穷的未知木马和新病毒的弊端。

微点主动防御软件是北京东方微点信息技术有限责任公司（以下简称微点公司）自主研发的具有完全自主知识产权的第三代反病毒产品，在国际上首次实现了主动防御技术体系，并依此确立了反病毒技术新标准。微点主动防御软件最显著的特点是，除具有特征值扫描技术查杀已知病毒的功能外，更实现了用软件技术模拟反病毒专家智能分析判定病毒的机制，自主发现并自动清除未知木马的新病毒。

2. 微点主动防御软件开发背景

虽然绝大多数用户的计算机中都安装了各种品牌的反病毒软件，但令人遗憾的是，用户所面临的病毒危害并没有因此显著降低，反而呈现了上升趋势。传统反病毒技术已不再适应当前反病毒的需求是造成这种局面的主要原因之一。

传统反病毒技术——特征值扫描技术，其核心思想是反病毒公司从病毒体代码中，人工提取出病毒的特征值，然后由反病毒产品将被查对象与病毒特征值进行比对，如果被查对象中含有某个病毒的特征值就将其报为病毒。

反病毒公司已经提取特征值的病毒称为已知病毒，未提取特征值的病毒就称为未知病毒。特征值扫描技术依赖于从病毒体中提取的特征值，未获得病毒体就无法取得特征值。其技术原理决定了特征值扫描技术只能识别已知病毒，不能防范未知病毒。

传统反病毒技术的流程为：当用户发现计算机出现异常现象，怀疑可能被病毒感染 → 具有一定反病毒知识的用户将可疑文件通过邮件等途径发送至反病毒公司 → 反病毒公司收到可疑文件后，由病毒分析工程师进行人工分析 → 如果认定是病毒，则从病毒代码中提取该病毒的特征值，然后制作升级程序并将其放在互联网上 → 最后，待用户升级反病毒软件后，才能对这个病毒进行查杀。但在用户升级之前，用户计算机上的反病毒产品无法阻止该病毒的感染和破坏。

传统反病毒厂商采用的技术如图 7-29 所示。

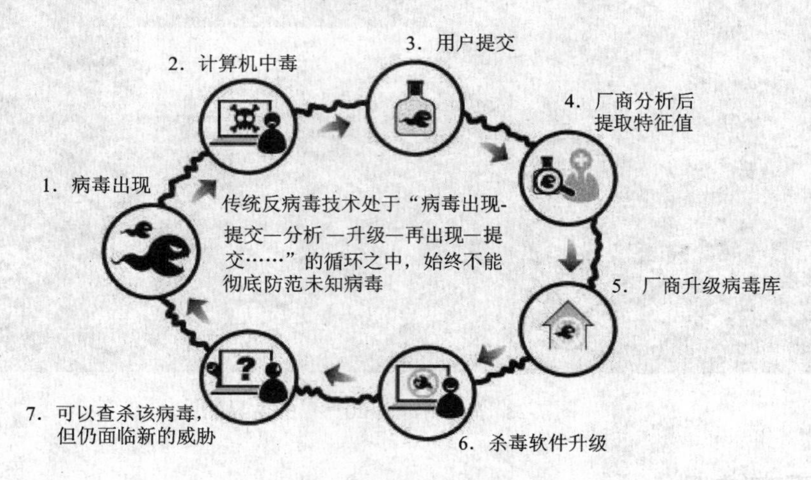

图 7-29 传统反病毒厂商采用的技术

目前，传统的反病毒技术面临着非常严峻的病毒挑战，黑客大规模批量制造各种以窃取商业秘密、虚拟财产、银行账号等为目的的木马病毒，这类以营利为目的的新型病毒已成为当前病毒发展的主导趋势。黑客为了避免木马被杀毒软件发现，开发出多种简单易行的病毒免杀技术，无须重新编写病毒程序，只需经过简单地加壳、加花指令、定位并修改病毒特征值等技术方式的处理，很短时间内就可大规模批量制造出可逃避传统反病毒产品查杀的木马变种。

更为严峻的是，已经出现了自动加壳、自动免杀机，甚至还实现了商业化，病毒作者每天对其进行更新，升级速度甚至超过了杀毒软件。黑客利用这类工具自动生成的木马变种，往往能够躲过最新版杀毒软件的查杀。木马生产的“工业化、自动化”导致木马越来越难以被反病毒公司收集，或者在收集到这些木马前，这些木马已经有着较长的生存时间，已经给用户造成难以挽回的损失。

传统反病毒技术“出现病毒—收集病毒—分析病毒—升级病毒库”处理模式，尽管能够较好防范已知病毒，用户仍面临大量反病毒公司还未收集到的病毒以及每天数以万计新病毒的威胁，用户的信息安全得不到有效保障。

传统反病毒技术落后于病毒技术的步伐已是不争的事实，它已经不适应当前反病毒的需求，因此，广大计算机用户迫切需要一种可以自动查杀未知病毒的反病毒软件。

3. 微点主动防御软件技术及其原理

既然反病毒工程师可以通过分析程序行为而准确判定一个程序是否是病毒，那么能否将这种分析判断过程自动化、程序化呢？

我国著名反病毒专家刘旭认为，这种想法是可行的。微点主动防御技术正是根据这种思路设计而来：通过对病毒行为规律分析、归纳、总结，并结合反病毒专家判定病毒的经验，提炼成病毒识别规则知识库，模拟专家发现新病毒的机理，通过分布在操作系统的众多探针，动态监视所运行程序调用各种应用程序编程接口（API）的动作，将程序的一系列动作通过逻辑关系分析组成有意义的行为，再综合应用病毒识别规则知识，实现自动判定病毒。

主动防御计算机病毒和网络攻击的新一代反病毒软件——微点主动防御软件，采用了动态仿真反病毒专家系统，自动准确判定新病毒、程序行为监控并举、自动提取特征值实现多重防护、可视化显示监控信息五项核心技术，实现了对未知病毒的自主识别、明确报出和自动清除，有效克服了传统杀毒软件滞后于病毒的致命缺陷。主动防御反病毒软件采用的技术如图 7-30 所示。

图 7-30　主动防御反病毒软件采用的技术

4. 微点主动防御软件的安装和使用

微点主动防御软件正式版，有下载版，也有购买的盒装版。

以下以试用版 mp.090430.1.2.10580.0202.r1.zip（功能和正式版完全一样，只是只有 30 天的试用期）为例简述微点主动防御软件的安装和使用。

（1）安装

【第一步】首先将下载的试用版 mp.090430.1.2.10580.0202.r1.zip 解压缩，然后运行解压缩得到的安装程序文件 mp.090430.1.2.10580.0202.r1.exe，将会看到如图 7-31 所示画面。

【第二步】然后选择语言。选择要安装的语言版本后，点击“下一步”，弹出欢迎安装窗口。

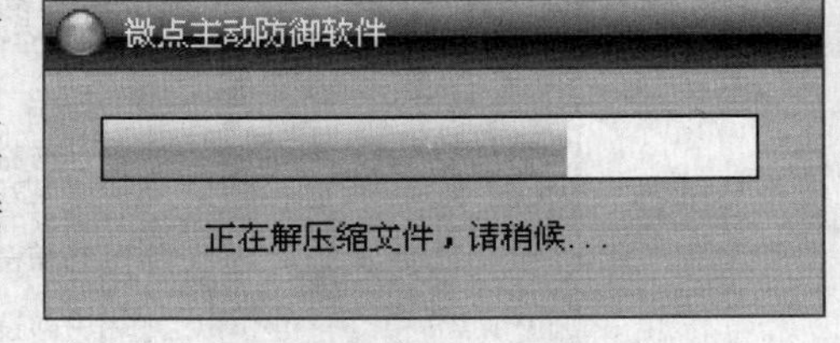

图 7-31　微点主动防御软件安装

【第三步】单击【下一步】按钮，出现“许可证协议”对话框，请用户仔细阅读“许可证协议”，接受“许可协议”选择【同意】；否则选择【不同意】，退出安装程序。

【第四步】选择【同意】后，单击【下一步】，安装程序提示输入客户信息，请输入以下信息：用户名、公司名、产品序列号（随产品提供，序列号见说明书首页，试用版的序列号不用输入，由安装程序自动填入），继续安装，如图 7-32 所示。

【第五步】单击【下一步】按钮，指定微点主动防御软件的安装路径，若想更改安装路径，请直接点击【浏览】，在系统中选择所要的路径即可。

【第六步】选择完安装路径单击【下一步】，选择安装程序的文件夹，用户既可以使用系统的默认程序文件夹名称 Micropoint，也可以自定义程序文件夹名称，建议用户使用默认的程序文件夹名称。

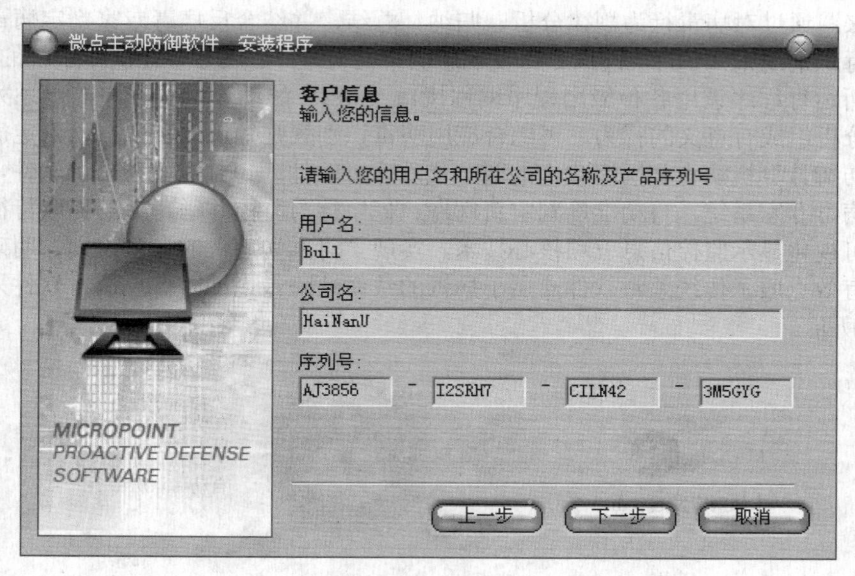

图 7-32 输入产品序列号

【第七步】点击【下一步】继续安装，安装程序提示即将开始复制文件，同时列出刚才设置的所有信息，提醒用户对所做的设置信息进行确认，若需要修改这些信息可以单击【上一步】进行更改。

【第八步】请确认信息无误后按【下一步】，安装程序开始复制文件并进行安装程序的初始化，这个过程需持续几分钟。

【第九步】程序安装结束，提示进行微点主动防御软件【初始设置】窗口（见图 7-33），也可以直接单击【下一步】使用微点主动防御软件默认设置值，软件安装完成后，可以随时对这些信息进行设置。

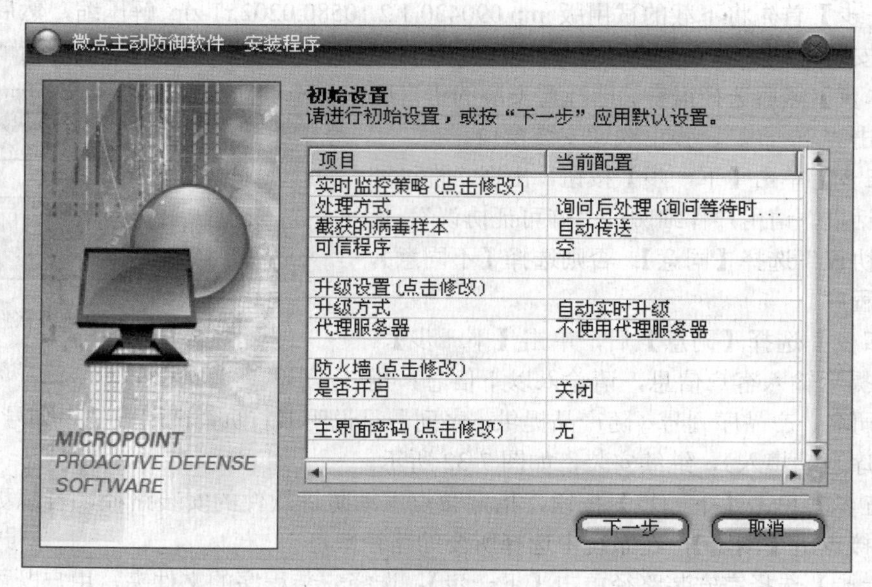

图 7-33 安装选项

【第十步】设置完成，单击后【下一步】，进入【产品注册】窗口（见图 7-34），根据提示信息进行注册，若暂时不想进行注册，可选择“跳过”，继续进行软件的安装。

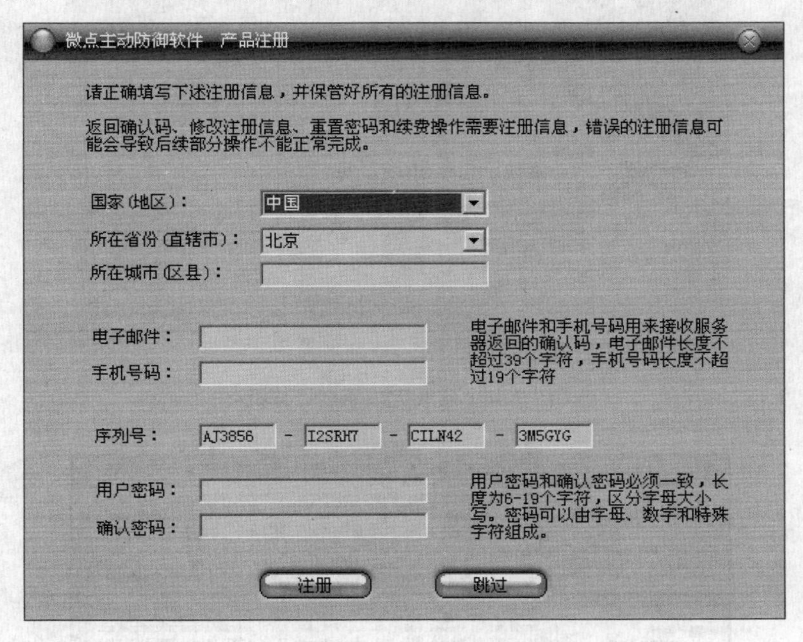

图 7-34　产品注册

【第十一步】注册完成后，软件会自动升级到当前的最新版本，如图 7-35 所示。

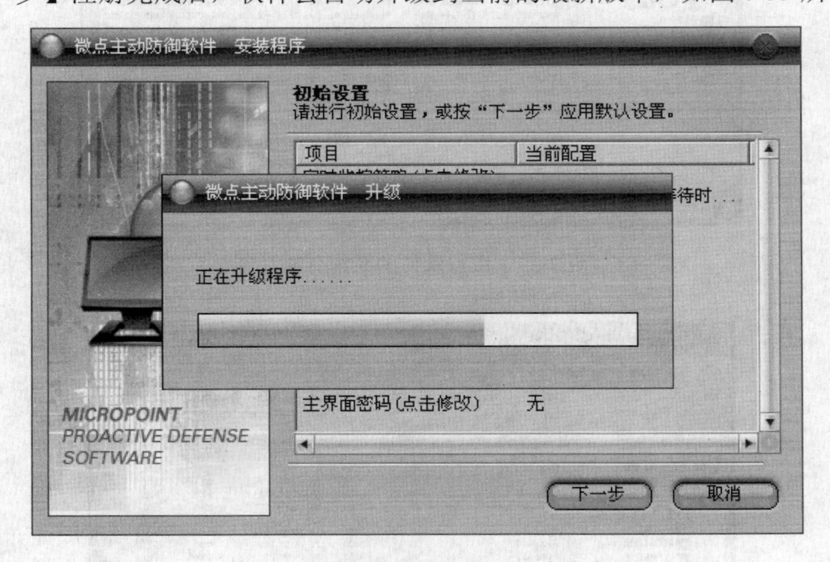

图 7-35　安装完毕后进行升级病毒库

【第十二步】升级结束，提示“微点主动防御软件已经安装完成”，单击 “完成”按钮，微点主动防御软件提示要求重新启动计算机，重新启动前，关闭所有的应用程序，然后点击“是”重新启动计算机，完成微点主动防御软件的安装，如图 7-36 所示。

（2）使用　微点主动防御软件的系统分析功能如图 7-37 所示。微点主动防御软件的网络分析功能如图 7-38 所示。

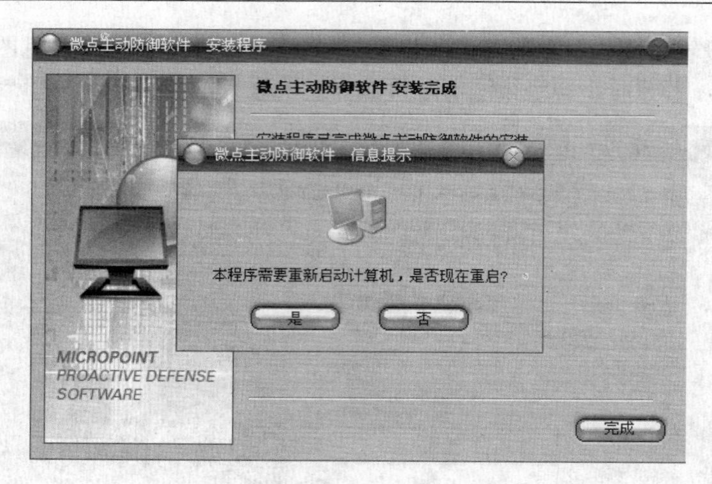

图 7-36　安装完成重启计算机

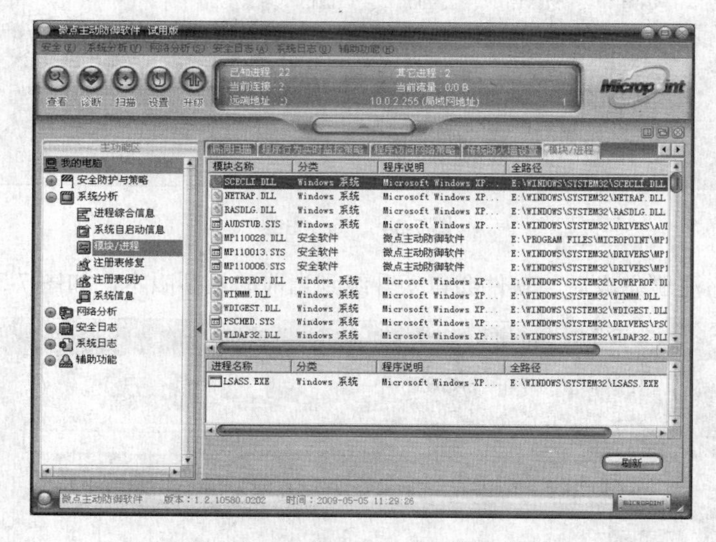

图 7-37　微点软件的系统分析功能

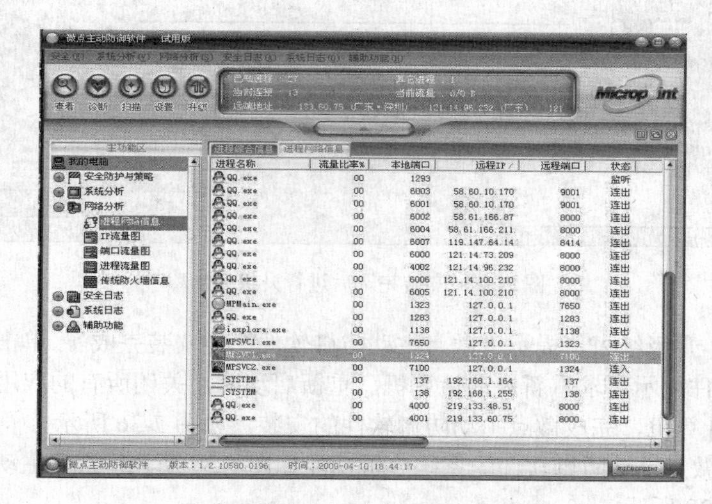

图 7-38　微点软件的网络分析功能

五、360 安全卫士

360 安全卫士是国内最受欢迎免费安全软件，它拥有查杀流行木马、清理恶评及系统插件，管理应用软件，系统实时保护，修复系统漏洞等数个强劲功能，同时还提供系统全面诊断，弹出插件免疫，清理使用痕迹以及系统还原等特定辅助功能，并且提供对系统的全面诊断报告，方便用户及时定位问题所在，真正为每一位用户提供全方位系统安全保护。

目前市场上的杀毒产品众多，由于篇幅有限，在此不一一介绍了。这些产品各有各的特色，有的产品是基于免费，有的产品则是收取一定的费用，随着市场的竞争，产品的价格已经是越来越便宜了。用户可以根据自己的需要选择合适的产品，但防病毒软件是比较占用系统资源的，一般来说一台机器只要安装一个防毒软件就行，不必要安装多个，一是安装多个会导致系统运行慢，另外每个产品为了确保市场的优势，往往对其他产品具有排他性。

第八章 组网常用设备

第一节 网 卡

计算机与局域网的连接一般都是通过主机箱内插入一块网络接口板，或者是在笔记本电脑中插入一块 PCMCIA 卡，也有很多计算机或笔记本都把它集成在主板上，这块网络接口板又称为通信适配器或网络适配器（Adapter），也有的叫网络接口卡 NIC（Network Interface Card），这些叫法都简称为"网卡"（见图 8-1）。

图 8-1 网卡

在网络发展的初期，计算机都是通过拨号方式上网，那时个人计算机方面并不需要网卡，只需配备调制解调器（Modem）就行，随着宽带时代的到来，网卡已成为计算机上网最重要的设备之一。

一、网卡的作用

网卡是局域网中连接计算机和传输介质的接口，其主要功能是实现与局域网传输介质之间的物理连接和电信号匹配，还涉及帧的发送与接收、帧的封装与拆封、介质访问控制、数据的编码与解码以及数据缓存的功能等。

每张网卡上面装有处理器和存储器（包括 RAM 和 ROM）。网卡和计算机之间的通信则是通过计算机主板上的 I/O 总线以并行传输方式进行，而网卡和局域网之间的通信是通过电缆或双绞线以串行传输方式进行的。因此，网卡的一个重要功能就是要进行串行/并行转换。由于网络上的数据率和计算机总线上的数据率并不相同，因此在网卡中必须装有对数据进行缓存的存储芯片，以达到两者的速度匹配。

网卡还有另外两个功能：一是将电脑的数据封装为帧，并通过网线（对无线网络来说就是电磁波）将数据发送到网络上去；二是接收网络上其他设备传过来的帧，并将帧重新组合成数据，发送到所在的电脑中。网卡能接收所有在网络上传输的信号，但正常情况下只接受发送到该电脑的帧和广播帧，将其余的帧丢弃。然后传送到系统 CPU 做进一步处理。当电脑发送数据时，网卡等待合适的时间将分组插入到数据流中。当网卡收到一个有差错的帧时，它就将这个帧丢弃而不必通知它所插入的计算机，而当网卡收到一个正确的帧时，它就使用中断来通知该计算机并交付给协议栈中的网络层。

随着集成技术的不断提高，网卡上的芯片的个数不断减少，虽然现在各个厂家生产的网卡种类繁多，所采用的芯片组也不一样，但其功能大同小异。概括来说网卡的主要功能有以下三点。

（1）数据的封装与解封：发送时将上一层交下来的数据加上首部和尾部，封装成为以太网的帧。接收时解封，然后送交上一层。

（2）链路管理：主要是CSMA/CD协议的实现。

（3）编码与译码：即曼彻斯特编码与译码。

二、网卡的分类

随着网络技术的发展，网卡的发展也很快，其分类也很多。按使用的性质来分，网卡一般分为普通工作站网卡和服务器专用网卡；按网卡所支持带宽的不同可分为10M网卡、100M网卡、10/100M自适应网卡、1000M网卡几种；根据网卡总线类型的不同，主要分为ISA网卡、EISA网卡和PCI网卡三大类，其中ISA网卡和PCI网卡较常使用。ISA总线网卡的带宽一般为10M，PCI总线网卡的带宽从10M到1000M都有。同样是10M网卡，因为ISA总线为16位，而PCI总线为32位，所以PCI网卡要比ISA网卡快。根据传输介质的不同，网卡又可以分为AUI接口（粗缆接口）、BNC接口（细缆接口）、RJ-45接口（双绞线接口）和光纤四种接口类型。以下是常见的几种类型的网卡。

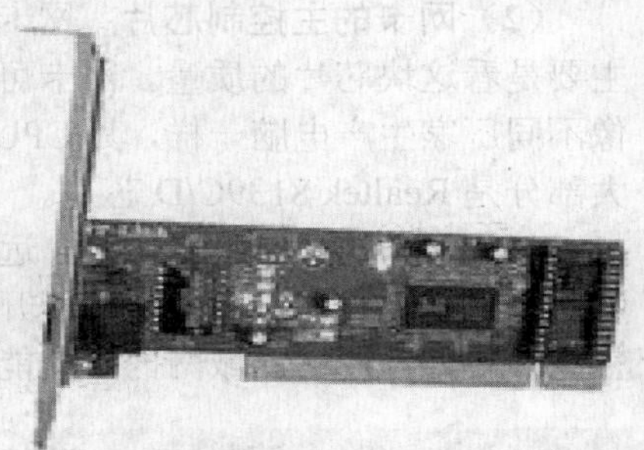

图8-2　PCI网卡

（1）ISA接口网卡　ISA是早期网卡使用的一种总线接口，ISA网卡采用程序请求I/O方式与CPU进行通信，这种方式的网络传输速率低，CPU资源占用大，其多为10M网卡，由于速率较低，目前在市面上基本看不到有ISA总线类型的网卡了。

（2）PCI接口网卡　如图8-2所示。PCI（Peripheral Component Interconnect）总线插槽仍是目前主板上最基本的接口。其数据总线为32位，可扩展为64位，它的工作频率为33MHz/66MHz。数据传输率为每秒132MB。目前PCI接口网卡仍是普通电脑市场的主流。

（3）PCI-X接口网卡　PCI-X是PCI总线的一种扩展架构，它与PCI总线不同的是，PCI总线必须频繁地在目标设备和总线之间交换数据，而PCI-X则允许目标设备仅与单个PCI-X设备进行交换，同时，如果PCI-X设备没有任何数据传送，总线会自动将PCI-X设备移除，以减少PCI设备间的等待周期。所以，在相同的频率下，PCI-X将能提供比PCI高14%～35%的性能。目前服务器网卡经常采用此类接口的网卡。

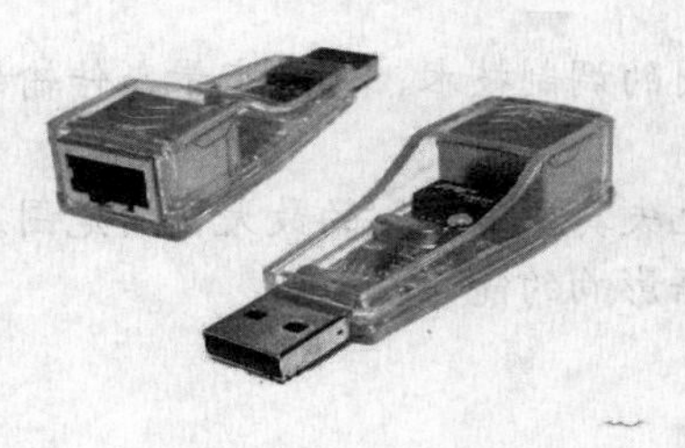

图8-3　USB网卡

（4）USB接口网卡　如图8-3所示，USB接口（Universal Serial Bus，通用串行总线）已成为电脑的标配接口。USB总线分为USB2.0和USB1.1标准。USB1.1标准的传输速率的理论值是12Mbps，而USB2.0标准的传输速率可以高达480Mbps，目前的USB有线网卡多为USB2.0标准的。

（5）PCMCIA接口网卡　如图8-4所示，PCMCIA接口是笔记本电脑专用接口，PCMCIA总线分为两类，一类为16位的PCMCIA，另一类为32位的CardBus，CardBus快速以太网PC卡的最大吞吐量接近90Mbps，其是目前市售笔记本网卡的主流。

图8-4　PCMCIA网卡

（6）无线网卡　无线网卡是终端无线网络的设备，是无线局域网的无线覆盖下通过无线连接网络进行上网使用的无线终端设备。具体来说无线网卡就是使电脑可以利用无线来上网的一个装置，如果家里或者所在地有无线路由

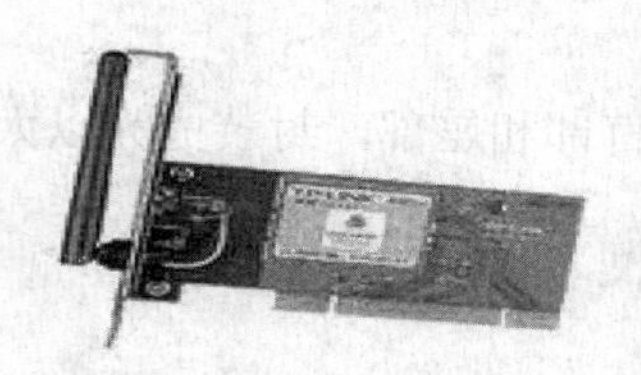
图 8-5　光纤网卡

器或者无线 AP（Access Point 无线接入点）的覆盖，就可以通过无线网卡以无线的方式连接无线网络上网。

（7）光纤网卡　如图 8-5 所示，通过光纤线缆与光纤通道交换机连接，接口类型可分为光口和电口。光口一般都是通过光纤线缆来进行数据传输，接口模块一般为 SFP（传输率 2Gbps）和 GBIC（1Gbps），对应的接口为 SC 和 LC。电口的接口类型一般为 RJ45 等。

三、网卡的其他知识

（1）LED 指示灯　一般来讲，每块网卡都具有 1 个以上的 LED 指示灯，用来表示网卡的不同工作状态，可以通过它来查看网卡是否工作正常。典型的 LED 指示灯有 Link/Act、Full、Power 等，Link/Act 表示连接活动状态，Full 表示是否全双工（Full Duplex），而 Power 是电源指示等。

（2）网卡的主控制芯片　网卡的主控制芯片是网卡的核心元件，一块网卡性能的好坏，主要是看这块芯片的质量。网卡可能是由不同的厂家生产，但所使用的芯片应该差不多，就像不同厂家生产电脑一样，其 CPU 一般也只有 Intel 和 Amd 两家公司生产。目前网卡的芯片大部分是 Realtek 8139C/D 芯片。

（3）网卡的远程唤醒功能　远程唤醒技术（WOL，Wake-on-LAN）是由网卡配合其他软硬件，可以通过局域网实现远程开机的一种技术，无论被访问的计算机有多远、处于什么位置，只要处于同一局域网内，就能够被随时启动。但这种功能要专门另购买其芯片。

第二节　传 输 介 质

网络传输介质是网络中发送方与接收方之间的物理通路，通信双方经过各种协议协商后最终还需经过传输介质的传送才能互相通信，所以信息的传输质量除了与传输的数据信号及收、发两端的设备特性有关外，与通信线路本身的特性有着很大的关系。这些特性包括：

- 物理特性：对传输介质物理结构的描述。
- 传输特性：传输介质允许传送信号的信号形式，使用的调制技术、传输容量与传输的频率范围。
- 地理范围：在不用中间设备的情况下，传输介质的无失真所能达到的最大传输范围。
- 抗干扰性：传输介质防止噪声与电磁干扰对传输数据影响的能力。
- 相对价格：线路器件安装与维护费用。

一、传输介质分类

在常用的局域网中，使用的网络传输介质也是具有多种类型。在通常情况下，一个典型的局域网一般是不会使用多种不同种类的传输介质来连接网络设备的，但在大型网络或者广域网中为了把不同类型的网络连接在一起就会使用不同种类的传输介质。在众多种类的网络传输介质中，具体使用哪一种网线要根据网络的拓扑结构、网络结构标准和传输速度来进行选择。

常用的传输介质有：双绞线、同轴电缆、光纤、无线传输媒介。

1. 双绞线

双绞线由两根导线绞合而成，是最简单、经济的传输介质，也是目前局域网中使用频率最高的一种网线。这种网线在塑料绝缘外皮里面包裹着八根信号线，它们每两根为一对相互缠绕，形成总共四对，双绞线也因此得名。双绞线这样互相缠绕的目的就是利用铜线中电流产生的电磁场互相作用抵消邻近线路的干扰并减少来自外界的干扰。每对线在每英寸长度上相互缠绕的次数决定了抗干扰的能力和通信的质量，缠绕得越紧密其通信质量越高，就可以支持更高的网络数据传送速率，当然它的成本也就越高。

一对双绞线就是一条通信线路，它可以传输数字信号，也可以传输模拟信号。双绞线安装方便，可靠性好，抗干扰能力强，双绞线适用于短距离的传输，特别适用于局域网中的通信。

双绞线一般分为屏蔽（Shielded Twisted Pair，STP）和非屏蔽（Unshielded Twisted Pair，UTP）两种。

（1）非屏蔽双绞线 如图 8-6 所示，非屏蔽双绞线由多对双绞线和一个塑料外皮构成。国际电工委员会和国际电信委员会（EIA/TIA）为双绞线定义了 5 个类别(CAT)，从第一类到第五类，每种类别的网线生产厂家都会在其绝缘外皮上标注其种类。计算机网络中常用的是第三类和第五类。其中，第三类双绞线的带宽为 16MHz，适用于 10Mbps 以下的数据传输，第五类的带宽为 100MHz，可以在 100m 的距离内实现 100Mbps 的数据传输率，目前市场上常用的是超五类，只是厂家为了保证通信质量单方面提高的 CAT-5 标准，目前并没有被 EIA/TIA 认可。

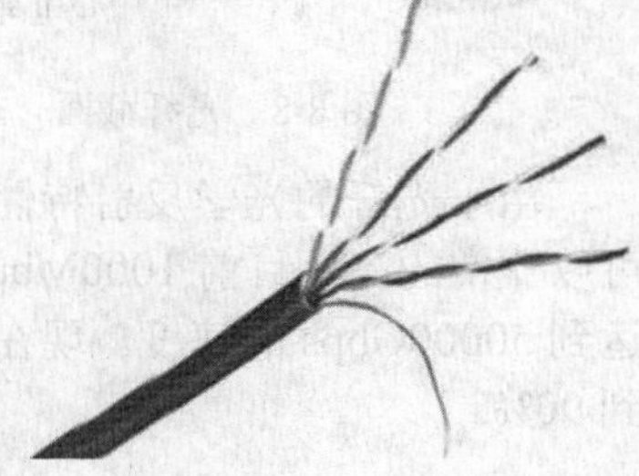

图 8-6 非屏蔽双绞线

（2）屏蔽双绞线 如图 8-7 所示，屏蔽双绞线与非屏蔽双绞线的内部绞线相同，只是在绞线与塑料封套间还有一层铝箔包着，使用这层铝箔屏蔽来降低外界的电磁干扰（EMI），当屏蔽层被正确地接地后，可将接收到的电磁干扰信号变成电流信号，与在双绞线形成的干扰信号电流反向。只要两个电流是对称的，它们就可抵消，而不给接收端带来噪声。所以屏蔽双绞线的价格比非屏蔽双绞线高，且安装必须有支持屏蔽功能的特殊连接器与相应的安装技术。屏蔽双绞线的传输速率在 100m 内可达到 500Mbps，最大传输距离达到几百米。

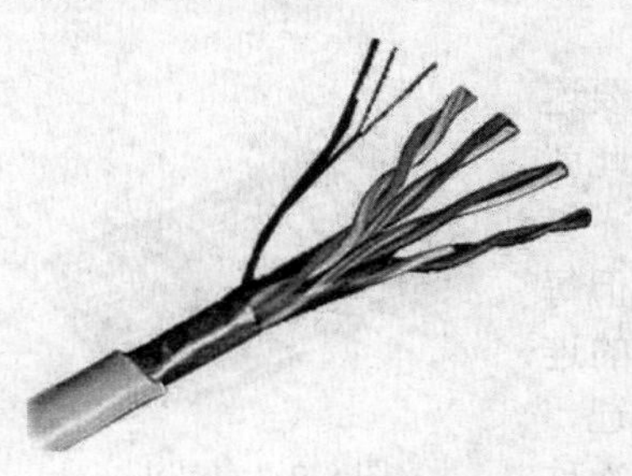

图 8-7 屏蔽双绞线

2. 同轴电缆

同轴电缆是指有两个同心导体，而导体和屏蔽层又共用同一轴心的电缆。它是计算机网络中使用广泛的另外一种线材。由于它在主线外包裹绝缘材料，在绝缘材料外面又有一层网状编织的屏蔽金属网线，所以能很好地阻隔外界的电磁干扰，提高通信质量。常用的同轴电缆分为细缆 RG-58 和粗缆 RG-11 两种。

细缆的直径为 0.26cm，最大传输距离 185m，使用时是在每个用户设备上都装有一个连接器，以提供接口。安装时将细缆切断，两头装上 BNC 头，然后接在 T 型连接器两端。

粗缆（RG-11）的直径为 1.27cm，最大传输距离达到 500m。由于直径相当粗，因此它的弹性较差，不适合在室内狭窄的环境内架设。安装时用类似夹板的装置 Tap 上的引导针，穿透电缆的绝缘层，直接与导体相连。为确保电气性能，电缆必须接地，电缆的两头要有终端器来消除信号的反射作用。为连接简单，一般用粗电缆做干线，通过 T 型连接器接细缆。

3. 光纤

光纤是在 1969 年出现，是一种重要的传输介质，它是由一组光导纤维组成的用来传播

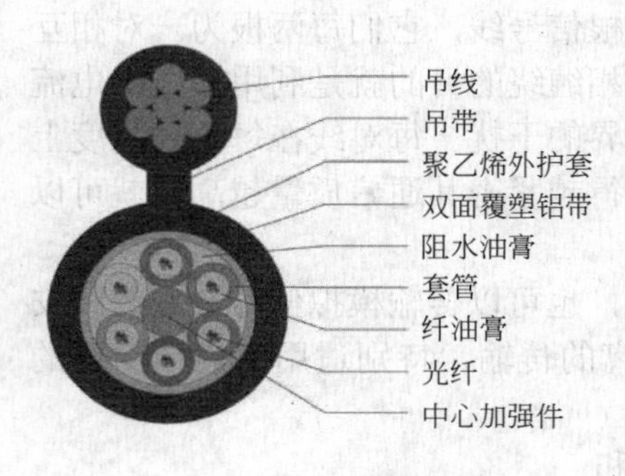

图 8-8　光纤截面

光束的、细小而柔韧的传输介质。光纤应用光学原理，由光发送机产生光束，将电信号变为光信号，再把光信号导入光纤，在另一端由光接收机接收光纤上传来的光信号，并把它变为电信号，经解码后再处理。光缆外部有一层保护套，以保证光缆具有一定的强度，防止光纤受到外界温度、弯曲、拉伸、扭折等影响。光纤的截面如图 8-8 所示。

光纤有两大类：单模光纤和多模光纤。单模光纤只有一条光路；多模光纤有多条光路。单光纤的容量大于多模光纤，传输距离也远，但价格也贵。

由于光纤的光学反射特性，一根光纤内部可以同时传送多路信号，所以光纤的传输速度可以非常的高，目前 1000Mbps 的光纤网络已经成为主流高速网络，理论上光纤网络最高可达到 50000Gbps 的速度。现在，世界上大约有 70%的通信业务经光纤传输，预计不久将会达到 90%。

4. 无线通信

无线通信是一种无需架设或敷设通信介质的通信技术。常用的无线通信有微波通信或红外激光通信及移动通信等。

二、几种网线的制作方法

由于双绞线在局域网中的广泛应用，且制作较为简单，所以在这时主要介绍双绞线的三种做法。

双绞线的制作肯定是要用到水晶头或模块，因为双绞线是要连接计算机的两块网卡，而使用之初双绞线两端并没有接头，因此就要用到水晶头。

水晶头又称为 RJ45 连接器，如图 8-9 所示。个头虽然小，但每条双绞线两端都要通过安装水晶头才能实现与网卡和集线器的连接。连接时，一手拿着水晶头，让使水晶头的塑料弹片朝向自己，然后可以看到双绞线插入口顶端的 8 个金属引脚，从左到右依次称为第 1 脚、第 2 脚……第 8 脚。双绞线插入时一定要保证充分跟引脚接触才能正常通信。

图 8-9　水晶头

1. 直连线的做法

双绞线做法有两种国际标准：EIA/TIA 568A 和 EIA/TIA568B。而双绞线的连接方法也主要有两种：直连线和交叉线。直连线的水晶头两端都遵循 568A 或 568B 标准，双绞线的每组线在两端是一一对应的，颜色相同的在两端水晶头的相应槽中保持一致。直连线主要是用于计算机与交换机或 HUB 相连。

双绞线由 8 根不同颜色的线分成 4 对绞合在一起，颜色分别为橙色、蓝色、绿色和棕色，与这些颜色绞在一起的就相应称为橙白、蓝白、绿白、棕白等。EIA/TIA 568A 和 EIA/TIA568B 排列的顺序如下。

EIA/TIA568A：橙白-1，橙-2，绿白-3，蓝-4，蓝白-5，绿-6，棕白-7，棕-8；

EIA/TIA568B：绿白-1，绿-2，橙白-3，蓝-4，蓝白-5，橙-6，棕白-7，棕-8。

在 100M 的传输当中，这上面的编号 1、2 用于发送数据，3、6 用于接收数据，4、5、7、8 是双向线。但为何现在都采用 4 对（8 芯线）的双绞线呢？这主要是为适应更多的使用范围，在不变换基础设施的前提下，就可满足各式各样的用户设备的接线要求。例如，可同时用其中一对绞线来实现语音通讯。从上面可以看出，一对线是否能正常通信，只要保证1、2、3、6排位正确并能互通即可。

除了上面水晶头和网线外，还需要一个RJ45的工具钳。

明白了以上原理后，来看制作步骤。

步骤1：剥线

拿着网线一端3～5cm处，放入压线钳圆形刀口处，稍用力压住手柄使压线钳在网线的垂直方向上来回旋转60°左右（注意一定要小心，别将里面的线对扭断），这样就可将双绞线的外皮剪断而又不伤及到内部的线对。

步骤2：排序

剥除外包皮后即可见到双绞线网线的4对8条芯线，每对缠绕的两根芯线是由一种染有相应颜色的芯线加上一条只染有少许相应颜色的白色相间芯线组成。每对线都是相互缠绕在一起的,制作网线时必须将4个线对的8条细导线一一拆开,理顺,捋直,然后按照规定的线序从左到右依次为：1-白橙、2-橙、3-白绿、4-蓝、5-白蓝、6-绿、7-白棕、8-棕排列整齐。

步骤3：剪齐

把线尽量抻直（不要缠绕）、压平（不要重叠）、挤紧理顺（朝一个方向紧靠），然后用压线钳把线头剪平齐。如果以前剥的皮过长，可以在这里将过长的细线剪短，保留的去掉外层绝缘皮的部分约为14mm，这个长度正好能将各细导线插入到各自的线槽。

图8-10　插入示意图

步骤4：插入

以拇指和中指捏住水晶头，使有塑料弹片的一侧向下，针脚一方朝向远离自己的方向，并用食指抵住；另一手捏住双绞线外面的胶皮，缓缓用力将8条导线同时沿RJ-45头内的8个线槽插入，一直插到线槽的顶端。如图8-10所示。

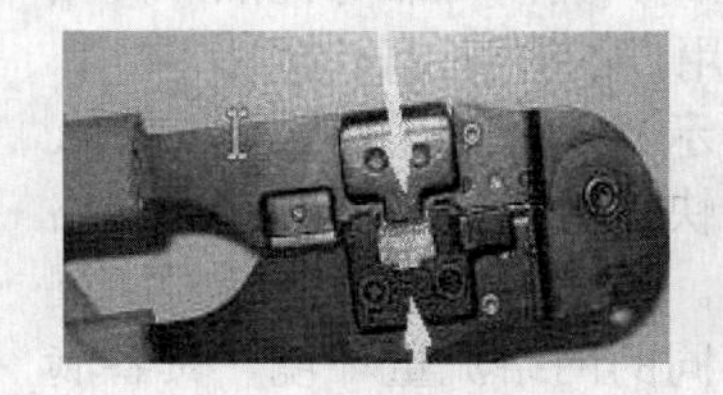
图8-11　压制网线示意图

步骤5：压制

确认所有导线都到位，并通过透明水晶头检查一遍线序无误后，就可以用压线钳制RJ-45头了。将RJ-45头从无牙的一侧推入压线钳夹槽后，用力握紧线钳，将突出在外面的针脚全部压入水晶头内。如图8-11所示。

步骤6：测试

在双绞线制作完成后，一般都要使用专门的网线测试仪（如图8-12所示）来断定连通性，并且单人就能完成。可检测5E、6E、STP/UDP双绞线，某些产品还能检测同轴电缆及电话线的接线故障。功能再强大一点的能测试出开路、短路、跨接、反接和串接各种情况；能定位接线和连接的错误；能测量线路长度，确定短路开路的距离等。

图8-12　网络测试示意图

使用网线测试仪时，将网线两端的水晶头分别插入主测试仪和远程测试端的RJ-45端口，将开关开至“ON”（S为慢速挡），主机指示灯从1至8逐个顺序闪亮，表示网线连接没有问题。如果网线中有几根导线发生断路，则主测试端和远程测试端相应线号的指示灯就会不亮。

2. 交叉线的做法

交叉线的做法步骤与直连线一样，只是在排位顺序上有所区别，交叉线的水晶头一端遵循 568A，而另一端则采用 568B 标准，即 A 水晶头的 1、2 对应 B 水晶头的 3、6，而 A 水晶头的 3、6 对应 B 水晶头的 1、2，它主要用在交换机（或集线器）普通端口连接到交换机（或集线器）普通端口或网卡连网卡上，两台电脑通过网卡直接相连就要用交叉线。

3. 反转线的做法

反转线只是用于测试，如 CISCO 产品的终端调试线就是用反转线，做法步骤与上面的一样，只是排列顺序与上两种不同。反转线一边是按 EIA/TIA 568A 的标准，另一端则全部相反。

A 端：橙白，橙，绿白，蓝，蓝白，绿，棕白，棕。

B 端：棕，棕白，绿，蓝白，蓝，绿白，橙，橙白。

三、双绞线其他相关知识

五类线因价廉质优等诸多优点成为快速以太网（100Mbps）的首选介质，超五类线则主要用在千兆位以太网（1000Mbps）中，它是从五类线发展而来。六类产品是最近才颁布的标准，它平衡了以前布线产品无法完成的数据传输吞吐量，同时六类相关产品也向下兼容五类和超五类产品。至于产品的品牌，像 AMP、AVAYA、IBDN、清华紫光、西蒙、TCL 等等在市场上都有不错的口碑。其价格主要以米为单位计算，一般市场价格为 1～3 元/米不等。

第三节 宽带路由器

宽带路由器是近几年来新兴的一种网络产品，它伴随着宽带的普及应运而生。宽带路由器主要针对宽带共享上网，因其具备共享上网简单方便、安全性高、灵活可靠等优点，开始越来越受到需要进行共享上网用户的青睐。

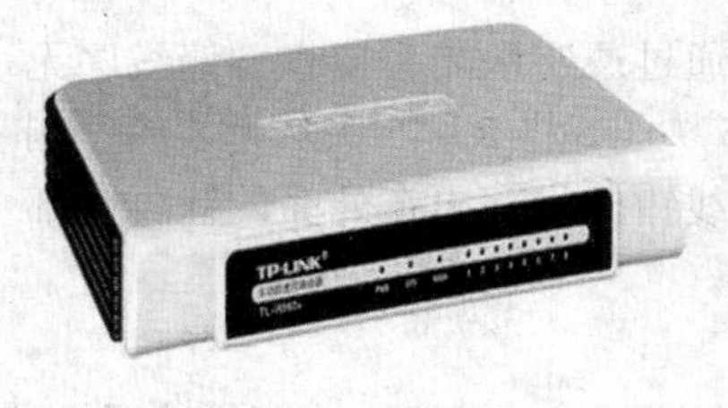

图 8-13 宽带路由器

宽带路由器（如图 8-13 所示）集成了路由器、防火墙、带宽控制和管理等功能，具备快速转发能力，灵活的网络管理和丰富的网络状态等特点。多数宽带路由器针对中国宽带应用优化设计，可满足不同的网络流量环境，具备满足良好的电网适应性和网络兼容性。宽带路由器采用高度集成设计，集成 10/100Mbps 宽带以太网 WAN 接口，并内置多口 10/100Mbps 自适应交换机，方便多台机器连接内部网络与 Internet，广泛被应用于家庭、学校、办公室、网吧、小区接入、政府、企业等场合。

宽带路由器有高、中、低档次之分，高档次企业级宽带路由器的价格可达数千，而目前的低价宽带路由器已降到百元内，其性能已基本能满足家庭、学校宿舍、办公室等应用环境的需求，成为目前家庭、学校宿舍用户的组网首选产品之一。大部分家庭用户组网时一般也就几台电脑，选择一台低档次的宽带路由器即可满足要求。

第四节 集线器（HUB）

集线器的英文称为“HUB”。“HUB”是“中心”的意思，集线器的主要功能是对接收到的信号进行再生整形放大，以扩大网络的传输距离，同时把所有节点集中在以它为中心的节点上。

一、集线器工作原理

集线器属于纯硬件网络底层设备，基本上不具有“智能记忆”能力和“学习”能力，所以它发送数据时都是没有针对性的，而是采用广播方式发送。也就是说当它要向某节点发送数据时，不是直接把数据发送到目的节点，它也不能学习到目的节点在哪，而是把数据包发送到与集线器相连的所有节点，相当于向网内广播数据包。这种广播方式存在着以下几个方面的缺点：

① 用户数据包向所有节点发送，很可能带来数据通信的不安全因素，一些别有用心的人很容易就能非法截获他人的数据包；

② 由于所有数据包都是向所有节点同时发送，加上以上所介绍的共享带宽方式，就可能造成网络塞车现象，降低了网络执行效率；

③ 非双工传输，网络通信效率低，集线器的同一时刻每一个端口只能进行一个方向的数据通信，而不能进行双向双工传输，网络执行效率低，所以不能满足较大型网络通信需求。

二、集线器的安装

集线器的安装相对简单，尤其是傻瓜集线器，只要将其固定在配线柜并插上电源线即可。需要连接时，就把双绞线的 RJ-45 头插入至集线器端口即可。不过对于带有 Uplink 口的集线器，一定要注意，Uplink 口是用来连接上一层网络的，Uplink 口和紧挨着它的网口实际上是一个口， 只是一个用于级连而另一个用于接电脑的网卡，不能同时使用这两个口，因为这两个口虽然都能和其他口连接，但它们两个之间是不通的。如图 8-14 所示，Uplink 和 1 口只能同时使用一个。换一种说法，这两个口实际是一个口的两种工作方式。

图 8-14　HUB 的 Uplink 口

智能集线器的安装与傻瓜式类似，不过，如果想实现集线器的远程管理，就必须进行必要的配置，为集线器指定 IP 地址信息。

第五节　交　换　机

交换机概念的提出是对于共享工作模式的改进，是 HUB 升级换代产品。前面介绍过的 HUB集线器就是一种共享设备，HUB 本身不能识别目的地址，当同一局域网内的 A 主机给 B 主机传输数据时，数据包是以广播方式传输的，对网络上所有节点同时发送同一信息，由每一台终端通过验证数据包头的地址信息来确定是否接收。也就是说，在这种工作方式下，同一时刻网络上只能传输一组数据帧的通信，如果发生碰撞还得重试，很容易造成网络堵塞。同时因实际接收数据的只有一个端口节点，而现在要对所有节点都发送，这样大部分的数据是无效的，造成了整个网络数据传输效率很低。

交换机拥有一条很高带宽的背部总线和内部交换矩阵，这个背板总线带宽比每个端口的带宽要高出许多，通常交换机背板带宽是交换机每个端口带宽的几十倍。交换机的所有的端口都挂接在这条背部总线上，每个端口都有自己固定的带宽，现时它具有两个信道，在同一时刻既可发送数据，又可接收其他端口发送来的数据。

控制电路收到数据包以后，处理端口会查找内存中的地址对照表以确定目的 MAC（网卡的硬件地址）的 NIC（网卡）挂接在哪个端口上，通过内部交换矩阵迅速将数据包传送到目的端口，目的 MAC 若不存在才广播到所有的端口，接收端口回应后交换机会“学习”新的地址，并把它添加入内部 MAC 地址表中，并设置一个有效期，在有效期内可以直接把数据转发出去。

一、交换机的分类

性能越强的设备，应用就越广，广泛的市场支撑会导致设备的技术不断更新，交换机类型也是很多的，分类的方法也很多。根据交换机所应用的局域网类型不同，可以将局域网交换机分为标准以太网交换机、快速以太网交换机、千兆以太网交换机、万兆以太网交换机等。

（1）标准以太网交换机 标准以太网交换机是指带宽在 100Mbps 以下的以太网所用交换机，是最普遍、最便宜的，应用也非常广泛的以太网交换机。标准以太网交换机的网络接口以 RJ-45 为主，为了兼容以前的同轴电缆，配上有 BNC 或 AUI 接口。

在标准以太网交换机中，各端口的带宽通常是 10Mbps 或者是 10/100Mbps 自适应类型的。这类交换机在目前基本上是属于比较低档的桌面或工作组级别的，通常这类交换机也属于非网管的二层交换机类型，是“傻瓜”型的，也就是只要插上电源和网线就可以用了，不具有可配置和可管理性。

（2）快速以太网交换机 快速以太网是一种可以在普通双绞线或者光纤上实现 100Mbps 传输速率的以太网。快速以太网交换机的端口基本上是以 10/100Mbps 自适应类型为主，也有的为了级联上级交换机而提供少数固定 100Mbps 带宽的端口。

图 8-15 快速以太网交换机

快速以太网交换机所采用的传输介质一般来说也是双绞线，有了为了实现高性能的传输，兼顾与其他传输介质的网络互联，也提供少数的光纤接口。图 8-15 就是一款华为交换机 S1026。

（3）千兆以太网交换机 千兆快速以太网交换机一般用于中型网络的骨干或者是大型网络的二级交换中心，它的端口带宽最高可达到 1000Mbps。因为其端口带宽已非常高，所以这类交换机的价格一般比较贵，属于较高档的设备。在结构上通常采用模块化方式，都是可网管的。

千兆快速以太网交换机可采用的传输介质一般有传统的双绞线和光纤两种，极大的兼容了快速以太网交换机，拓宽了廉价双绞线的应用范围，但由于是千兆交换机，传统的双绞线已不能传输，而是要求是六类线。但千兆交换机为了保证用户以前的投资，也不单独提供千兆的端口，而是提供较多数量、能全面支持 10/100/1000Mbps 的 RJ-45 口和各种接口类型的光纤端口。图 8-16 就是一款既可以提供 RJ-45 的也提供光纤接口的千兆交换机。

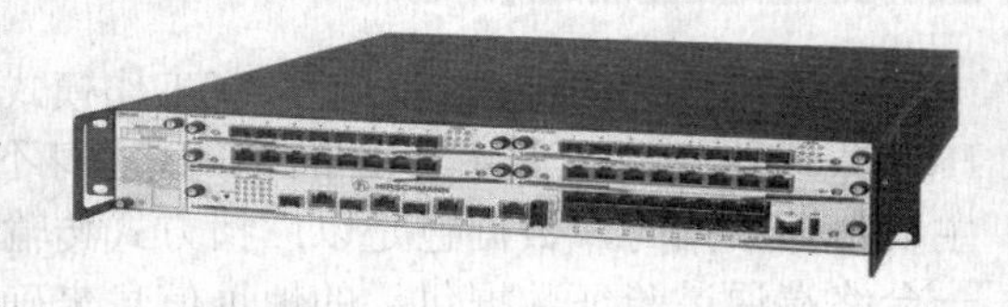

图 8-16 千兆以太网交换机

（4）万兆以太网交换机 万兆以太网标准一出现，国内外的厂商就纷纷推出了万兆以太网交换机，这一般用于大型企业骨干网，采用的传输介质只有光纤，双绞线由于不能满足万兆的传输而没有提供接口，其接口方式全部为光纤。万兆以太网交换机都是基于模块化结构，可以提供千兆的光纤或者 RJ-45 接口，一个万兆的模块价格非常贵。所以这类产品通常也只有大型企业或校园网选用。如图 8-17 是国内著名厂商推出的一系列万兆以太网交换机。

图 8-17 万兆以太网交换机

（5）无线交换机 无线交换机是最近才出现的新产品，主要是为了突破有线的限制，解决当前网络中混合传输的问题。从咖啡馆到机场或车站，到处都有无线的身影，无线交换技术的出现，网络的传输更加方便，这将使得企业用户在构建网络时能够更为方便。无线交换机如图 8-18 所示。

图 8-18　无线交换机

二、交换机的选购

交换机是组网当中重要的网络设备，目前交换机已经揭开神秘的面纱，价格和使用方面已经趋向于平民化，桌面式的交换机已能满足一般用户的需求，但在选购交换机时还需要注意以下几个方面。

（1）转发方式　数据包的转发方式有“直通式转发”和“存储式转发”等，不同的转发方式适应于不同的网络环境，用户可以根据自己的需要选择不同的设备。直通式转发只检查数据包的包头，不需要存储，所以速度较快，但也有缺点。存储式转发方式可以对数据包进行错误检测，有效地提高网络的性能，但在处理数据时延迟较大。

低端交换机通常只有一种转发方式，或是直通方式，或是存储转发方式，用户可以根据上述两种转发方式来选择相应的交换机。

（2）注意合理的尺寸　交换机有机柜式和桌面式两种，机柜式这类交换机符合统一的工业规范，可以轻松地安装在机柜中，便于堆叠、级联、管理和维护。但这类交换机也比较占地方，如果只是一般的应用，桌面式交换机可以提供较高的性价比。

（3）交换机的速度　交换机传输速度的选择，要根据不同用户不同的通信要求来选择。现在一般的局域网都是 10M 以太网，再考虑到升级换代的需要，目前普通局域网当中 10M/100M 自适应交换机就是主流。不同交换速度的交换机，在价格上表现的差距也是很大的，完全没有必要脱离实际数据传输信息量，而去片面追求交换机的高速交换性能。如果组建的局域网规模较小，或者是普通的网吧使用，只要选择 10M/100M 自适应交换机就可以了，因为该类型的交换机价格不是太高，而且性能、速度等各方面都可以满足这些用户的需求。而那些千兆交换机甚至万兆交换机是用于骨干网建设的，一般不在普通用户的考虑之列。

（4）端口数　现在局域网对网络通信的要求越来越高，网络扩容的速度也是越来越快，因此最好在选购交换机时，考虑到足够的扩展性，来选择适当的端口数目。现在市场上常见的交换机端口数有 5 口、8 口、12 口 16 口、24 口等几种，不同的端口数在价格上也有一定的差别，如果从节约成本的角度来看，选择合适端口数的交换机也是一个不可忽视的环节。在建立局域网时，应首先规划好局域网中可能包含多少个信息点，然后根据信息点数来选择交换机。

（5）管理功能　交换机的管理功能是挡交换机如何控制用户访问交换机，以及系统管理人员通过软件对交换机的可管理程序如何管理。目前几乎所有的中、高档交换机都是可管理的，而且可以直接在浏览器里用 Web 方式进行管理。低档的交换机通常不具备有管理功能，属于“傻瓜”式，只要通电、插好网络就能正常使用。可管理功能的交换机在价格上要贵许多。

（6）品牌的选择　品牌创造价值，用户可以根据自己的经济能力来选择自己的品牌。由于交换机技术门槛是越来越低，市场上的交换机品牌也是五花八门，不同的品牌之间价格相关较大。为什么会有这么大的差别的呢？好品牌的交换机确实质量上乘，性能稳定以及功能强大，用户购买回去以后，发现其确实比较实用。在目前的交换机市场上，国内的华为、中兴、锐捷、国外的 Cisco 等一直是交换机市场中的“大哥大”，但这些厂家的竞争主要是在高端市场上，因此这些品牌应该是大型网络中骨干交换机的首选。如果只是部门级或者工作组级局域网使用，建议大家最好去选择腾达、D-link、TP-Link 等价格非常实惠的普通品牌交换机。

（7）其他 除了上述说的交换机技术、功能等注意外，交换机选购的时候还应该注意一些外在因素，比如说：产品的真伪、性价比以及售后服务、保修等方面的内容。用户可以根据自己的情况来选择一台合适的交换机。

第九章 组建简单网络

第一节 家庭网络组网的必要性

网络的出现，改变了人们使用计算机的方式；而 Internet 的出现，又改变了人们使用网络的方式。任何人只要进入了 Internet，就可以利用网络和各种计算机上的丰富资源，Internet 已经进入到日常生活的各个领域。

本章的内容是家庭网络为说明，对于其他小型网络的组建具有参考意义。

互联网的快速发展和普及，让人与人之间的联系更为紧密，随着人们对互联网的认识加深，对于互联网的使用已从原来单纯的玩游戏看视频，走向了运用互联网的广泛应用。互联网为家庭信息生活提供了平台，丰富了生活内容，提升了生活质量。

家庭网络化、数字化，已是现代时尚家庭中重要的标志。随着宽带的接入，人们足不出户接受教育，得到良好的医疗服务已成为现实。用户可以“面对面”地接受远在千里之外的名师授课，名医诊断，期间还可以与老师、医生进行互动。还有时下已成为许多房地产商开发新亮点的智能化小区，也将家庭网络化作为实现小区管理智能化的一种手段。目前，大量的“股民”、“基民”选择了网络理财渠道，已有 1/5 的网民开始使用网上银行和网上炒股业务，了解实时的股票价格，实现即时交易，省却了现实交易的等候及繁琐的手续。随着网络购物潮的汹涌而来，“鼠标经济”也越来越被人们关注，网络消费也越来越被大多数的人所认可和重视。

通过建立一个家庭网络，可以方便有效地使用计算机，并且从中得到更多的乐趣。网络的魅力，是很多计算机通过相互连接，实现了资源和信息的共享，而每台计算机发挥了更大的作用。通过一台联网的计算机，只需要轻点几下鼠标，就可以完成文件的传送。通过网络可以阅读修改另一台计算机上的文件，而操作过程就像在自己电脑上操作一样简单。通过计算机来管理和控制家居这一概念越来越被人们所认同和接受，如电灯开关和安全监控设备与家庭网络的融合已变得越来越容易，将来，家中的车库门、洗衣机、热水器、空调等家电设备都能与计算机对话。

第二节 家庭网络的选型

现在网络的结构是比较复杂，但一般家庭由于电脑较少，网络需求相对简单，对网络的选型也与一般的企业不同，所以在组建家庭网络时应先考虑一下网络的选型。用户可以从以下几个方面来考虑。

（1）对网络的需求是什么？如果只是为了实现 Internet 连接的共享，如看看文字的东西，那么网速仅需要与连接 Internet 的速度相同即可。如果需要进行较大文件的传输，如图片、视频等的传送，较快的网络速度能够提高使用效果。

（2）打算为构件家庭网络所作的预算是多少钱？

（3）在家中铺设大量的新电缆是否合适？

目前，国内适合家庭网络使用的类型主要有 3 种：电话线连接网（如电信、网通、铁通 ADSL 宽带）、以太网（如长城宽带）、无线网络。每种类型的网络需要不同的硬件设备来实现计算机间的互相连接，而且不同类型的网络成本、人力消耗和传输速度上都有很大的区别。表 9-1 是不同网络类型的优缺点比较。

表 9-1　不同网络类型的优缺点

网络类型	相对构建成本	网　速	优　　点	缺　　点
电话线连接网	低	中	网络构建方便，可利用现有电话线路	可能需要布设电话线，网速比高速以太网慢
以太网	低/中	中/高	技术设备成熟，易建立	所有的计算机需要与交换机连接，可能需要新设电缆线
无线网络	中/高	中等	易安装 不需新线	比以太网慢，相对价格最高。信号易受限制

从方便的角度来看，无线网络是家庭网络中最容易安装的一种。无线网络中的计算机使用一种特殊的网络适配器来发送无线电波。在有效的范围内的其他计算机可通过同样的网络适配器接收无线电波，并成功完成数据的传输过程。甚至在计算机之间有地板、天花板和墙壁等阻碍物的情况下，数据的传输同样能够顺利进行。无线网络不需要电缆的铺设，一般也不会改变房屋结构，所以容易安装。但它是三种网络中相对价格较贵的一种，同时网络信号会受到传输距离的限制。

一、家庭操作系统的选择

构建和管理网络离不开操作系统，计算机操作系统在网络中发挥着核心作用。各种网络资源的共享、网络应用、网络安全都要通过操作系统来实现。

目前，常见的网络操作系统包括：Unix、Linux 、Windows 系列操作系统。下面将介绍家庭各常用操作系统的特点，以及根据不同的需求来选择各种操作系统。

1. Unix 操作系统简介

Unix 操作系统 1969 年踏入计算机世界，最早由 AT&T Bell 实验室研制开发。它是笔记本电脑、PC、PC 服务器、中小型机、工作站上全系列通用的操作系统，至少到目前为止还没有哪一种操作系统可以担此重任。而且以其为基础形成的开放系统标准也是迄今为止唯一的操作系统标准，成千上万的应用软件在 Unix 系统上开发并施用于几乎每个应用领域。Unix 从此成为世界上用途最广的通用操作系统。许多 Internet 服务器也使用 Unix 操作系统，其版本众多，应用比较广泛的主要有：HP-UX、IBMAIX、Sun Solaris、SCOUnix 等。

Unix 操作系统的优点主要如下。

（1）网络功能是 Unix 系统的又一重要特色，作为 Internet 网络技术和异种机连接重要手段的 TCP/IP 协议就是在 Unix 上开发和发展起来的。所以 Unix 操作系统对计算机的 TCP/IP 协议支持很好，可以方便地接入 Internet。目前 Internet 上大量的 WWW 服务器就是使用的 Unix 操作系统。

（2）具有较高的安全性，Unix 操作系统不容易感染计算机病毒和恶意的网络攻击，Unix 对用户权限、文件和目录权限、内存管理等方面都有严格的规定，因此具有较高的安全性、可靠性。

（3）只有很少的操作系统能提供真正的多任务能力，Unix 操作系统能够实现多任务、多用户环境，允许多个用户同时执行不同的程序，并且可以给紧急任务以较高的优先级。

Unxi 操作系统的缺点主要有：

对于计算机初学者而言，用 Unix 构建和管理网络需要使用者对该操作系统有一定程度的学习，许多计算机操作命令需要记忆。可提供的商业化软件相对不是很多，Unix 操作版本众多，各版本之间的兼容性也不是很好好，往往只能运行在少数几家厂商所生产的硬件平台上。这些缺点限制了 Unix 操作系统的应用范围。

2. Linux 操作系统简介

Linux 操作系统是 1991 年由一芬兰学生在 Unix 的基础上开发出来的一套操作系统，到现在全世界已有无数的软件工程师对 Linux 进行扩充和提高。Linux 操作系统可以从互联网上免费下载使用，且大多数应用程序也是免费可得的，其开源的精神让该系统发展迅猛。任何人可以通过 Internet 得到它，还可以进行修改然后再发布供他人使用。Linux 的界面如图 9-1 所示。

图 9-1　红旗 Linux 6.0 桌面

Linux 操作系统的主要优点如下。

（1）支持多种硬件平台和外部设备。Linux 操作系统可以运行在 Intel 系统的个人计算机上，也可以运行在 Apple 系统上。目前在计算机机器上使用的大量的外部设备，都可以在 Linux 操作系统下使用。

（2）提供先进的网络支持。Linux 操作系统内置了对 TCP/IP 协议的支持，可以使用 Internet 上的全部网络功能，同时，也支持点到点 PPP、SLIP 等多种协议，这样意味着用户可以使用高速 Modem 通过电话线接入 Internet。Linux 操作系统还可以方便同其他操作系统进行通信。

Linux 操作系统以其低廉的费用、强大的性能受到越来越多的用户关注。其缺点是，和 Unix 类似版本繁多，各版本间的兼容性有待提高。

3. Windows 操作系统

Microsoft Windows，是微软公司研发的一套桌面操作系统，它问世于 1985 年，起初仅仅是Microsoft-DOS模拟环境，后续的系统版本由于微软不断更新升级，不但易用，也慢慢成为家家户户人们最喜爱的操作系统。

Windows采用了图形化模式GUI，比起从前的DOS需要键入指令使用的方式更为人性化。随着电脑硬件和软件的不断升级，微软的 Windows 也在不断升级，从架构的 16 位、32 位再到64位，甚至128位，系统版本从最初的Windows 1.0到大家熟知的Windows 95、Windows 98、Windows ME、Windows 2000、Windows 2003、Windows XP、Windows Vista、Windows 7、Windows 8、Windows 8.1、Windows 10（预览版）和Windows Server服务器企业级操作系统，不断持续更新，微软一直在致力于Windows操作系统的开发和完善。

Windows 7是微软于2009年发布的，开始支持触控技术的Windows桌面操作系统，其内核版本号为NT6.1。在Windows 7中，集成了DirectX 11和Internet Explorer 8。DirectX 11作为3D图形接口，不仅支持未来的DX11硬件，还向下兼容当前的DirectX 10和10.1硬件。DirectX 11增加了新的计算shader技术，可以允许GPU从事更多的通用计算工作，而不仅仅是3D运算，这可以鼓励开发人员更好地将GPU作为并行处理器使用。Windows 7还具有超级任务栏，提升了界面的美观性和多任务切换的使用体验。通过开机时间的缩短，硬盘传输速度的提高等一系列性能改进，Windows 7的系统要求并不低于Windows Vista，不过当时的硬件已经很强大了。到2012年9月，Windows 7的占有率已经超越Windows XP，成为世界上占有率最高的操作系统。

Windows 7的设计主要围绕五个重点——针对笔记本电脑的特有设计；基于应用服务的设计；用户的个性化；视听娱乐的优化；用户易用性的新引擎，跳跃列表，系统故障快速修复等；这些新功能令Windows 7成为最易用的Windows系统。Windows 7具有易用、简单、高效的特点。Windows 7简化了许多设计，如快速最大化，窗口半屏显示，跳转列表（Jump List），系统故障快速修复等。Windows 7将会让搜索和使用信息更加简单，包括本地、网络和互联网搜索功能，直观的用户体验将更加高级，还会整合自动化应用程序提交和交叉程序数据透明性。Windows 7中，系统集成的搜索功能非常强大，只要用户打开开始菜单并开始输入搜索内容，无论要查找应用程序、文本文档等，搜索功能都能自动运行，给用户的操作带来极大的便利。

二、操作系统的选择原则

目前流行的适用于局域网的网络操作系统种类繁多，每种操作系统都有自己的长处和缺点。家庭网络属于小型网络，所以在选择操作系统时要从实际的角度出发，既要考虑使用现有操作系统，也要考虑所选择的操作系统是否便于网络互连，同时还要考虑机器的硬件配置。在实际选择中，还要根据具体的需求来选择何种操作系统。整体来说，要注意以下4点。

1. 对硬件设备及网络外围设备的支持和兼容性

操作系统对硬件设备的要求和兼容性直接影响到用户的使用感觉。对于一个拥有多台计算机的局域网系统来讲，选择一个好的操作系统，等于节约了一大笔网络构建成本，一个对硬件性能要求低、兼容性良好的操作系统可以免去升级电脑和更换硬件的麻烦。Windows操作系统具有良好的兼容性，因此长期处于同类市场的主导地位。

2. 操作系统简单易用性

选择一个易于操作、易于维护的操作系统，可以大大提高使用的工作效率，对于家庭局域网来讲，操作系统的易用性显得更加重要。一个方便使用的操作系统，在安装、使用、维护的过程中只需要一些基本的网络知识，基本不需要专业的电脑公司技术人员的帮助，这对普通家庭用户来说是一个很实际的选择。

3. 广泛的支持性

所谓支持性，就是指该操作系统能否达到预计的应用效果。因为好多特殊的软件是为某一个操作系统平台专门设计的，如果选择其他的操作系统就会出现一些程序兼容性的问题或者不能运行。一个优秀的操作系统，离不开优秀的应用软件的支持，所以选择操作系统一定要考虑到应用软件的支持问题。

4. 系统安全性能能否达到要求

自从 Internet 诞生到发展至今，伴随着网络的开放性、共享性、互连程度的扩大，网络安全问题已越来越严重，普通用户也随时随地面临安全破坏和威胁。

第三节　几种常见的家庭网络配置方案

随着科技的发展，网络信息已经由简单的数据文件传输发展为多媒体信息传输，到处充斥的视频、音频、动画、广告，宽带化上网成为大势所趋，改进入网方式势必成为突破瓶颈的唯一手段。目前市场上已有多种宽带接入方式并存，对于很多用户来说在安装宽带前很想了解几种宽带的特点，以便对比选择最适合于自己的产品。

近年来，电脑价格下降很快，硬件产品的更新更是一日千里，许多家庭都渐渐添置了两台，甚至两台以上的电脑。再加上网络的普及，组建家庭网络就逐渐提上了日程。大家都知道，家庭组网是一项经济便利的选择，不但方便了数据的交换，而且可大幅度地降低后置 PC 的投资。文档共享使得能够在一台机子上访问另外一台机子的文档；家庭成员对打网络游戏，其乐融融。那么，或许有人要问，如何建立家庭网络呢？会不会很复杂呢？对此，我们给大家介绍一下家庭组网的三种常用基本方式，希望能给大家带来帮助。

一、简单的家庭对等网络

这种方式只是家里两台电脑通过交叉线或串行线连成网络，两台电脑可以共享打印机及文件，也可以联网玩游戏。如图 9-2 所示。

图 9-2　简单的对等网络连接图

事实上这并不是严格意义上的“网络”，但因为无须购买新的设备，做到了花最少的钱取得最大的效益，不失为双机互连的最经济、最方便的一种方法。但这种方法也不无缺点，具体表现在两机互访时需要频繁地重新配置主机客关系，另外，数据传输速率较慢，仅适合于双机交换数据或是简单的联机游戏。

二、利用交换机或宽带路由器来组网

这种组网方式就是增加一台宽带路由器或交换机把家里的电脑连接起来，再通过宽带猫连接上互联网。如图 9-3 所示。

这种方式是比较实用的一种，通过宽带猫拨号上网后，家里的电脑都已经连接到互联网了，也都可以通过宽带路由器来共享文件和打印机。

三、无线组网方式

无线组网方式与第二种方式类似，就是把宽带路由器或交换机换成无线路由器就行，当然家里的电脑都必须带有无线网卡才行。如图 9-4 所示。

图 9-3　交换机或路由器组网　　　　图 9-4　无线组网方式连接图

无线组网方式让电脑挣脱了线缆的束缚，电脑可以在家里任何一个角落随时随地地在网上自由翱翔。

第四节　对等网的组建

对等网可以说是当今最简单的网络，非常适合家庭、校园和小型办公室。它不仅投资少，连接也很容易。对等网的组建就是把两台电脑通过线缆连接在一起，这个线缆可以是交叉双绞线也可以是串行线。下面以 Win7 系统为例说明无线对等网组建步骤。

第 1 步：打开网络和共享中心（图 9-5）

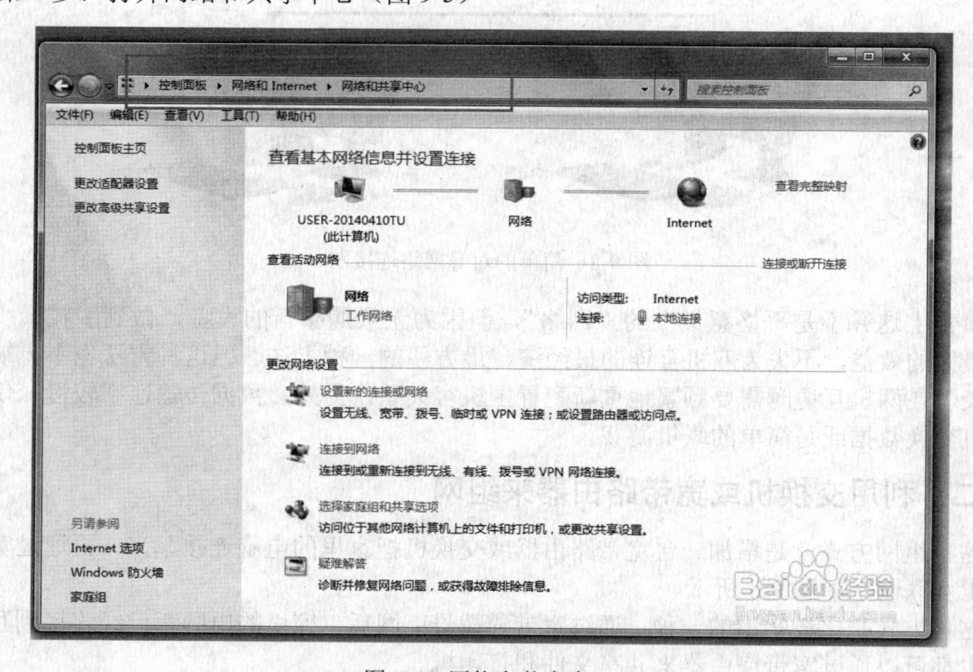

图 9-5　网络和共享中心

第 2 步：设置新的连接或网络（图 9-6）

图 9-6　设置连接或网络

第 3 步：设置无线临时网络（图 9-7）

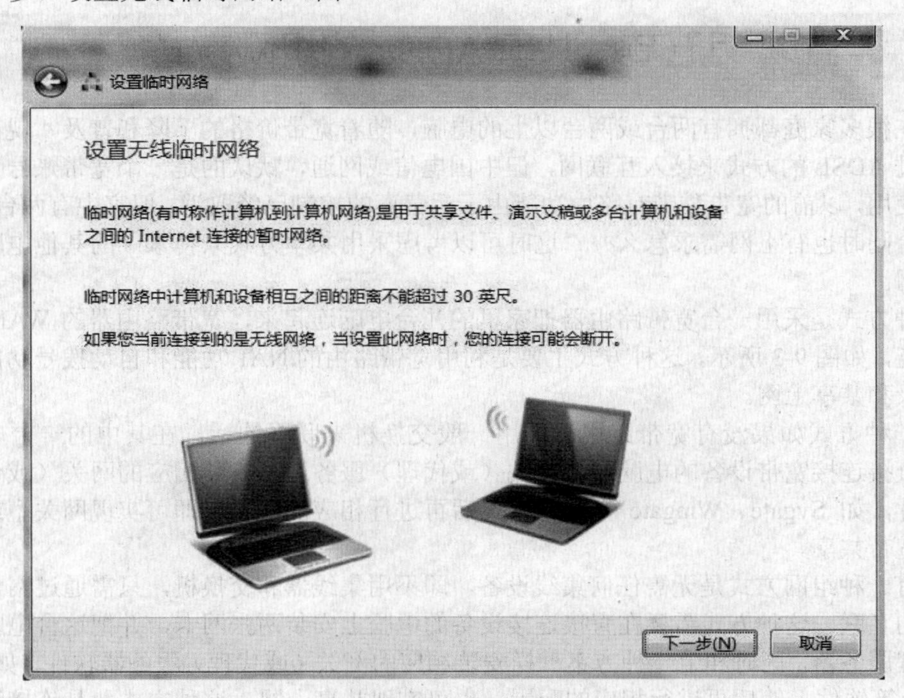

图 9-7　无线临时网络

第 4 步：点下一步，设置无线安全选项（图 9-8）

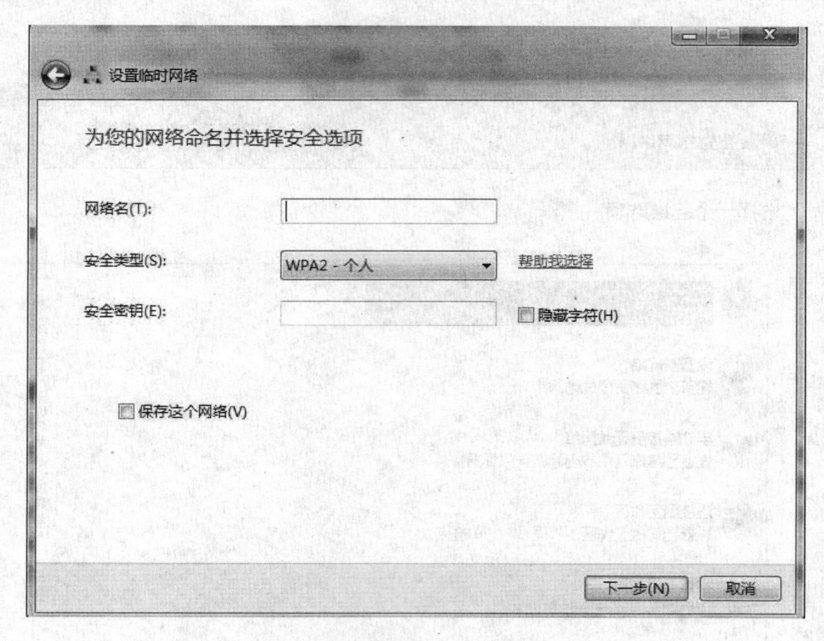

图 9-8　设置安全选项

第 5 步：设置完成后，可以等待其他电脑用无线接入另本电脑

另一台电脑直接搜索无线网络,直到找到刚才建立的那个无线网络名然后点连接可连接起来，经过上述步骤配置后，两台电脑可以组成对等网络，可以共享文件和打印机及联网游戏等。

第五节　共享 ADSL 的组网方式

现在很多家庭都拥有两台或两台以上的电脑，随着宽带价格的下降和普及，现在很多家庭都通过 ADSL 的方式来接入互联网，但中国电信或网通，默认的是一个宽带账号只能给一台机器使用，以前的宽带猫带有路由功能由于运营商的控制已经取消。但家中有两台电脑的，另外一台同时也有上网需求怎么办？这时可以考虑采用共享方式来使家中的其他电脑同时接入互联网。

一种方式是采用一台宽带路由器把家里的几台电脑连起来，宽带路由器的 WAN 口与宽带猫相连，如图 9-3 所示，这种方式主要是利用宽带路由的 NAT 功能和自动拨号功能来实现自动登录和共享上网。

另一种方式如果没有宽带路由器而用一般交换机来联网的话，在其中的一台电脑上拨号，把直接连接宽带设备的电脑作为网关（或代理）服务器，安装相应的网关（或代理）服务器软件，如 Sygate、Wingate 等软件，然后再进行相应的配置，即可实现网关型或代理服务器型宽带共享。

还有一种组网方式是无需任何集线设备，即不用集线器和交换机，只需通过网卡实现两台电脑的互联。这种方式需要在直接连接设备的电脑上安装两张网卡，并把这台电脑作为网关或代理服务器，同时和上一种方案一样安装相应的网关（或代理）服务器软件，如 Sygate、Wingate 等软件，然后再进行相应的配置，也可实现共享上网。这种方式一是连接简单；二是投资极少。当然，其缺点就是必须要有一台主机做服务器，其他机器要上网时，服务器必须开机。

一、网络结构的规划

前面三种方案各有特点，但第一种方案更实用、更简单些，最主要是现在宽带路由器的价格与交换机的价格已经相差无几，而宽带路由器除了具有数据交换功能外还带有自动拨号、路由、网络地址转换和自动地址分配功能，所以用户在组网时可以考虑第一种方式，如图 9-4 所示的结构图，下面以这种组网方式来说明如何设置，达到网络共享的目的。

用这种方案组网时，用户应该根据家里的电脑数量选择相应的路由器端口数，现在的宽带路由器所提供的交换端口基本上都为 4 口，最多只能直接连接 4 台电脑，对于多数家庭用户来说是足够用的。

组网所需设备：一台宽带猫（申请 ADSL 账号时运营商赠送）、一台 4 口的宽带路由器，长度合适的直连网线。

二、网络相关配置

使用宽带路由器共享上网时，要经过对宽带路由器和需要共享上网的 PC 机进行设置，这里笔者使用腾达公司的宽带路由器的设置过程来逐步进行讲解，一般宽带路由的设置界面及功能都大同小异，主要是设置自动拨号、动态地址分配和 IP 地址等。所以这些设置同样适用于其他的宽带路由器产品。

1. 线缆连接

要使用宽带路由器，首先当然需要安装连接宽带路由器。先把宽带路由器电源接好，接好后宽带路由器面板上的 POWER（电源）灯将长亮，宽带路由器系统开始启动，SYS 或 SYSTEM（系统）灯将闪烁。

接着进行网线的连接，将直连网线接在宽带路由器的 LAN 其中的一个口上，另一端接在电脑的网卡上。

2. 配置电脑的 TCP/IP 选项

在线缆连接完成以后，需要对已经与宽带路由器的 LAN 口相连接的 PC 来进行具体的设置。在设置之前，应确认这台机器已经装有 TCP/IP网络协议，以 Windows XP操作系统为例，其他操作系统平台的设置基本上都差不多，下面来看看我们需要在这台 PC 上如何进行配置。

（1）右键单击桌面的网上邻居图标，点击“属性”选项。在弹出的窗口中选择本地连接，右键单击选择“属性”选项。如图 9-9 所示。

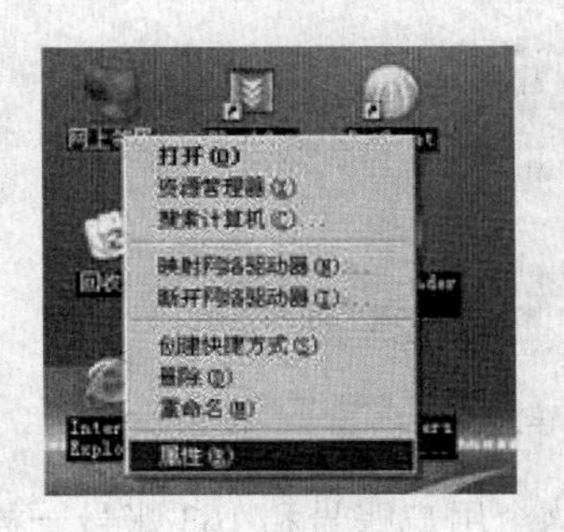

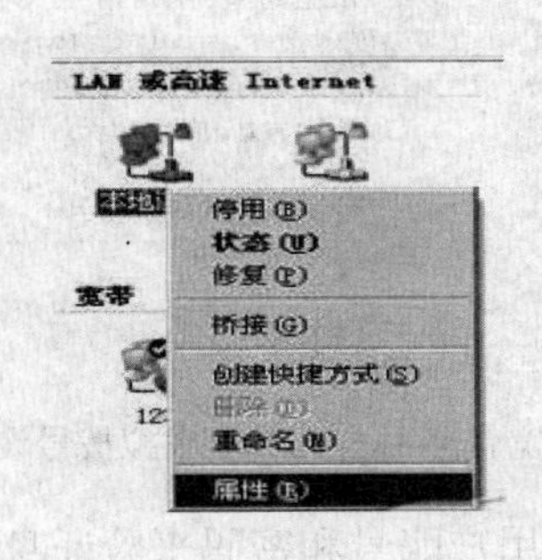

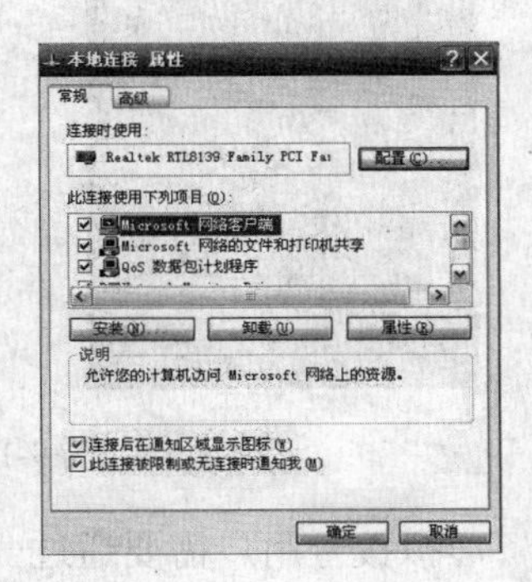

图 9-9 打开本地连接“属性”

（2）双击对话框中的“Internet 协议（TCP/IP）选项”。在弹出的对话框中选择“使用下面的 IP 地址”选项，设置这台 PC 的 IP 地址。

宽带路由器的出厂 IP 地址一般都为 192.168.0.1（请查看说明书或查看路由器背面，一般路由器背面都会附有 IP、用户名及密码等），这里以 192.168.0.1 的为例，在配置的时候需要将 PC 设置和宽带路由器在同一个网段中即可。现在有些路由器的设置是越来越傻瓜化，内部启动了自动分配地址（DHCP）功能，只要接入 PC 的设置是自动获取 IP 的，就可以直接从路由器分配到 IP。在这里以不能自动分配 IP 为例，将这台 PC 的 IP 地址设置为 192.168.0.2，子网掩码 255.255.255.0，默认网关为 192.168.0.1。

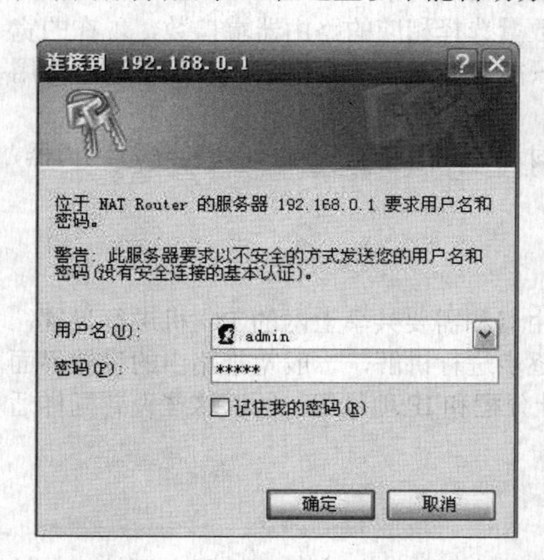

图 9-10　宽带路由器的用户名密码验证对话框

3. 登录宽带路由器

通过以上的设置，计算机和路由器可以通信了，登陆到路由器进行具体的配置。双击桌面的 IE 浏览器，在地址栏内输入宽带路由器的 IP 地址 http://192.168.0.1。输入完宽带路由器的 IP 地址后回车，会提示输入登陆的路由器的用户名及密码（有些型号的机器只提示输入密码），出厂的默认用户名及密码一般都是 admin（如不是，可参考说明书）。如图 9-10 所示。

4. 设置 ADSL 虚拟拨号接入

ADSL 虚拟拨号就是在 ADSL 的数字线上进行拨号，不同于模拟电话线上用调制解调器的拨号，而采用专门的协议 PPP over Ethernet（PPPoE），拨号后直接由验证服务器进行检验，用户需输入用户名与密码，检验通过后就建立起一条高速的用户数字，并分配相应的动态 IP。

ADSL 虚拟拨号的宽带接入方式是目前国内宽带运营商提供的主流方式，需要采用宽带路由器的 ADSL 虚拟拨号接入主要是以太网接口没有内置路由功能的 ADSL Modem，如果采用的是这种设备，就请按以下方式进行设置宽带路由器即可。单击快速设置，在设置向导里选择 ADSL 虚拟拨号。如图 9-11 所示。

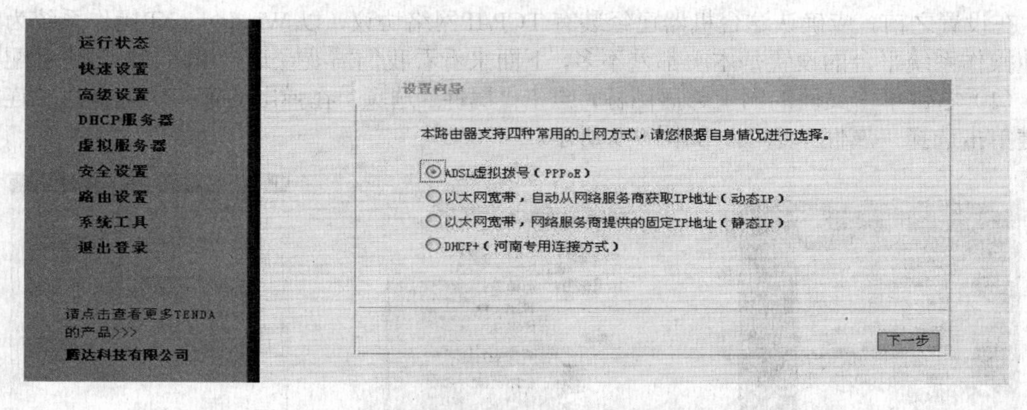

图 9-11　宽带路由器 ADSL 虚拟拨号设置向导之一

虚拟拨号用户需要通过一个用户账号和密码来验证身份，这个用户账号和 163 账号一样，都是用户申请时自己选择的，并且这个账号是作了限制的，只能用于 ADSL 虚拟拨号，不能用于普通 MODEM 拨号。如图 9-12 所示，输入从运营商那申请得到的账户和密码。

正常情况下，在线路连接正常情况及宽带路由器启动完毕，就会自动拨号上网，其他连接的电脑也可通过宽带路由器共享上网。是否已连上网，可到宽带路由器的设置界面里点击"运行状态"→"WAN状态"查看。已正常上网，在这里可看到自动从ISP厂商处获得的IP地址、子网掩码、网关、DNS等信息。而若没有正常连接，则会显示"PPPOE自动（按需）连接（正在连接）"，也无IP地址等信息，表明宽带路由器未连接成功，请检查用户名及密码是否正确（注意大小写）、ADSL是否已开启、ADSL的线是否已与宽带路由器的WAN口连接好，连接正常后宽带路由器WAN口的指示灯应该长亮。

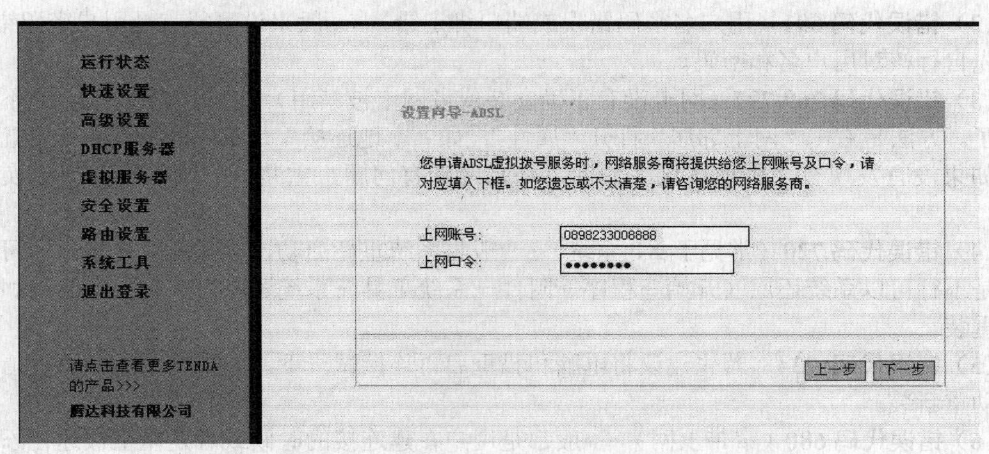

图9-12 宽带路由器ADSL虚拟拨号设置向导之二

三、总结

ADSL专线接入的共享比较方便，做好网络后便可很方便的共享上网。通过家庭网络，所有的家庭成员都可以同时登陆Internet，使用共享的外部设备，进行各自的学习、工作、娱乐而互不干扰，还可以便捷的传输数据资料、MP3、音频视频、游戏等文件。

同样，家庭中的成员可以共享使用打印机、扫描仪，甚至共享软件、CD ROM和ZIP磁盘，进行联网游戏及网络游戏。

而且这种网络是比较安全的，无论是ADSL宽带猫还是更专业的宽带路由器、无线路由器都包含一个NAT（网络地址解析）防火墙和路由功能来保护家庭网络在进入外部网络时的安全，所有的家庭网络成员向Internet传输的数据包都会通过NAT路由功能将内部IP地址转为公共的外部IP地址，这样，不怀好意者就无法探测到你的内部真实的IP地址，从而无法进行入侵。

第六节 宽带上网常见故障

一、无法连接上网

无法连接上网时在拨号时会出现以下几种错误代码，每种错误代码都有其相应的检查步骤。

（1）错误代码678（619）

① 检查宽带猫上的指示灯（正常为3个灯长亮）。正常的话把电脑和猫关掉，间隔3min左右重开再连接试一下。检查是否有防火墙或雅虎助手等软件，如有则建议卸载或退出防火墙及雅虎助手后测试。

② ADSL 指示灯不正常。信号灯不亮或者闪烁，首先确认装宽带的电话是否正常，电话正常检查连接线（连分离器的电话线）是否正常，可以将两头拔下来重新插一下，然后将宽带猫的电源关掉过两三分钟重启再看一下信号灯是否能稳定，如果试过还是不稳定，请拨打宽带运营商客服电话如中国电信 10000 报修宽带故障。

③ 网卡灯不亮　请将猫后面的网线两头重新插拔一下，如果还是不亮的话建议查一下网卡。

（2）错误代码 691（用户名密码错误或端口绑定错）　一般来说可能就是用户密码错误，可以先自行核对用户名和密码。

（3）错误代码 769/797（网卡没有正确安装或者网卡被禁用）　检查一下网卡，是不是被禁用了。方法是右击“网上邻居”打开“属性”，如“本地连接”是灰色的，双击启用就可以了，如果没有发现有“本地连接”的话，则是网卡有问题，重装一下网卡驱动或更换一张网卡。

（4）错误代码 720（常见于 XP 系统）　一般将系统重新启动，再重新拨号多次即可。如果还是不行可以系统还原（开始→程序→附件→系统工具→系统还原）或将网卡驱动和拨号软件重装。

（5）错误代码 734　首先建议将电脑和猫重启再连接试一下，如果试了还是不行请把网卡驱动重新装。

（6）错误代码 680（窄带上网）　一般都是用户在建连接的时候或者是星空极速在添加账号的时候账号类型选错了，正确的账号类型应该是“ADSL/LAN 网络快车”。

二、连接成功后应用受影响

（1）现象：网络连接正常，但上网经常掉线

这种情况最好检查一下用户端硬件或设备。

① 首先检查室内线路：检查线路连接是否正常，线路和通信质量良好没有被干扰，没有连接其他会造成线路干扰的设备，例如小总机，分线盒（如果一定要用分线盒，最好选用质量好的）等，没有接触不良以及与其他电源线串绕在一起；电话最好用标准电话线，能用符合国际标准的三类、五类或超五类双绞线更好，接 ADSL 的线用 ADSL Modem 附带的网线；入户后就分开线走，一线走电话、一线走电脑。

② 检查 Modem 状态是否正常：重启 Modem。Modem 长时间运转不关机，导致 Modem 过热，或放置在干扰源较强的地方（如音箱上，手机或手机充电器旁等，手机一定不要放在 ADSL Modem 的旁边，因为每隔几分钟手机会自动查找网络，这时强大的电磁波干扰足以造成 ADSL Modem 断流）影响其正常工作。

③ 检查网卡是否正常，包括网卡故障或 ISA 网卡的一些问题：ISA 网卡最好换成 PCI 的，选择质量好的网卡安装。检查是否存在双网卡冲突情况：拔起连接局域网或其他电脑的那块网卡，只用连接 ADSL 的网卡上网测试，如果恢复正常，检查两块网卡有没有冲突。

④ 检查用户端网络问题：用户如多台机上网请查网络是否有故障，断开网络，使用单机上网判断是否网络故障。

（2）用户终端软件问题检查

① 检查电脑有无中病毒或其他 Windows 问题，可以通过杀毒、打补丁解决。Windows 的补丁可以在微软网站或其他下载网站上找到。

② 检查拨号软件是否正常：可以卸载掉拨号软件，重新建立一个连接，来检查是否能够上网。务必注意不要同时装多个 PPPOE 软件，以免造成冲突。

③ 检查系统软件设置：特别是检查 DNS 服务器地址是否正确，关于 DNS 服务器地址

可以咨询当地的运营商。对于ADSL虚拟拨号的用户来说，绑定ADSL网卡的IP地址和DNS选项是不需要设定的，自动分配即可。如果要设DNS则应设置正确，绑定ADSL网卡的TCP/IP网关一般不需要设置。

④ 检查TCP/IP设置：如从没有更改过设置，一直可以正常浏览，突然发现浏览不正常了，就可以通过删除TCP/IP协议后重新添加TCP/IP进行检查。

⑤ 检查软件：卸载有可能引起断流的软件，某些软件例如QQ2000等，偶然会造成上网断流，具体什么条件下会引发，尚要进一步的测试，但是当发现打开某些软件就有断流现象，关闭该软件就一切正常时，卸载该软件试试。

⑥ 检查防火墙、共享上网软件、网络加速软件等设置：如果安装了防火墙、共享上网的代理服务器软件、上网加速软件等，不要运行这类软件，再上网测试看看速度是否恢复正常。

三、现象：网页打不开

可能造成的原因：

（1）浏览器原因；

（2）DNS设置问题；

（3）其他软件影响；

（4）网页能开聊天软件等登陆不了。

相应的处理方法：

（1）重新覆盖或换更高版本的IE测试，或用其他浏览器，重新启动电脑；具体请参阅第二章网页浏览；

（2）DNS设置可以咨询当地运营商，如海南的DNS服务器地址为202.100.199.8和202.100.192.68;

（3）把雅虎助手、金山网镖或防火墙等软件关掉测试，防火墙等级设置过高也会造成个别网页无法打开；

（4）重装聊天软件测试。

四、现象：点播影片时画面或声音不流畅，频繁缓冲

通常有以下原因导致：

（1）在服务器或网络忙时，或点播的影片有很多人在看，则出现缓冲的可能会增加，一般情况下可以在主力和分流之间切换，或者避开高峰时期。

（2）检查机器是否满足播放电影的最低配置：CPU为PII800或同主频以上，内存至少为128M，操作系统为Win98及以上。更低配置的机器播放时画面会停顿或CPU满载，尤其是高分辨率的影片。

（3）检查机器是否遭受病毒感染（大部分情况可能中了“尼姆达”等经E-mail、网页传播的病毒），病毒会消耗系统资源，使机器响应变慢。建议安装防病毒软件。

（4）针对某些网络防火墙规则配置过于严厉或者不当，有可能导致点播时不流畅，在播放时关闭网络防火墙。

（5）如果机器超过半年以上没有做碎片整理，请整理硬盘碎片，保持系统盘（C:盘）有足够空间。

（6）请检查网络连接速率情况。如果速率低于1M，将可能导致播放频繁缓冲。

（7）播放时关闭其他所有窗口。

（8）在用户所有视频播放软件都安装到位且系统配置也都符合要求的情况下，可指导用

户点击“开始→所有程序→附件→娱乐→Windows Media Player→打开→工具栏→选项→性能→连接速度→最快 LAN→确定”即可。

（9）在用户所有视频播放软件都安装到位且系统配置也都符合要求的情况下，可指导用户在电影播放时，单击右键，选择“选项”中的“性能”，将默认的缓冲时间 5s 设为 30～80s，一般就不会出现停顿、缓冲现象了。其次去掉 UDP 及多端模式也管用。

五、使用“星空极速”软件方面的故障

（1）故障现象一：“星空极速”软件安装不正常。

解决方法：

① 建议在运行安装程序前退出其他 Windows 应用程序，如个人防火墙、杀毒程序；

② 安装过程中不要打开网上邻居的属性对话框，否则无法正常安装驱动程序。

（2）故障现象二：在 VISTA 系统里无法安装星空极速 2.1。

鼠标右键点击星空极速安装文件，左击属性，选择“兼容性”，在窗口里选择使用 Win2000 兼容方式运行，按确定，再鼠标右键点击星空极速安装文件，选择以管理员身份运行即可正常安装。

（3）故障现象三：安装“星空极速”软件后不能正常拨号，提示 PPPOE 协议没有正常安装上，无法进行正常拨号。

解决方法：一般是用户的网卡驱动没装好、底层 TCP/IP 协议故障现象造成 PPPOE 协议没有正常绑定。建议网卡驱动重装，驱动正常情况后将"星空极速"卸载，重新安装一次，即可恢复正常。

（4）故障现象四：Modem 上的灯显示正常，星空极速拨号提示“错误 680，无拨号音”。

解决方法：“星空极速”拨号软件设置错误，拨号方式选择了“主叫用户”，打开拨号软件窗口→点击“选项”→选择“ADSL/LAN 网际快车”→确定退出，重新连接即可恢复正常。

（5）故障现象五：星空极速拨号时提示“正在连接设备请稍后”，无法上网（用户操作系统为 Win98）。

解决方法：如 MODEM 的灯状态都正常,要求重新启动计算机即可恢复正常。

（6）故障现象六：XP 系统，使用星空极速软件后，容易中病毒，登录后，系统倒计时 60s 重启，用系统自带拨号软件就不会出现这种情况。

解决方法：主要原因是原星空极速软件没有将 XP 的防火墙功能打开，造成用户的主机容易受病毒攻击。建议将原软件卸装，重新安装新版拨号软件（网络下载或电信宽带维护人员提供安装），即可恢复正常。

第十章 简单网络应用实务

第一节　对等网络资源共享

在第九章中，已经介绍了对等网络的基本概念和连接方式，对等网的特点就是对等性，即网络中计算机功能相似，地位相同，无专用服务器，每台计算机相对网络中其他的计算机而言，既是服务器又是客户机，所有的用户都工作在同一网络区域，因此相互共享网络资源，如文件共享、打印机共享等可以非常方便地实现。以下对具体如何通过对等网来实现网络资源的共享的。

一、文件共享

在日常的生活和工作中，常常需将某一台计算机上特定的文件或文件夹里面的内容，可以让同一工作组中所有的计算机或指定的计算机进行访问。下面以在 Windows 7 系统下，如何实现文件的共享为例。

1. 简单文件共享

（1）右击桌面网络——属性——更改高级共享设置（注释：查看当前网络 比如：家庭网络、公共网络等），如下为公共网络示范（图 10-1）。

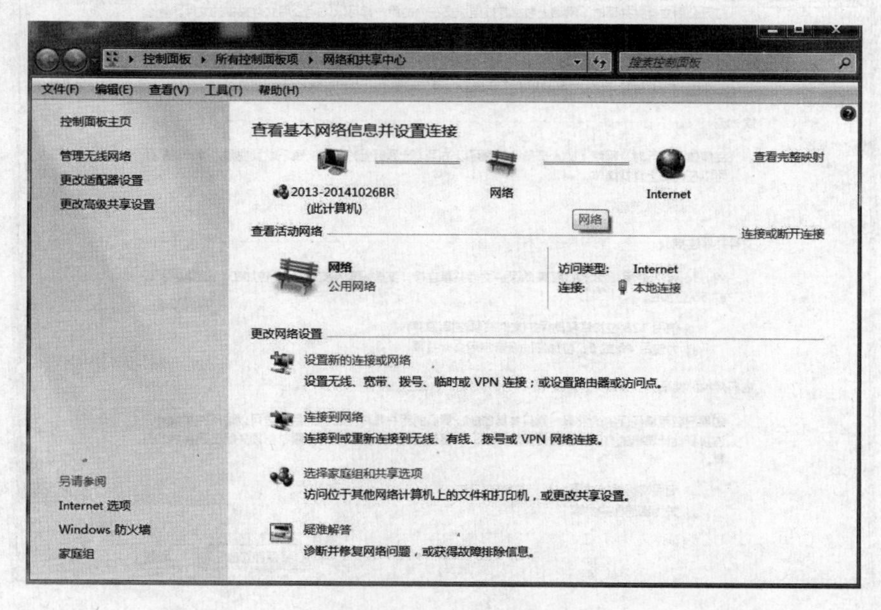

图 10-1　更改高级共享设置

（2）选择公共网络——选择以下选项：启动网络发现——启动文件和打印机共享——启用共享以便可以访问网络的用户可以读取和写入公用文件夹中的文件（可以不选）——关闭密码保护共享（注释：其他选项默认即可）（图 10-2）。

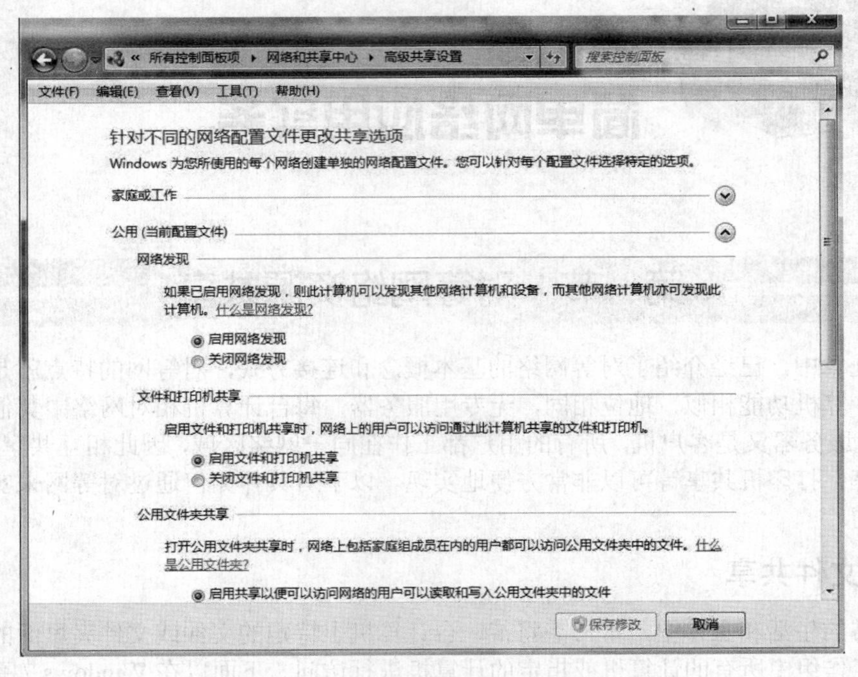

图 10-2　启用共享设置

（3）保存，如图 10-3 所示。

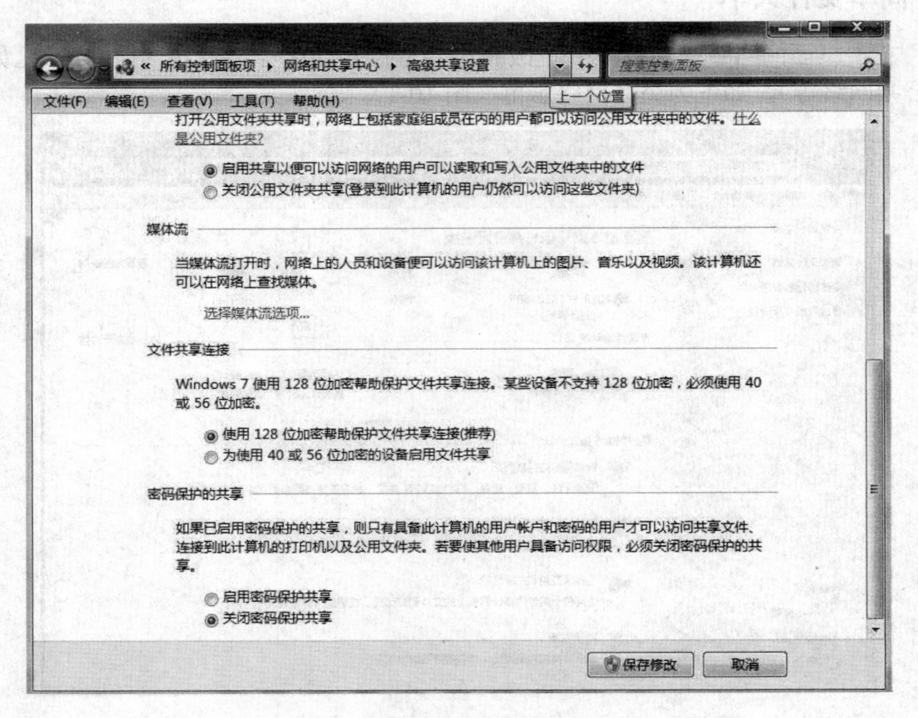

图 10-3　保存修改设置

（4）选择需要共享的文件夹（比如：新建文件夹）右击——属性（图 10-4）。

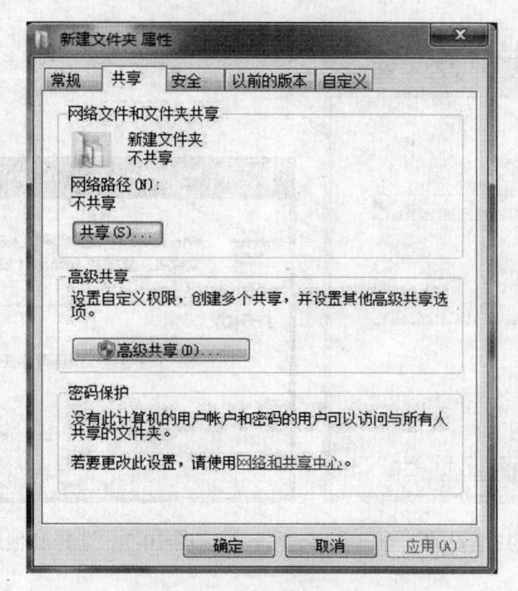

图 10-4　选择需要共享的文件夹设置

（5）共享——选择 共享（S）...——弹出对话框——添加“Guest”（注释：选择“Guest”是为了降低权限，以方便于所有用户都能访问！）——共享（图 10-5）。

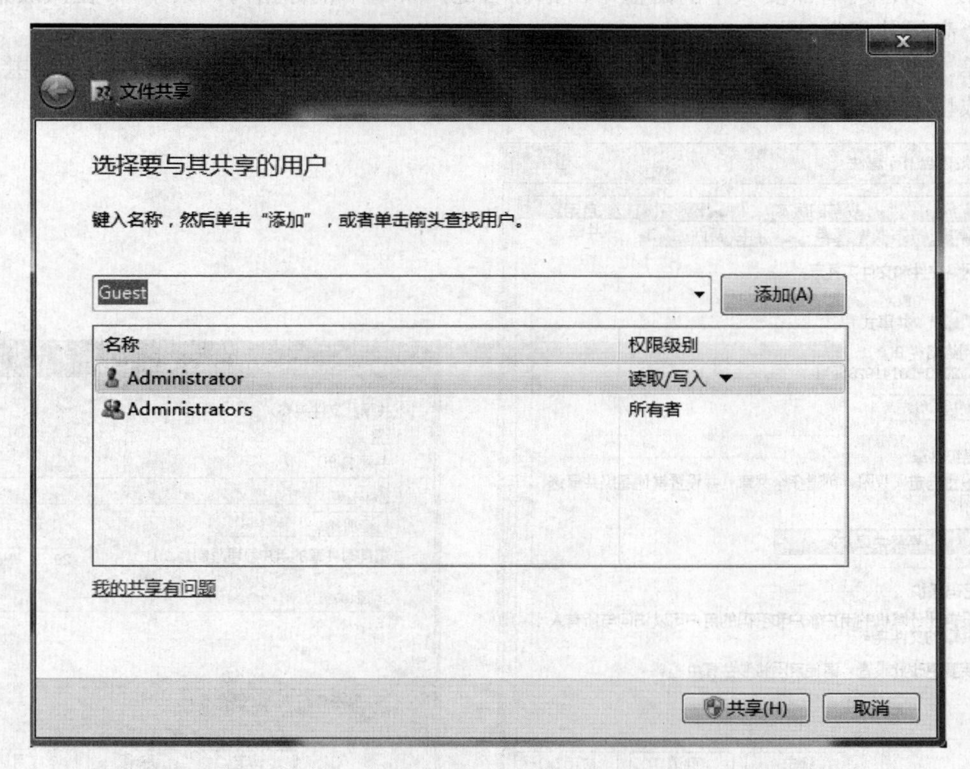

图 10-5　选择要与其共享的用户

（6）选择高级共享——选择共享此文件——确定（图 10-6）。

（7）其他用户，通过开始——运行，并输入这台电脑的 IP 地址就可以共享你的文件了（图 10-7）。

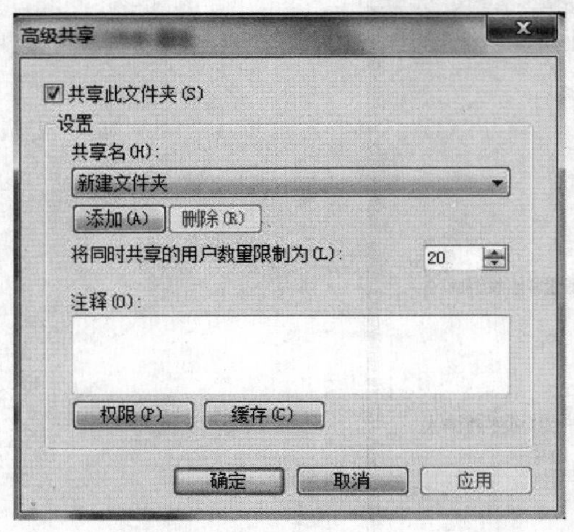

图 10-6　选择高级共享设置

图 10-7　选择其他用户共享文件设置

2. 磁盘共享

磁盘共享和文件夹共享步骤基本相同，只是对磁盘操作。

第一步：对着需要共享的磁盘单击鼠标右键，菜单中鼠标指向“共享”，在次级菜单中选择“高级共享”（图 10-8）。

第二步：在出现的“高级共享”对话框，勾选“共享此文件夹”后，可以修改下共享名，不修改也没关系，然后单击确定就可以了（图 10-9）。

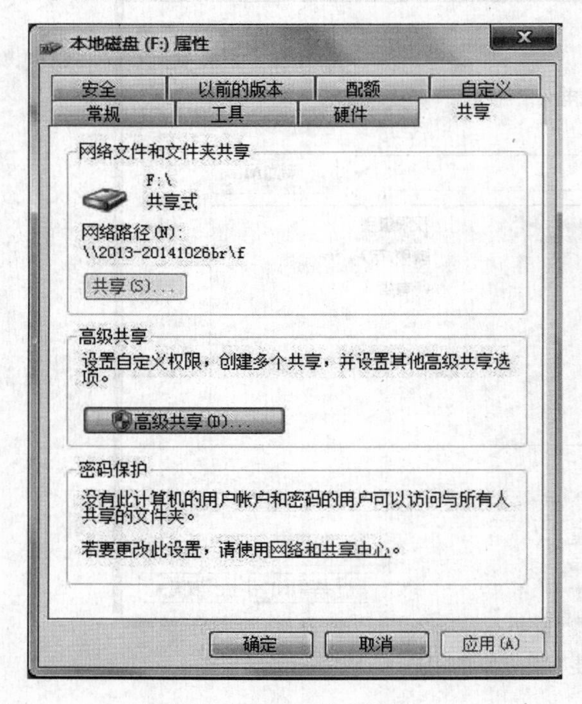

图 10-8　磁盘共享设置

图 10-9　“高级共享”对话框设置

磁盘共享后，会自动生成一个共享的图标（图 10-10）。

图 10-10　“高级共享”对话框设置

二、打印机共享

若局域网中有一台网络共享打印机，则网络中的所有电脑都可以添加并使用该打印机，可大大减费用开销，本节来介绍如何添加网络共享打印机。

1. 安装与共享本地打印机

要共享打印机，首先就得有一台打印机来提供共享，可以选择其中的一台电脑来安装本地打印机。确认打印机与电脑的连线正确，且打印机的电源已经打开。以 Windows 7 为例，步骤如下：

（1）单击“开始”按钮，选择“设备和打印机”选项，打开“设备和打印机”窗口（图 10-11）。

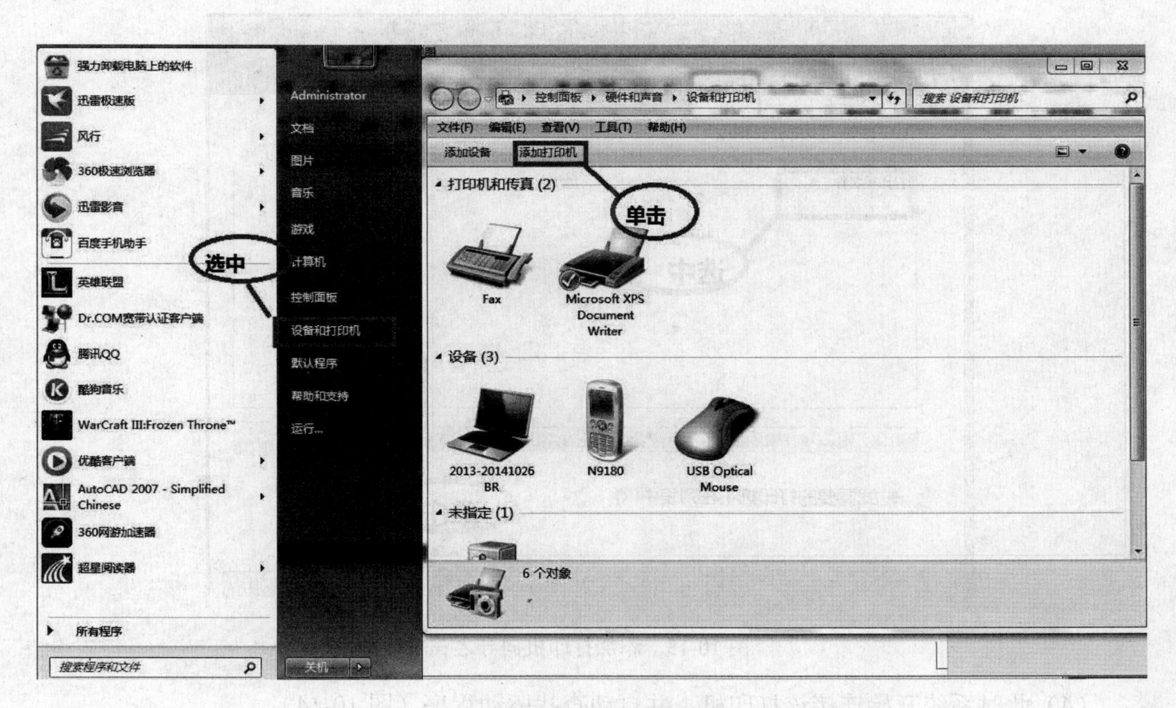

图 10-11　添加打印机向导之一

（2）单击“添加打印机”按钮，打开“添加打印机”对话框，在该对话框中单击“添加网络、无线或 Bluetooth 打印机”选项，系统开始搜索网络中可用的打印机（图 10-12）。

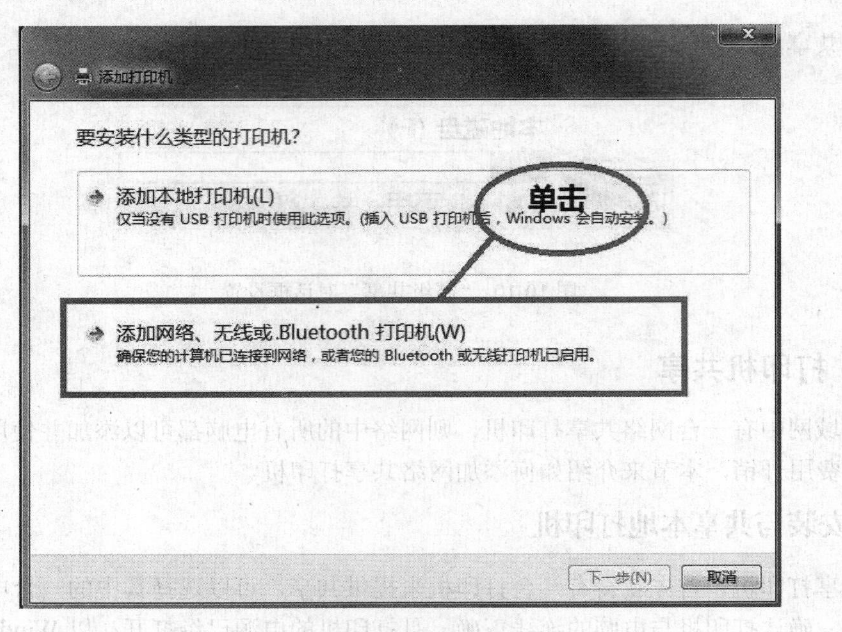

图 10-12　添加打印机向导之二

（3）稍后会显示搜索到的打印机列表，用户可以选中要添加的打印机的名称，然后单击“下一步”按钮（图 10-13）。

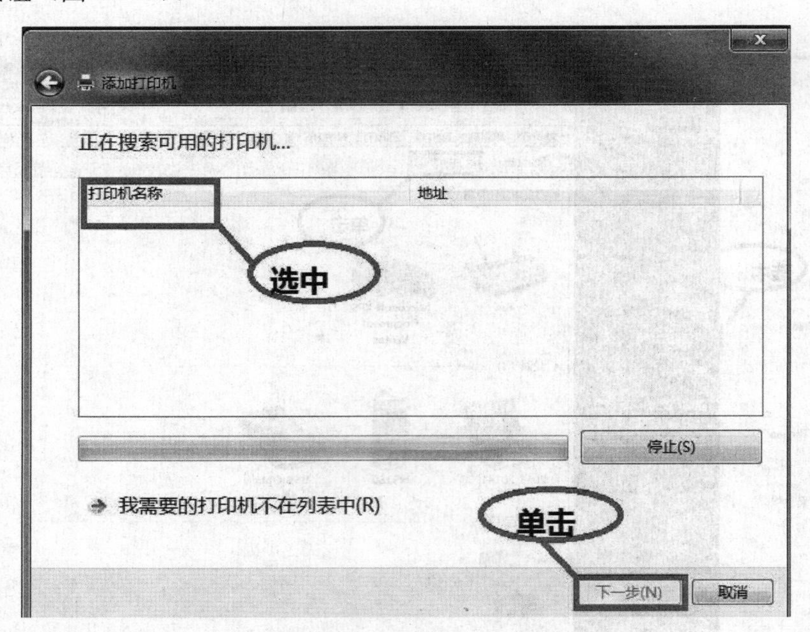

图 10-13　添加打印机向导之三

（4）此时系统开始连接该打印机，并自动查找驱动程序（图 10-14）。

如果在“打印机”列表框中没有列出所使用的打印机，说明 Windows 7 不支持该型号的打印机。一般情况下，打印机都带附带有支持 Windows7 的打印驱动程序。此时，用户可以点击“从磁盘安装”按钮，把打印机驱动的光盘放进去，打开安装程序安装打印驱动程序即可。

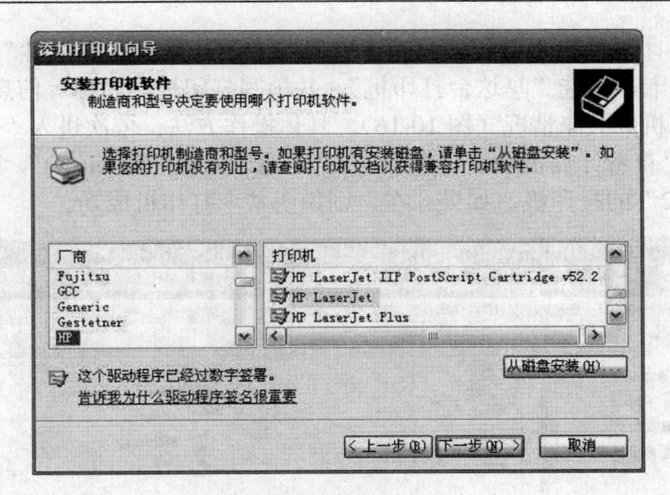

图 10-14　添加打印机向导之四

（5）稍后打开“打印机”提示窗口，提示用户需要从目标主机上下载打印机驱动程序。

（6）单击“安装驱动程序”按钮，开始自动下载并安装打印机驱动程序。

（7）成功下载驱动程序并安装完成后将弹出对话框，提示用户已成功添加打印机。

（8）设置打印机共享。这里可以设置其他计算机是否可以共享该打印机。如果选择“不共享这台打印机”单选项，那么用户安装的打印机只能被本机使用，局域网上的其他用户就不能使用该打印机。如果希望其他用户使用该打印机，可以选择“共享为”单选项，并在后面的文本框中输入共享时该打印机的名称，该打印机就可以作为网络打印机使用。这里选择“共享为”单选项，并在后面的文本框中输入共享时该打印机的名称。

右键单击打印机，打开打印机属性，单击共享标签，打开启用打印机共享，选中“只启用打印机共享”选项。如图 10-15 所示。

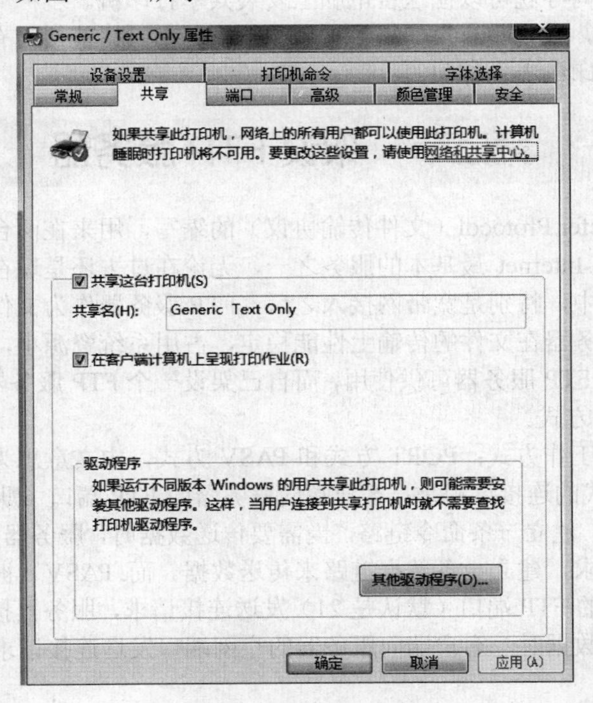

图 10-15　启用打印机共享

在欲共享的打印机图标上右击，从弹出的菜单中选择“打印机属性”。在属性对话框中选择“共享”选项卡，勾选“享这台打印机”，并填写打印机的名称等信息（图 10-15）。

查看本地打印机的共享情况（图 10-16）。具体操作方法：依次进入“控制面板”—“网络和 Internet”—“查看计算机和设备”，双击“本地计算机（feifei-pc）”，查看是否存在共享名为“feifeiPrinter2”的打印机，如果存在，则说明共享打印机成功。

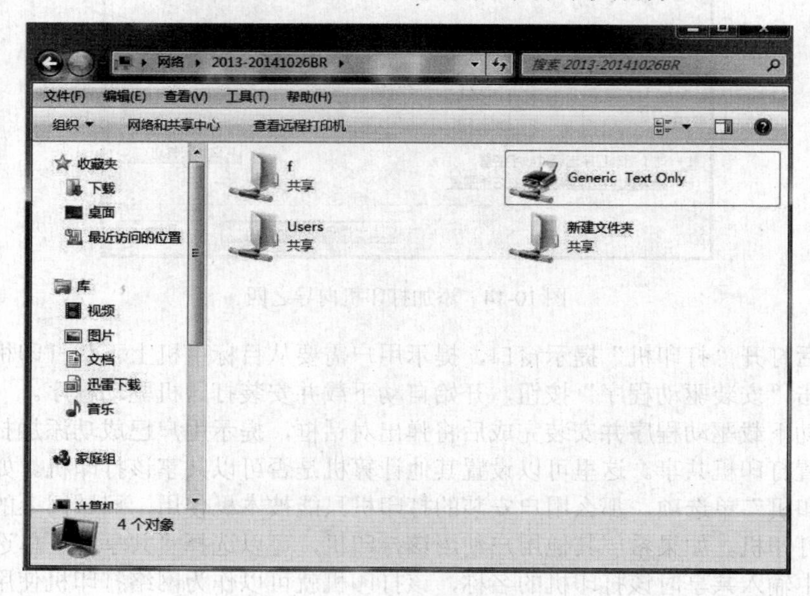

图 10-16　查看打印机共享情况

只要网络连接没有问题，系统就会找到连接到另一台电脑的打印机，并从对方计算机里拷贝驱动程序，根据向导就可以在这台电脑上安装共享打印机。

在以后的使用中，只要装有打印机的这台电脑打开，网络连接没有问题，就可以通过共享方式把文件传到打印机上去打印。

第二节　架设 FTP 服务器

FTP 是 File Transfer Protocol（文件传输协议）的缩写，用来在两台计算机之间互相传送文件。FTP 服务作为 Internet 最基本的服务之一，无论在过去还是现在都有着不可替代的作用。在实际网络生活中，特别是宽带网接入之后，FTP 服务器作为文件的传输和共享工具得到广泛应用。FTP 服务器在文件的传输上性能稳定，占用系统资源小，而且传输速度快，现在网上已经有很多的 FTP 服务器可供使用，而自己架设一个 FTP 服务器也很容易，下面介绍两种主流的 FTP 架构方式。

FTP 协议有两种工作方式：PORT 方式和 PASV 方式，中文意思为主动式和被动式。其中 PORT（主动）方式的连接过程是：客户端向服务器的 FTP 端口（默认是 21）发送连接请求，服务器接受连接，建立一条命令链路。当需要传送数据时，服务器从 20 端口向客户端的空闲端口发送连接请求，建立一条数据链路来传送数据。而 PASV（被动）方式的连接过程是：客户端向服务器的 FTP 端口（默认是 21）发送连接请求，服务器接受连接，建立一条命令链路。当需要传送数据时，客户端向服务器的空闲端口发送连接请求，建立一条数据链路来传送数据。

FTP 服务器可以以两种方式登录，一种是匿名登录，另一种是使用授权账号与密码登录。

其中，一般匿名登录只能下载 FTP 服务器的文件，且传输速度相对要慢一些，当然，这需要在 FTP 服务器上进行设置，对这类用户，FTP 需要加以限制，不宜开启过高的权限，在带宽方面也尽可有的小。而需要授权账号与密码登录，需要得到账号与密码，且管理员可以对这些账号进行设置，比如限制访问哪些资源，限制下载与上载速度等。

一、利用 WINDOWS 组件 IIS 来构件 FTP 服务器

在架设 FTP 网站时，对于仅仅作为共享文件这种服务而没有其他特殊要求的，可通过 Windows 7 操作系统的 IIS 组件来完成。下面具体进行说明。

1. 安装 FTP 组件

点击：控制面板→程序和功能→打开或关闭 Windows 功能。勾选“FTP 服务器”及 FTP 服务“FTP 扩展性”，点击“确定”，安装 FTP 组件（图 10-17）。

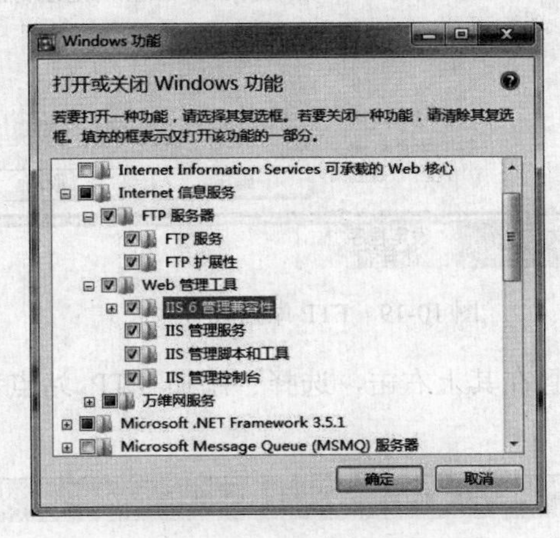

图 10-17　添加或删除程序向导

2. 添加 FTP 站点

点击：控制面板→管理工具。选中“Internet 信息服务(IIS)管理器”（图 10-18）。

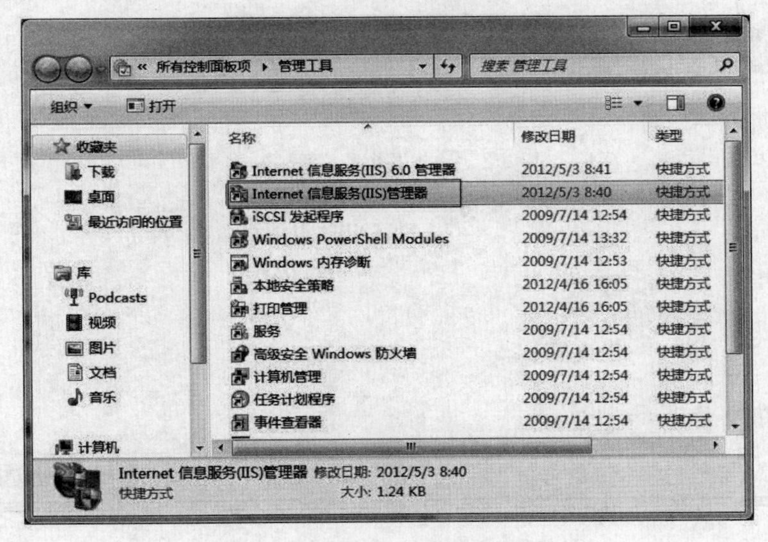

图 10-18　Internet 信息服务界面

双击“Internet 信息服务(IIS)管理器”。弹出管理器界面（图 10-19）。

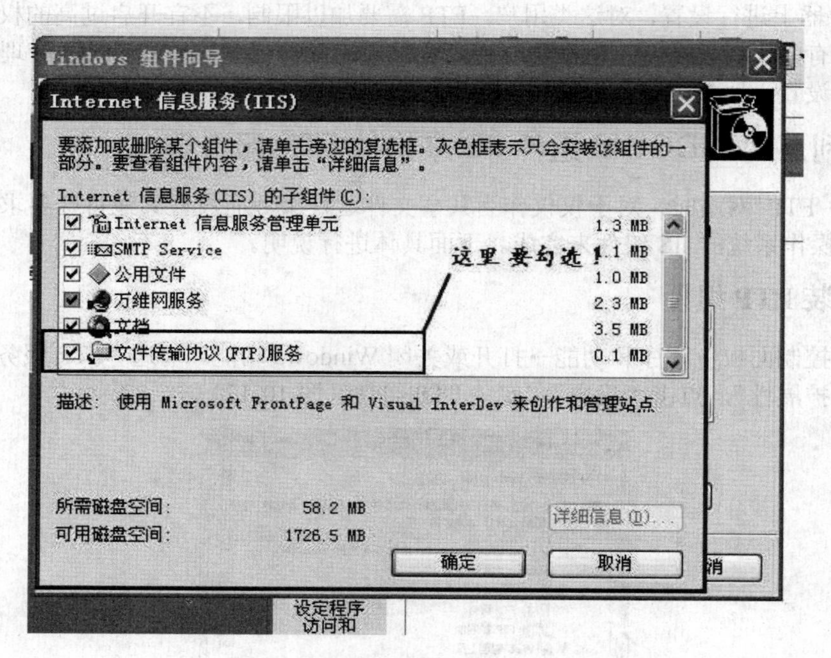

图 10-19　FTP 站点设置（一）

单击选中“网站”，并且在其上右击，选择“添加 FTP 站点”，出现“站点信息”界面（图 10-20）。

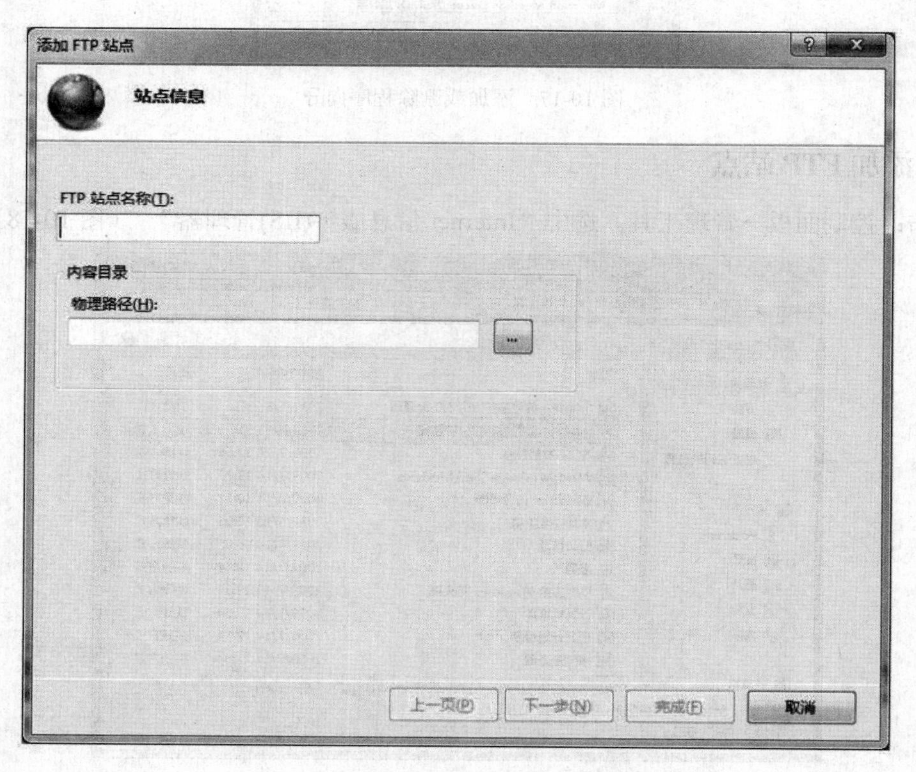

图 10-20　FTP 站点设置（二）

站点名为 test，物理地址为 e:\ceshi（图 10-21）。

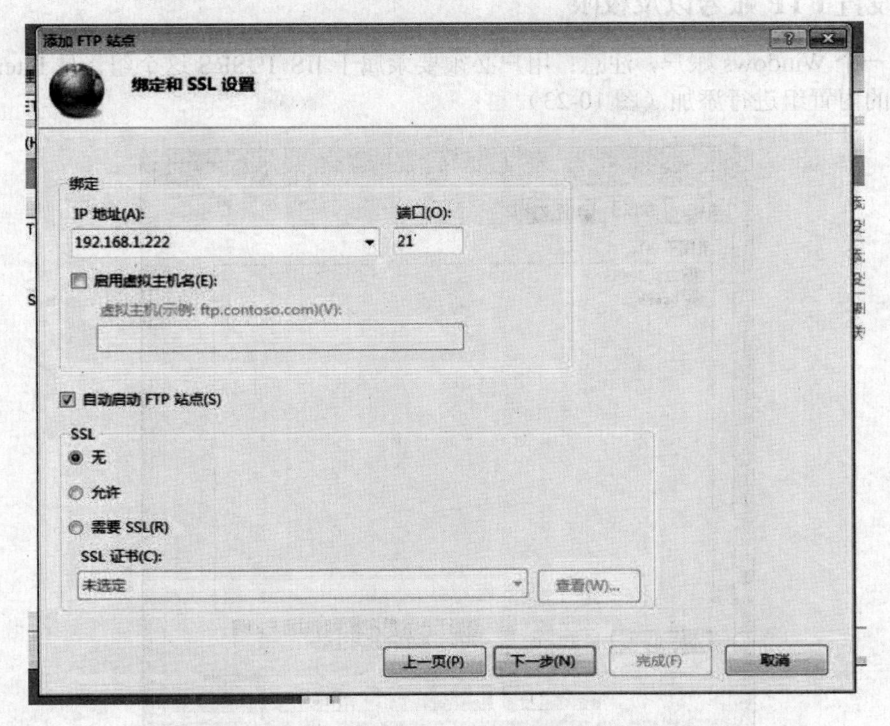

图 10-21 FTP 站点允许匿名访问

下一步，身份验证和授权信息（图 10-22）。

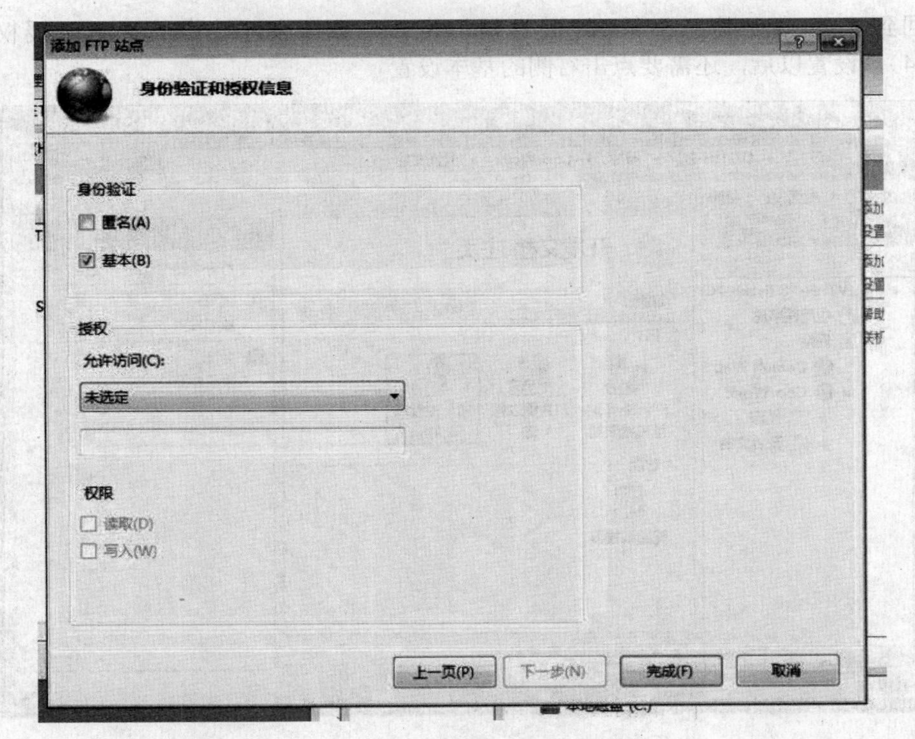

图 10-22 FTP 站点设置身份验证和授权信息

3. 设置FTP账号以及权限

添加一个 Windows 账户，注意：用户必须要隶属于 IIS_IUSRS 这个组，是 Internet 信息服务使用的内置组进行添加（图 10-23）。

图 10-23 添加 Windows 账户

再回到“Internet 信息服务(IIS)管理器”窗口，双击刚才选中的“FTP 授权规则”（图 10-24），设置以后，还需要点击右侧的基本设置。

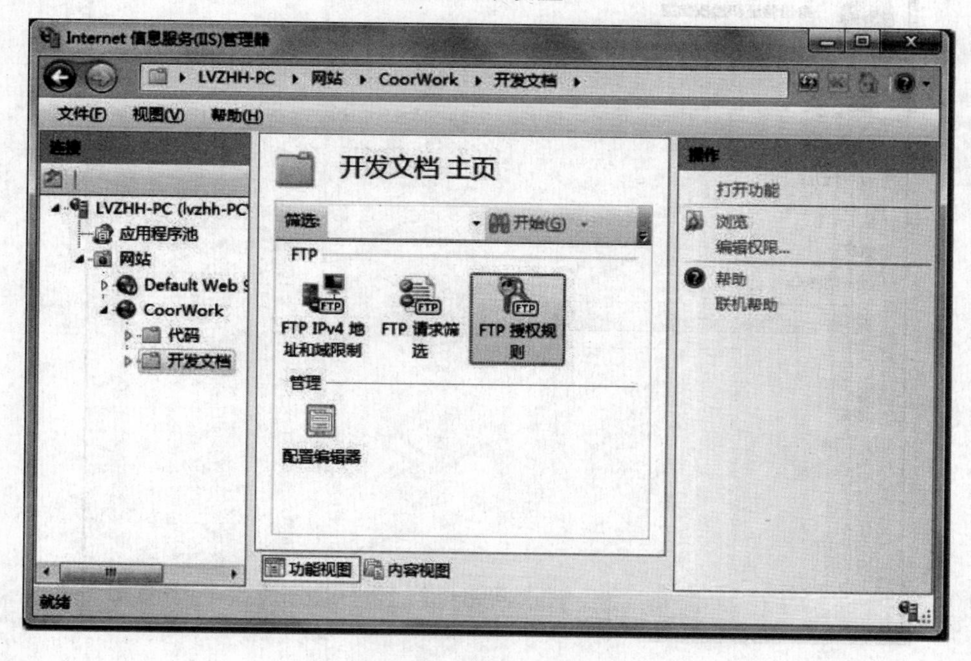

图 10-24 FTP 授权规则

4. Win7 的防火墙设置

测试通过以后，点击：控制面板→Windows 防火墙。点击左侧的“允许程序或功能通过Windows 防火墙”，选中“FTP 服务器”，将后面的两个框都勾选。勾选以后。还要添加“允许运行另一程序”，在弹出窗口里，点“浏览”，找到 C:\Windows\System32\inetsrv\inetinfo.exe，点添加，也就是下图中的 Internet Infomation Services（图 10-25）。

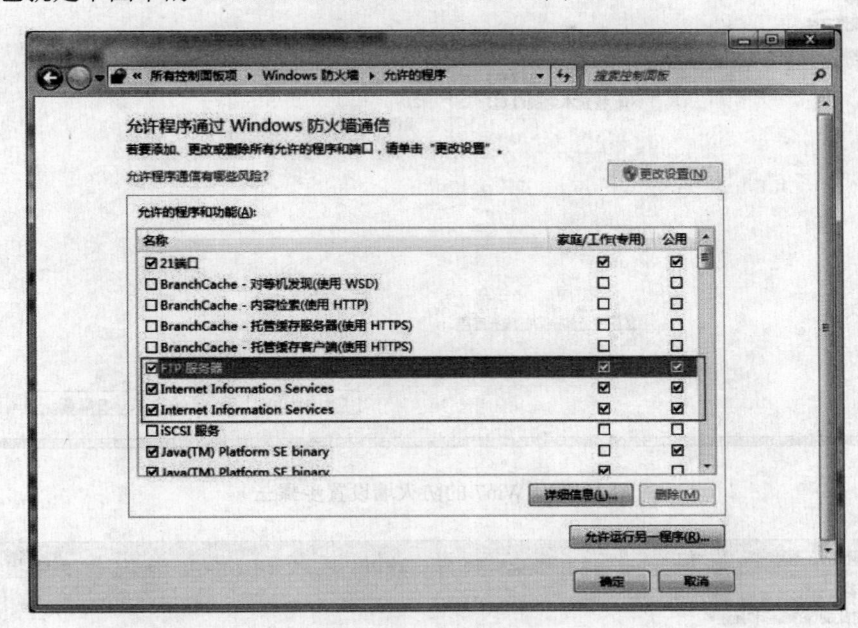

图 10-25　Win7 的防火墙设置步骤一

同时，在防火墙中添加一条 21 端口的入站规则（图 10-26～图 10-28）。

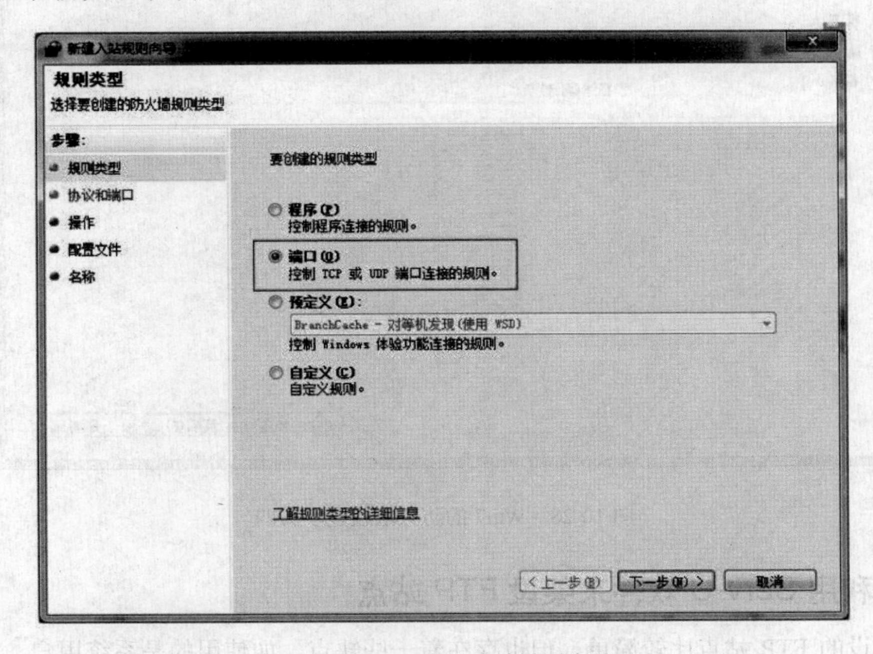

图 10-26　Win7 的防火墙设置步骤二

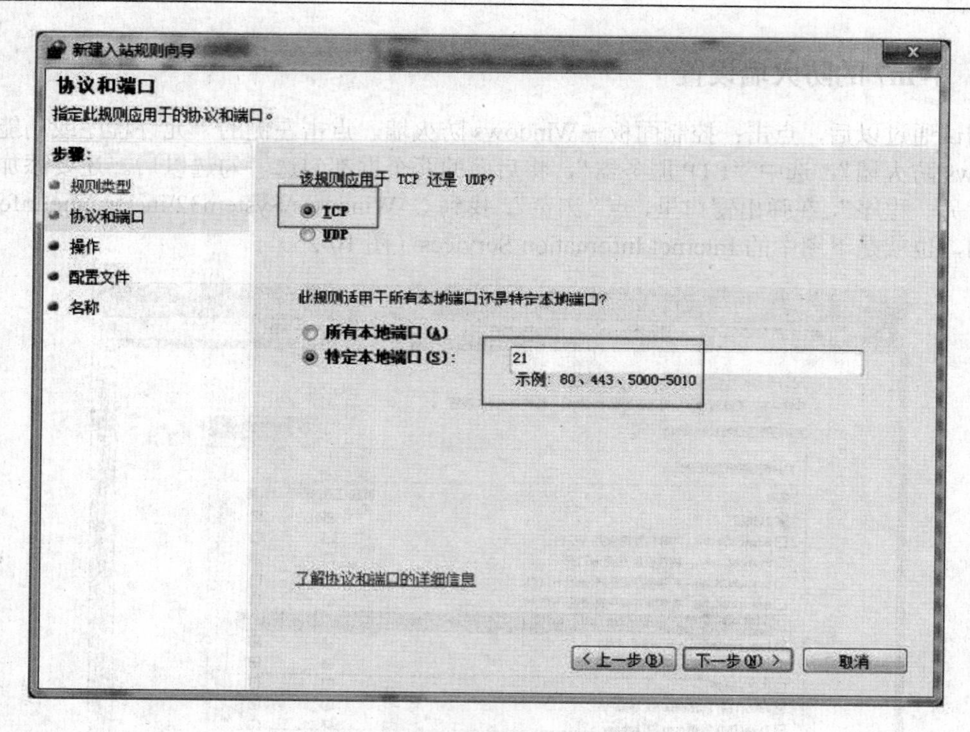

图 10-27　Win7 的防火墙设置步骤三

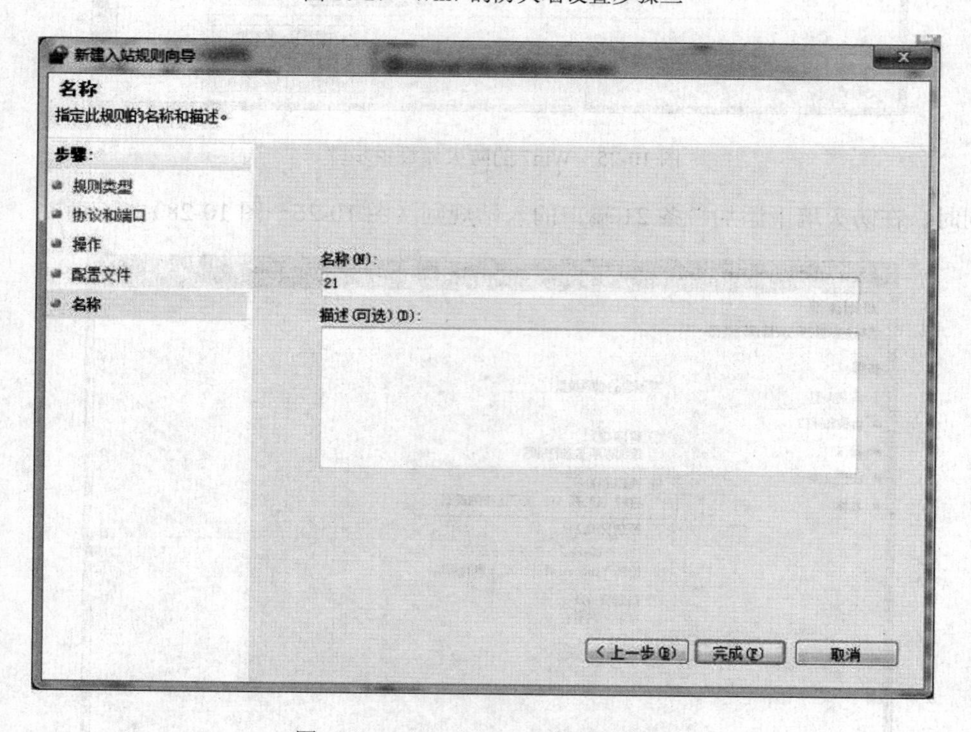

图 10-28　Win7 的防火墙设置步骤四

二、利用 Serv-U 软件来架设 FTP 站点

IIS 架设的 FTP 站点比较简单，但也存在着一些缺点，如使用的是系统用户，在添加用

户、修改密码、权限设置、大小空间限制等方面比较麻烦。

Serv-U 是一种被广泛运用的 FTP 服务器端软件，可以设定多个 FTP 服务器、限定登录用户的权限、登录主目录及空间大小等，功能非常完备。它具有非常完备的安全特性，支持 SSL FTP 传输，支持在多个 Serv-U 和 FTP 客户端通过 SSL 加密连接保护数据安全等。

虽然目前 FTP 服务器端的软件种类繁多，相互之间各有优势，但是 Serv-U 凭借其独特的功能得以崭露头脚。具体来说，Serv-U 能够提供以下功能：

（1）符合 Windows 标准的用户界面友好亲切，易于掌握；

（2）支持实时的多用户连接，支持匿名用户的访问；

（3）通过限制同一时间最大的用户访问人数确保 PC 的正常运转；

（4）安全性能出众，在目录和文件层次都可以设置安全防范措施；

（5）能够为不同用户提供不同设置，支持分组管理数量众多的用户；

（6）可以基于 IP 对用户授予或拒绝访问权限；

（7）支持文件上传和下载过程中的断点续传；

（8）支持拥有多个 IP 地址的多宿主站点；

能够设置上传和下载的比率，硬盘空间配额，网络使用带宽等，从而能够保证用户有限的资源不被大量的 FTP 访问用户所消耗。

1. 安装 Serv–U 软件

可以从官方网站下载，从 http://www.ser-u.cn 中文网站下载。

下载完后安装。单击安装文件，出现如下界面后单击下一步直到安装成功（图 10-29）。

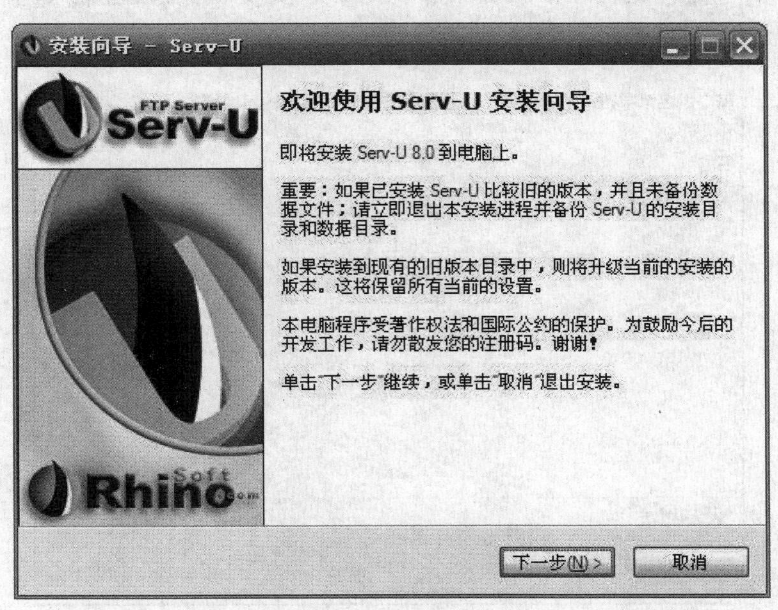

图 10-29　Serv-U 安装界面

2. 设置新域，建立一个 FTP 站点

（1）启动 Serv-U 控制台，设置第一本地 FTP 站点（图 10-30）。

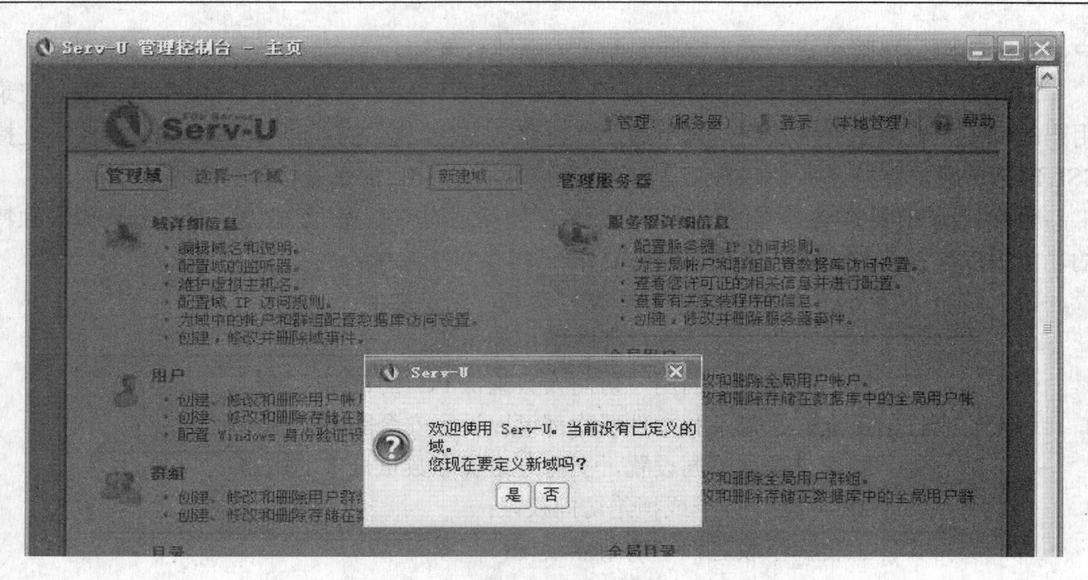

图 10-30　Serv-U 控制界面

（2）点击确认添加域，在域名名称里输入 test.com，说明一栏里输入 www.test.com，然后单击下一步（图 10-31）。

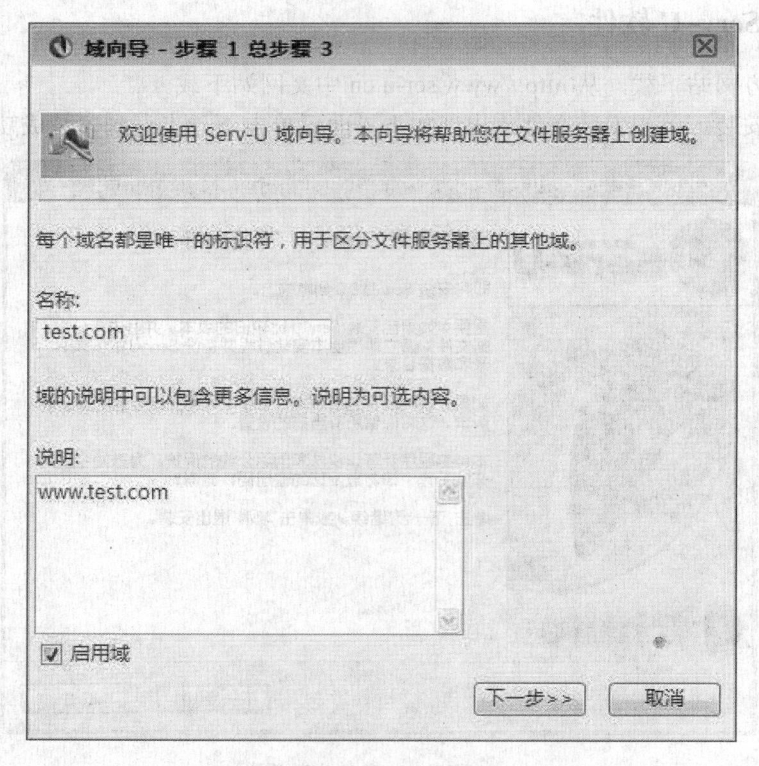

图 10-31　域添加向导之一

（3）根据情况开启端口，不过以一般默认的为主，如 FTP 默认的为 21（图 10-32）。

第三步一般都填写服务器的 IP 地址，因为家庭用户的 IP 是不固定的，所以这一步可以不填。

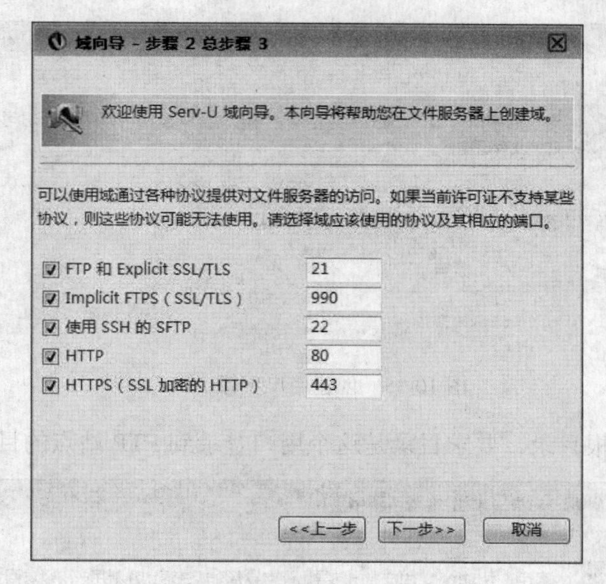

图 10-32　域添加向导之二

3. 新建一个用户

（1）域向导设置完毕后，系统会提示新建一个用户（图 10-33）。

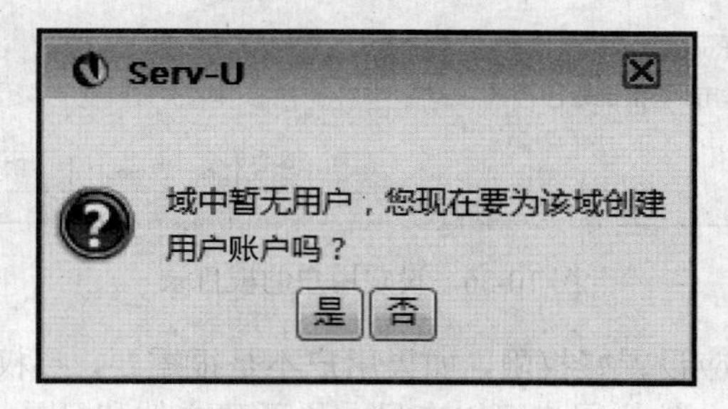

图 10-33　创建用户向导

（2）单击确定，跟着向导创建一个新的用户 a（图 10-34）。

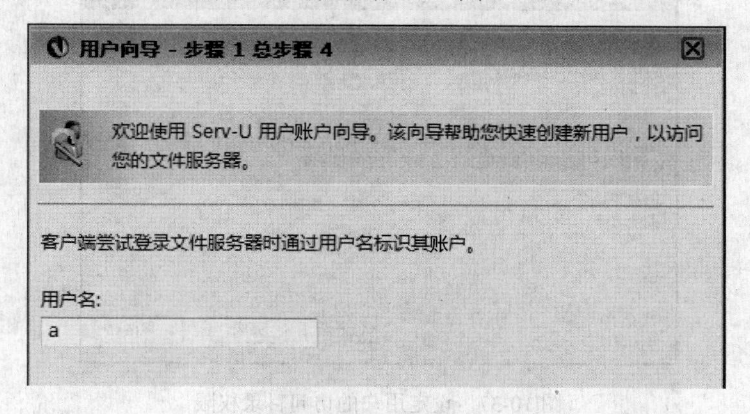

图 10-34　创建用户步骤（一）

（3）设定该用户的密码，在这里显示的是*号（图 10-35）。

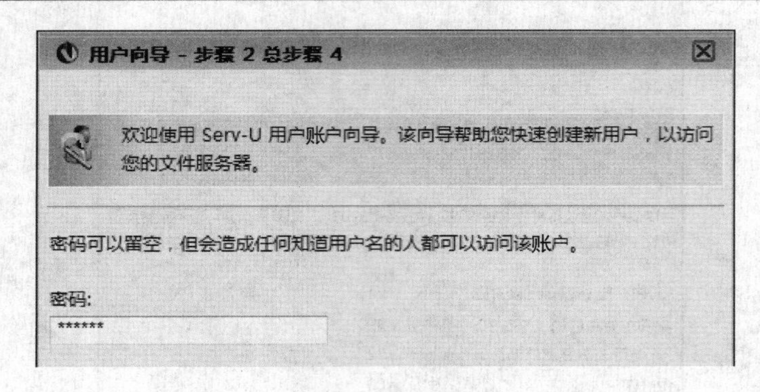

图 10-35　创建用户步骤（二）

（4）设定用户的根目录，要求目录是这个用户登录到 FTP 站点的目录（图 10-36）。

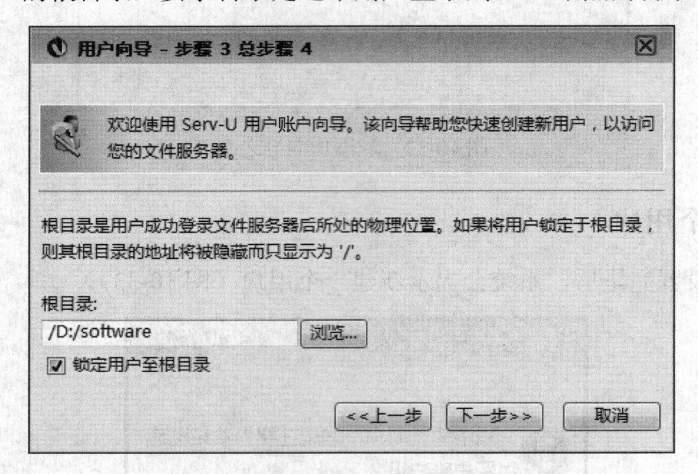

图 10-36　设定用户的根目录

（5）对于该用户，还应设置好权限，如果用户不是很重要，那权限就小些，如只能读取，否则就可以设为完全访问，这样用户可以在目录里新建文件和目录，也可以删除文件与目录（图 10-37）。

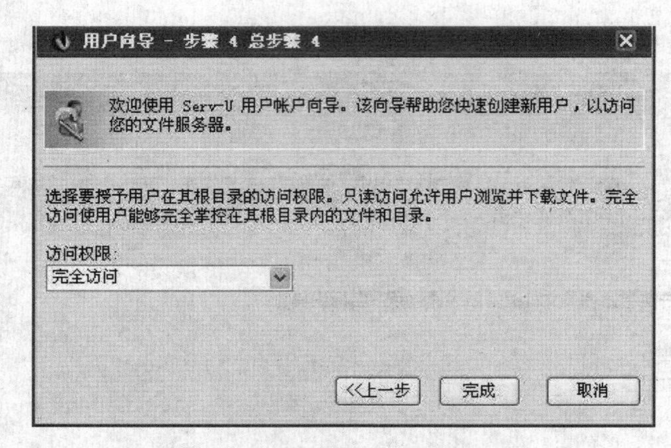

图 10-37　设定用户的访问目录权限

（6）到这 FTP 就架设完成了，采用 WEB 登陆方式，在浏览器里输入地址，输入用户名和密码，就可以看到 FTP 文件了（图 10-38）。

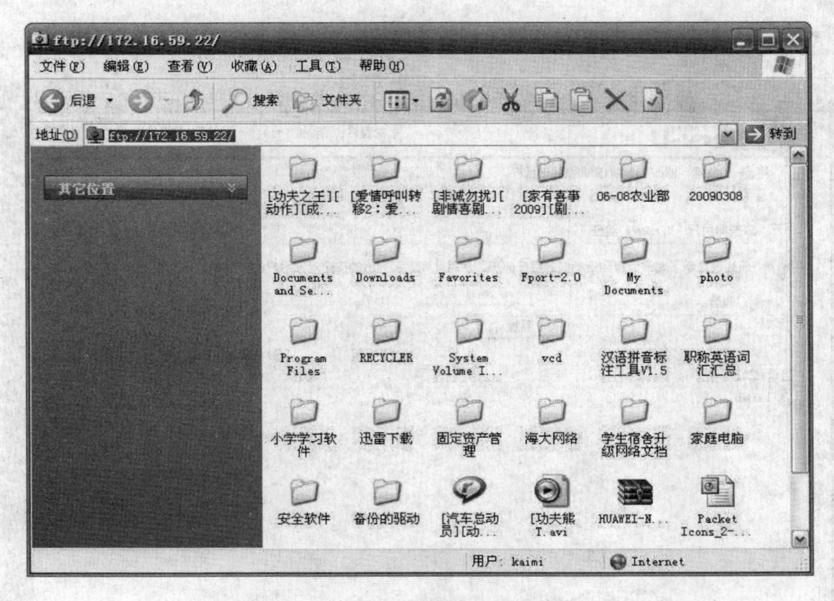

图 10-38　登录到 FTP 后显示的文件目录

4. 建立一个匿名用户

上面所创建的用户是系统用户，如果想让一般用户访问该站点，还需要创建一个匿名用户，这样普通用户登录该站点时就不需要账号和密码了。Serv-U 7.0 版本以后，为了安全期间，默认是不允许匿名用户访问的，下面来看具体 Serv-U 8.0 添加匿名账号的方法。

（1）打开 Serv-U 8.0 的配置管理界面，选择“创建，修改和删除用户账户”（图 10-39）。

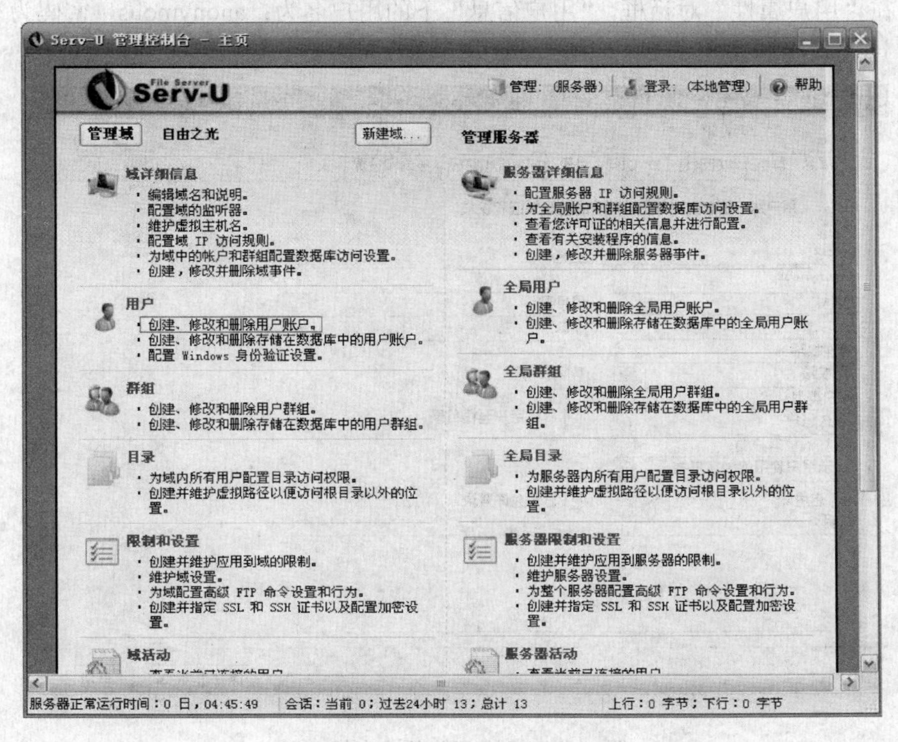

图 10-39　创建匿名用户向导之一

（2）在“创建，修改和删除用户账户”的界面，选择“添加”（图 10-40）。

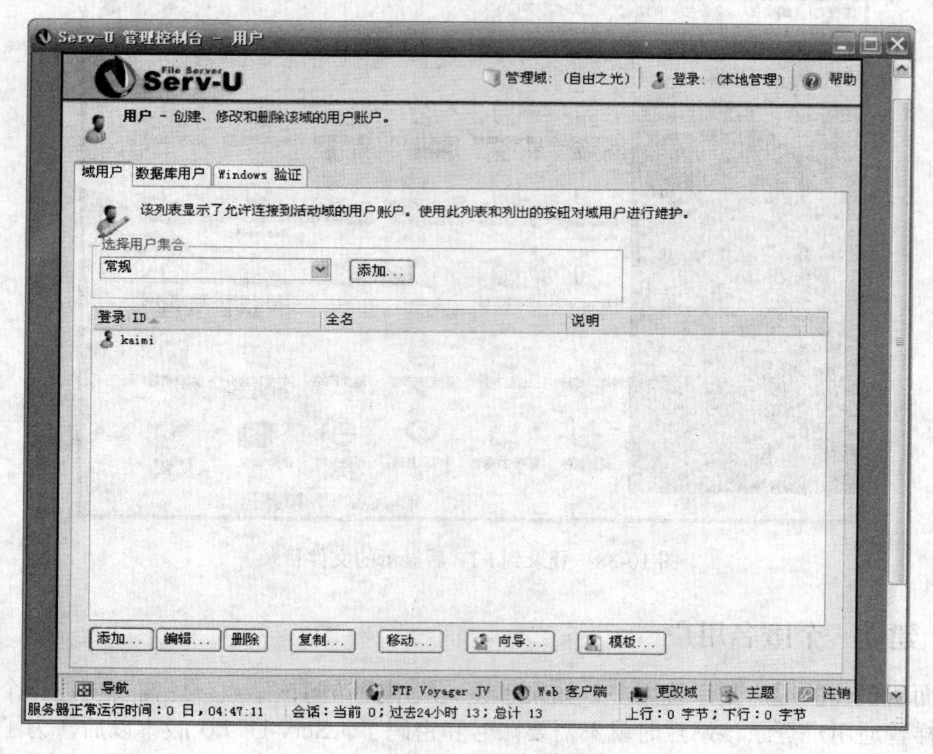

图 10-40　创建匿名用户向导之二

（3）在“用户属性”对话框，“用户信息”下的用户名为：anonymous，密码为空，为其指定 FTP 的根目录（图 10-41）。

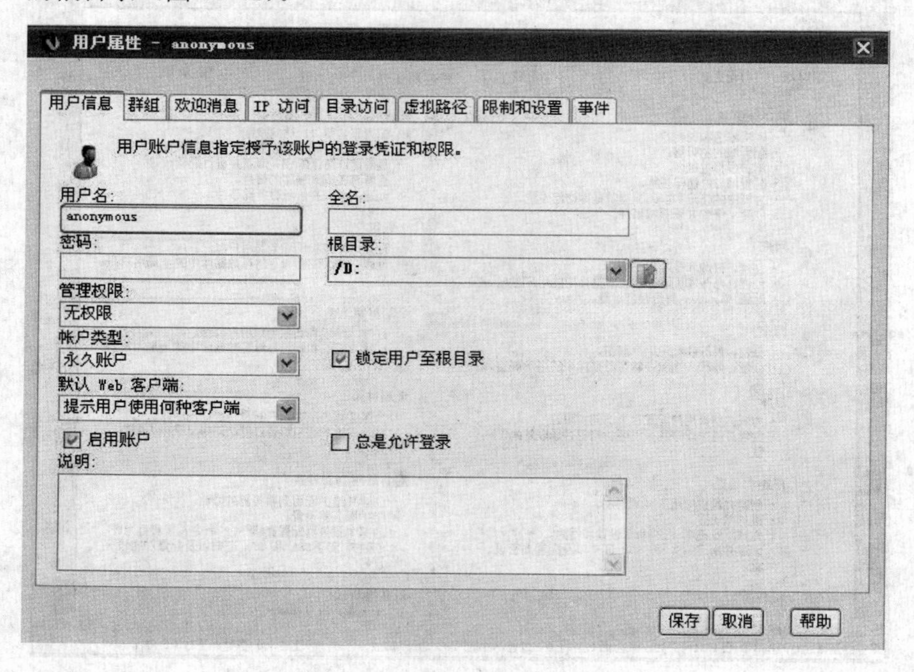

图 10-41　创建匿名用户向导之三

（4）然后在“目录访问”选项，点击“添加”，为其指定访问权限和目录。由于是匿名用户，权限只设置读取就行（图 10-42）。

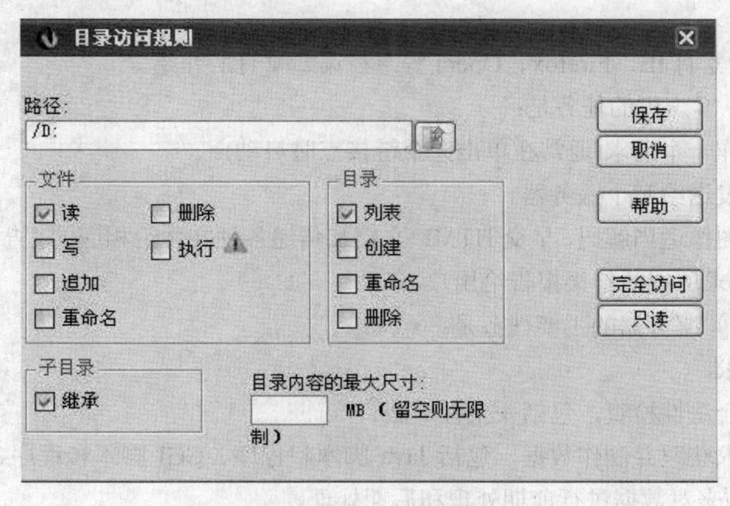

图 10-42　设置匿名用户的读取权限

（5）最后点击“保存”，到此成功添加了匿名用户。用户在访问站点时就不用输入用户名和密码了。

利用 Serv-U 创建 FTP 站点只是介绍了基本功能，但 Serv-U 还有其他更强大的功能，如远程管理主控制台、创建虚拟目录和利用 SSL 打造安全的文件传输等。这些功能用户可以根据需要自己去设置。

第三节　WWW 主页

我们在第二章，已经对 WWW 有过基本概述。在这一小节里，将对 WWW 作进一步详细介绍，对其 WWW 的工作原理、组成及其工作流程进行详细说明。

1. WWW 工作原理

当打开一个网页，或者其他网络资源的时候，通常要在浏览器上输入一个“网址”（RUL，统一资源定位符），或者通过超链接的方式转向到想浏览的网页上。之后，输入的网址或超链接转向的地址，通过分布于全球的因特网数据库 DNS 进行解析，在解析的过程中，根据一定的机制，决定进入哪一个 IP 地址主机（我们所需要的资源所存放的主机）。当定位到具体的主机以后，就是所说的服务器，具体的步骤就是如何取得服务器上所需要的资源，这是一个非常复杂的过程。通常，我们所浏览的网页资源，是由 HTML 文本、图片、视频、动画、声音等构成的，我们的主机通常叫做客户端，这时客户段向服务器发送 HTTP 请求，然后通过 HTTP 协议的机制，服务器将网页资源传送到客户端本地主机上，网页资源通过浏览器再在客户端上显示出来，这就是所看到的“网页”。

2. WWW 组成

（1）客户机　客户机是一个需要某些东西的程序，而服务器则是提供某些东西的程序。一个客户机可以向许多不同的服务器请求。一个服务器也可以向多个不同的客户机提供服务。通常情况下，一个客户机启动与某个服务器的对话。服务器通常是等待客户机请求的一个自动程序。客户机通常是作为某个用户请求或类似于用户的每个程序提出的请求而运行的。协议是客户机请求服务器和服务器如何应答请求的各种方法的定义。WWW 客户机又可称为浏览器。

常用的浏览器有 IE、Firefox、Opera 等，在第二章有所介绍。

在 Web 中，客户机的任务是：

① 帮助制作一个请求(通常在单击某个链接点时启动)。

② 将请求发送给某个服务器。

③ 通过对图像适当解码，呈交 HTML 文档和传递各种文件给相应的“查看器”(Viewer)，或浏览器，把请求所得的结果报告给用户。

（2）服务器　服务器的主要任务是：

① 接受请求。

② 请求的合法性检查，包括安全性屏蔽。

③ 针对请求获取并制作数据，包括 Java 脚本和程序、CGI 脚本和程序、为文件设置适当的 MIME 类型来对数据进行前期处理和后期处理。

④ 把信息发送给提出请求的客户机。

（3）WWW 的工作流程　WWW 采用客户机/服务器的工作模式，具体如下：

① 用户使用浏览器或其他程序建立客户机与服务器连接，并发送浏览请求。

② Web 服务器接收到请求后，返回信息到客户机。

③ 通信完成，关闭连接。

一、IIS 的安装

前面介绍了 WWW 的基本内容，那么用户如何建设自己 WWW 服务器，将自己的网络资源以网页的形式表达在 WWW 网上呢？下面将要介绍一个非常重要的 WWW 服务器——Internet Information Server（互联网信息服务，缩写为 IIS），IIS 是一种 Web（网页）服务组件，其中包括 Web 服务器、FTP 服务器、NNTP 服务器和 SMTP 服务器，分别用于网页浏览、文件传输、新闻服务和邮件发送等方面，它使得在网络（包括互联网和局域网）上发布信息成了一件很容易的事。它包含了 Gopher server 和 FTP server 的所有内容。

IIS 是随 Windows NT Server 4.0 一起提供的文件和应用程序服务器，是在 Windows NT Server 上建立 Internet 服务器的基本组件。它与 Windows NT Server 完全集成，允许使用 Windows NT Server 内置的安全性以及 NTFS 文件系统建立强大灵活的 Internet / Intranet 站点。前面已经介绍了 FTP 服务器的假设，通过 IIS 就能发布网页，并且可通过 ASP（Active Server Pages）、JAVA、VBscript 等脚本技术产生页面。

在前面已经介绍了如何利用 WINDOWS 组件 IIS 来假设 FTP 服务器，在此不再赘述。

二、IIS 的配置与发布

IIS 安装完毕后，可以通过 IIS 来发布站点。

（1）打开“开始”→“所有程序”→“控制面板”→“管理工具”，找到“Internet 信息服务”，打开 IIS 控制台（图 10-43）。

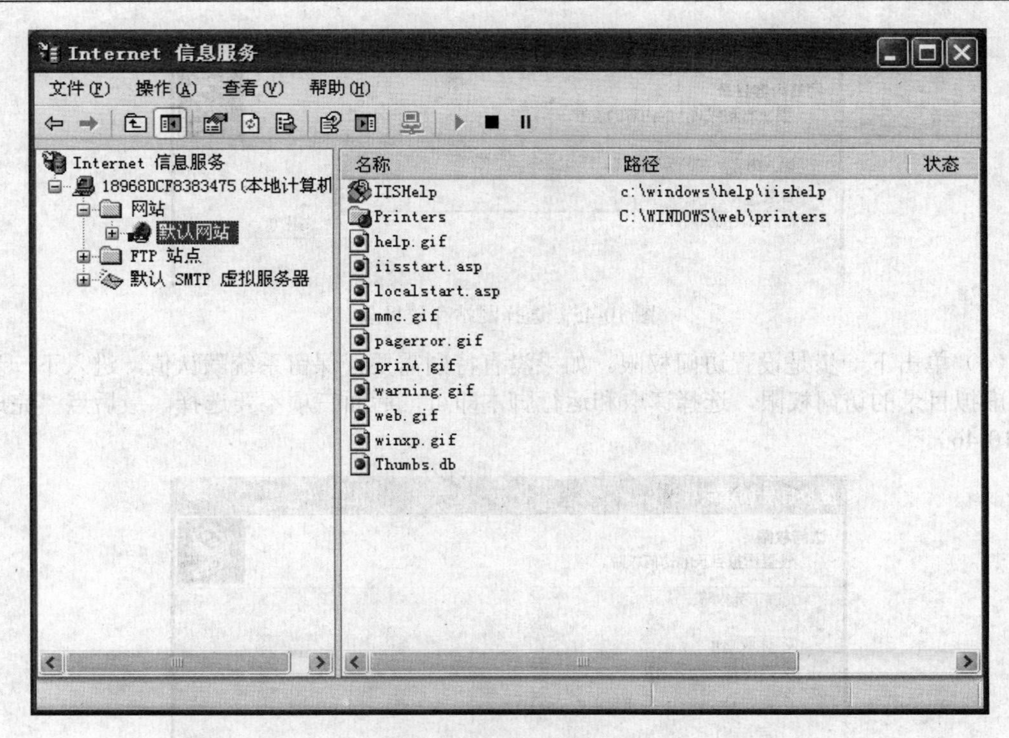

图 10-43　IIS 控制台

（2）在 IIS 控制台中，用鼠标选中“默认网站”，然后点击右键找到“新建”->“虚拟目录”，根据向导提示，单击下一步，在取别名时输入任意名称，这个名称是用来管理这个网站的标记。在这里输入的是“my web”　（图 10-44）。

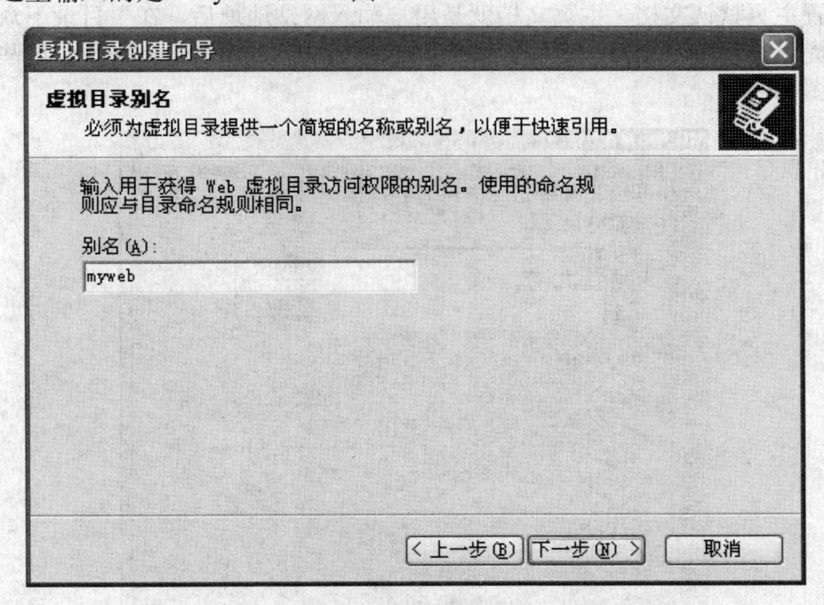

图 10-44　虚拟目录创建向导之一

（3）单击下一步是选择“网站内容目录”，用“浏览”选中网站所存放位置。在这里，系统默认的目录是：C:\Inetpub\wwwroot，建议用户更改此目录（图 10-45）。

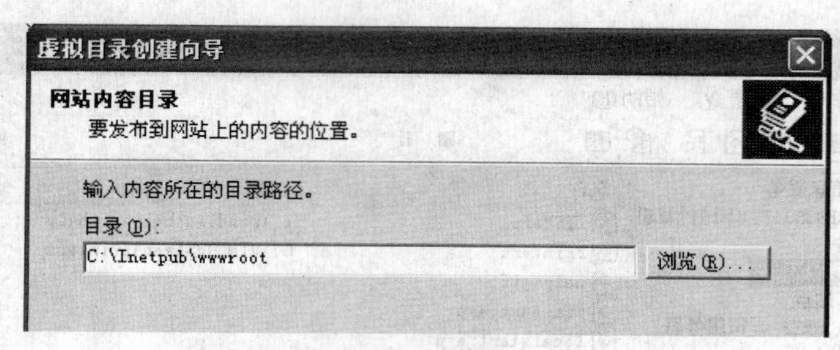

图 10-45　选择网站存放目录

（4）单击下一步是设置访问权限。如果没有特别需要，保留系统默认值，进入下一步，设置虚拟目录的访问权限，选择读取和运行脚本即可，后面三项不要选择。最后点“完成”（图 10-46）。

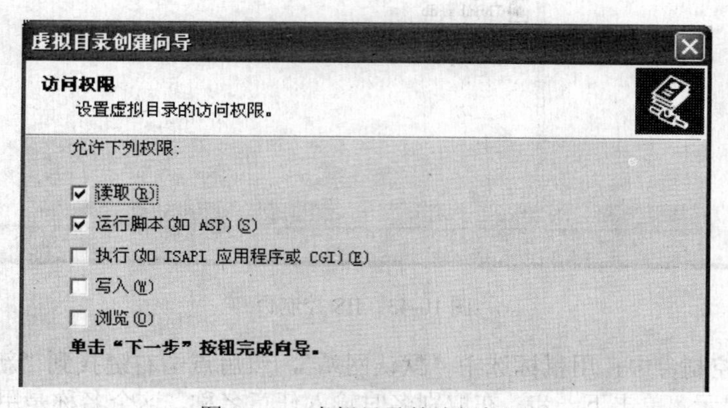

图 10-46　虚拟目录的访问权限

（5）设置主页默认文档。主页文档就是用户输入网站地址后，在主目录下众多的文档中首先给用户提供的第一个文档，一般设 default.htm、index.htm 或 index.htm 这些文档为主页默认文档（图 10-47）。

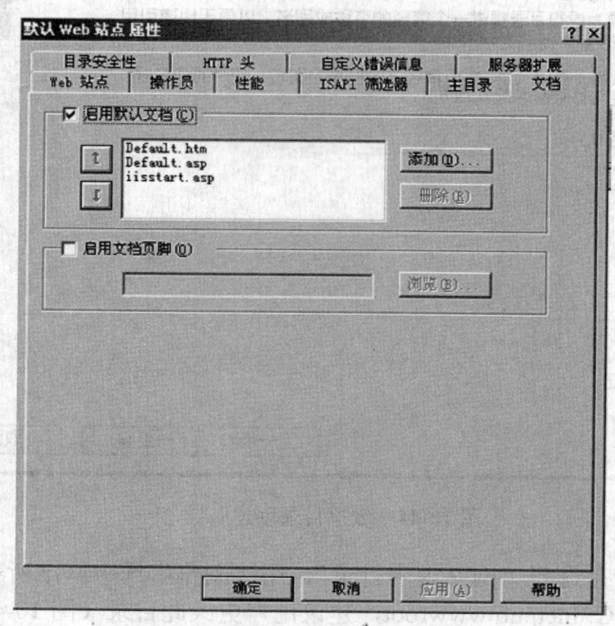

图 10-47　设置主页默认文档

（6）经过上述设置后，可以把做好的网站拷到 C:\Inetpub\wwwroot 或用户设置的目录，把首页的文件名设为默认文档中的任一个，在浏览器里就可以输入 http: //127.0.0.1/来访问网站了。（127.0.0.1 代表本机 IP 地址）。

第四节　动态域名系统

几经辛苦，自己的网站建设完毕，并搭建了自己的 Web 服务器，这时可以通过 IP 地址来访问自己的网站，但能不能像其他大的网站一样，直接在浏览器里输入网址就可以访问？因为使用 IP 地址不仅记忆不方便，且由于家庭用户使用的都是 ADSL，IP 地址是不固定的，这都给自己的网站推广带来很大的麻烦。现在有了动态域名系统，可以很好地解决这个问题。

前面，已经介绍了域名的基本概念。域名解析一般是静态的，即一个域名所对应的 IP 地址是静态的，长期不变的。也就是说，如果要在 Internet 上搭建一个网站，需要有一个固定的 IP 地址。动态域名的功能，就是实现固定域名到动态 IP 地址之间的解析。用户每次上网得到新的 IP 地址之后，安装在用户计算机里的动态域名软件就会把这个 IP 地址发送到动态域名解析服务器，更新域名解析数据库。Internet 上的其他人要访问这个域名的时候，动态域名解析服务器会返回正确的 IP 地址给他。

因为绝大部分 Internet 用户上网的时候分配到的 IP 地址都是动态的，特别是局域网范围内，用传统的静态域名解析方法，用户想把自己上网的计算机做成一个有固定域名的网站，是不可能的。而有了动态域名，这个梦想就可以实现。用户可以申请一个域名，利用动态域名解析服务，把域名与自己上网的计算机绑定在一起，这样就可以在家里或公司里搭建自己的网站，非常方便。

动态域名系统（Dynamic Domain Name System）,简称 DDNS，是对普通域名系统的改进和扩展。有了 DDNS 服务，可以将拨号线路当作专线使用。普通 DNS 的功能是记录 Internet 上域名对应的 IP 地址，并为 Internet 用户提供域名的解析，返回网上域名解析请求者对应的 IP 地址。普通 DNS 服务器记录的域名对应的 IP 地址需要是相对固定的 IP 地址。当 IP 地址改动时，因为全球的 DNS 服务器需要同步，一般需 2～3 天所有 DNS 服务器才能正常解析出改动的 IP 地址。

DDNS 兼容传统的 DNS，可以像使用普通 DNS 一样使用它。而不同之处在于 DDNS 记录的域名对应的 IP 地址可以是随时变化的动态 IP 地址，而且解决了 IP 地址改动时的同步问题，当地址变化时，立刻可以同步。有了 DDNS 服务，解决了拨号线路的域名解析问题，用域名作为 Internet 通讯的唯一标识。有了 DDNS 支持的域名作为通讯的唯一标识，拨号线路可以当作专线使用，满足大多数 Internet 通讯的要求。此服务可以和各种应用系统结合，处理通过 Internet 和 Intranet 的异地应用软件系统中的数据传输要求。如业务管理系统中不同分支机构的数据库信息交换，传统网络传输因为需要固定的网络标识，而传统上只有固定线路才能提供的固定的 IP 地址能作为唯一的网络，但固定线路却非常昂贵。如果采用智能域名解析服务，将域名作为固定网络标识，只要申请拨号线路，同样可达到数据通讯的要求，而拨号线路又比固定线路节约了大量成本。要是想让通过 Internet 来访问的服务器和通讯服务，都可通过 DDNS，用拨号线路安排在本地机房，这种应用带来的便利更是普通托管服务器或虚拟空间无法做到的。

另外现在很多动态域名服务不仅支持二级域名，还支持.com、.net、.com 以及 .cn 等所有高级域名。

一、域名申请

要想使用动态域名系统，首先得申请一个域名。为了保证国际互联网络的正常运行和向全体互联网络用户提供服务，国际上设立了国际互联网络信息中心（InterNIC），为所有互联网络用户服务。由于网络的规模庞大及各国语言的关系，各国纷纷设立自己国家一级的互联网络信息中心。国内的域名管理机构是 CNNIC（China Internet Network Information Center，简称 CNNIC），中国互联网络信息中心。该机构负责为我国的网络服务提供商（ISP）和网络用户提供 IP 地址和 AS 号码的分配管理服务。CNNIC 的一项主要业务就是域名注册服务，域名的注册遵循先申请先注册原则，管理机构对申请人提出的域名是否违反了第三方的权利不进行任何实质审查。同时，每一个域名的注册都是独一无二的、不可重复的。因此，在网络上，域名是一种相对有限的资源，它的价值将随着注册企业的增多而逐步为人们所重视。

目前，个人申请域名，一般都要通过域名服务商来完成。现在互联网的域名免费的很少了，且这些免费的都不稳定，一个是解析不稳定，另外往往不能提供一级域名，都是基于该网站的二级域名。现在域名注册商都要收取一定的服务费用，价格从几元到几百元不等，用户可以根据自己的承受能力来选择域名注册商。

域名申请要先明确的一个问题是要注册一个什么样的域名？而后按照域名注册的程序完成域名注册，用户注册域名时，首先填写域名注册申请表，填好递交后，经过确认后才能开通。

下面以时代互联网站（http://www.now.cn）注册为例，说明域名申请的过程。

广东时代互联科技有限公司——时代互联，成立于 2000 年，是中国首批经 ICANN(国际互联网域名体系最高管理机构)和 CNNIC(中国互联网络信息中心)认证的注册商，也是中国最大的域名和网站托管服务提供商之一。

（1）注册成为网站的用户 首先登录该网站 http://www.now.cn，单击会员登录处“注册”，在以下的对话框中输入相关的信息。标有“*”号的地方是必填项（图 10-48）。

首 页 | 域名注册 | 虚拟主机 | 自定制虚机 | 企业邮局 | 专享主机 | 服务器租用 | 中文域名 | 优惠套餐 | 增值产品

您正在注册成为时代互联会员： ① 填写会员注册信息 ② 确认信息 ③ 注册成功

会员信息

温馨提示您：标有“*”的信息为必填项，请务必填写真实有效的信息。我们将为您保护好这些信息，保证不向第三方提供。

字段	填写内容	说明
您的姓名(中文):	王开米	*请填写真实姓名
您的姓名(英文):	kaimi	
注册组织(中文):	王开米	*公司注册填写公司名，个人注册填写姓名
注册组织(英文):		
国家:	CN - 中国	*
省份:	HI - 海南	*填写中、英文均可
城市:	海口	*填写中、英文均可
通信地址(中文):	海口市人民大道25号	*
通信地址(英文):		
邮政编码:		
固定电话:	+86.089866279100	*如:+86.07561546872
移动电话:	+86.	紧急联系电话，请尽量填写,格式如:+86.13000000000
传 真:		
电子邮件:	kaimi168@126.com	* 为确保收到密码，请正确填写常用的邮箱

☑ 我已阅读、理解并接受 [Todaynic,Inc 会员注册条款]

同意注册条款，提交注册信息 | 重 置

图 10-48 时代互联会员注册界面

（2）查询注册域名　由于域名具有唯一性和占有性，要想注册新的域名，首先要查询这个域名是否已经被注册，如想注册的域名为 homepc88.cn，查询的结果为未注册（图 10-49）。

图 10-49　域名查询结果

（3）开始注册 homepc88.cn 的域名　单击想要注册的域 homepc88.cn 旁边的单个注册，开始为新域名注册。选择域名缴费套餐，按系统提示一步步就可注册成功。

域名的生效还要等系统确认以后，并且用户要在一个星期之内把钱汇到注册商的账上才能正式生效。

二、花生壳动态域名系统

花生壳作为中国知名的远程接入服务提供商,为企业和个人提供稳定的远程协助、远程控制和动态域名服务。

从 2001 年涉足互联网行业，Oray 推出了花生壳动态域名解析服务和花生邮个人邮局系统，花生壳动态域名解析现已成为全球用户量最大的动态域名解析体系，通过花生壳解析的域名已经达到 190 万个，今天有越来越多的个人和企业用户通过花生壳服务实现网站建设、远程控制、视频监控、FTP、VoIP、联机游戏、OA 系统等领域应用。

下面以花生壳为例，说明动态域名系统的解析过程。

（1）下载花生壳

花生壳官方网站下载地址：http://www.oray.cn/peanuthull/download.php。

（2）安装花生壳

双击下载文件，运行安装程序，根据系统的提示一步步安装（图 10-50）。

1.0 的版本集成了花生壳的大部分程序，除了动态域名外，还包含有远程协助、远程控制等组件，用户可以根据需要选择安装。

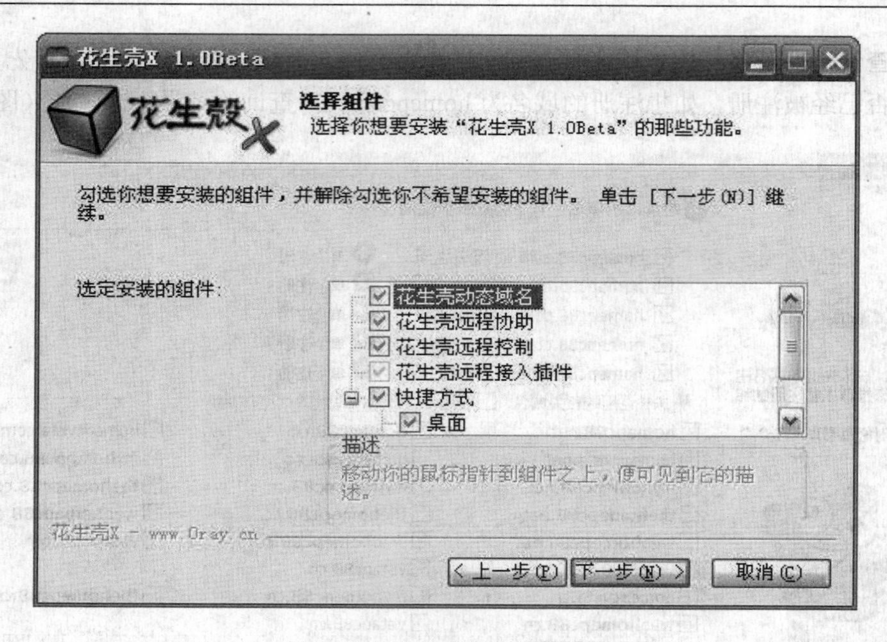

图 10-50　花生壳安装程序界面

（3）注册花生壳护照　“Oray 护照”是由上海贝锐信息科技有限公司（简称“Oray”）运作的一种身份识别服务，该服务会使您登录到 Oray 相关服务网站以及在这些网站上进行电子商务交易的过程变得简便。另外注册完护照后会自动注册一个免费的域名。

运行花生壳软件，点击“注册新护照”，根据弹出注册护照窗口提示进行注册（图 10-51）。

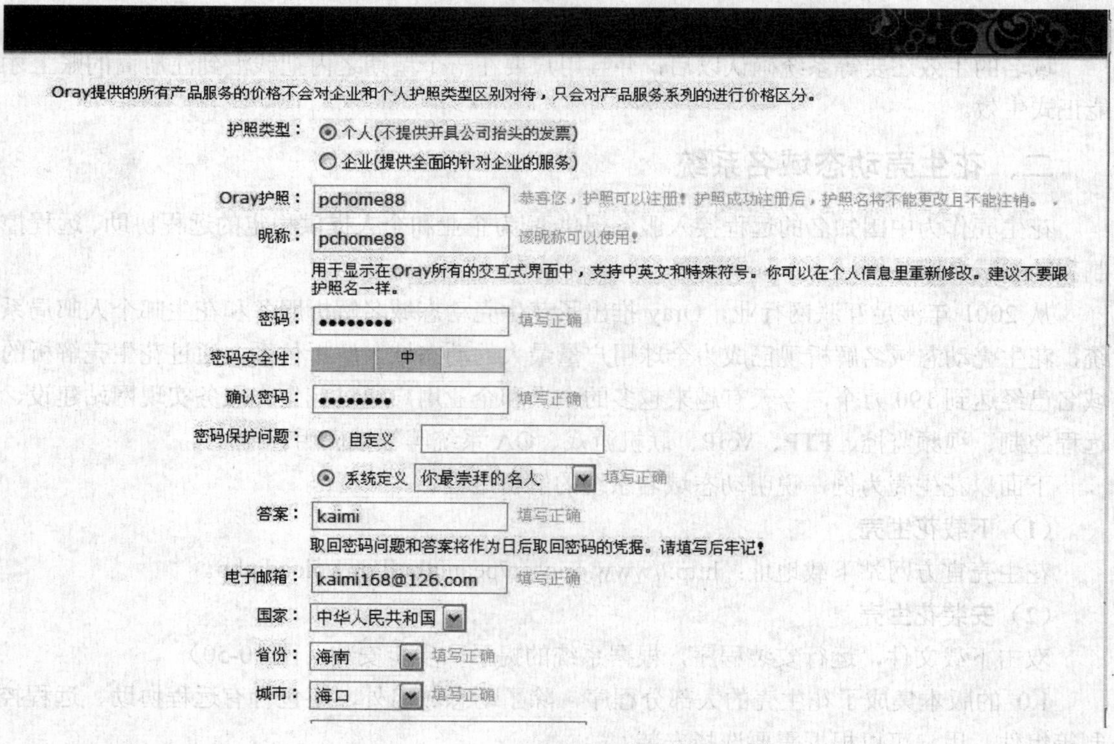

Oray提供的所有产品服务的价格不会对企业和个人护照类型区别对待，只会对产品服务系列的进行价格区分。
护照类型： 个人(不提供开具公司抬头的发票)　企业(提供全面的针对企业的服务)
Oray护照： pchome88　恭喜您，护照可以注册！护照成功注册后，护照名将不能更改且不能注销。
昵称： pchome88　该昵称可以使用！
用于显示在Oray所有的交互式界面中，支持中英文和特殊符号。你可以在个人信息里重新修改。建议不要跟护照名一样。
密码： ●●●●●●●●●　填写正确
密码安全性： 中
确认密码： ●●●●●●●●　填写正确
密码保护问题： 自定义　系统定义 你最崇拜的名人　填写正确
答案： kaimi　填写正确
取回密码问题和答案将作为日后取回密码的凭据。请填写后牢记！
电子邮箱： kaimi168@126.com　填写正确
国家： 中华人民共和国
省份： 海南　填写正确
城市： 海口　填写正确

图 10-51　花生壳护照注册界面

其中护照名的 pchome88 也是这个免费域名，所以护照名最好与自己的网站相关，当然前提是没有人注册过。

根据系统提示注册成功后，系统会同时注册一个 pchome88.gicp.net 的免费域名。

(4) 登录花生壳动态域名　注册新护照完成后，使用所注册的护照名称和密码填入花生壳软件中进行登陆（图 10-52）。

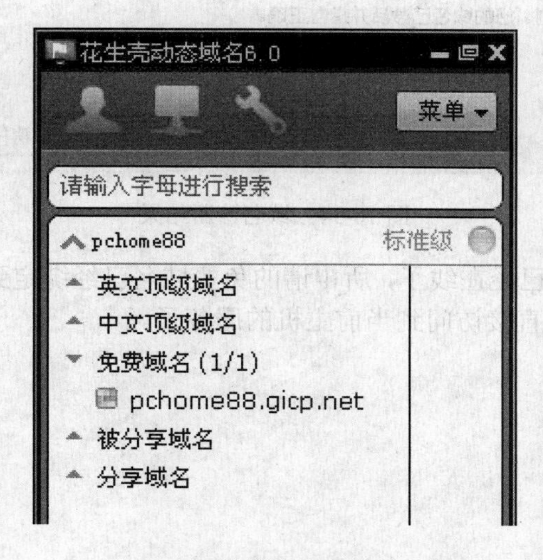

图 10-52　花生壳动态域名系统

(5) 管理花生壳域名　右键单击 pchome88.gicp.net，在弹出的菜单中选择域名管理。在浏览器打开的页面中点击免费域名，可以看到域名的详细情况（图 10-53）。

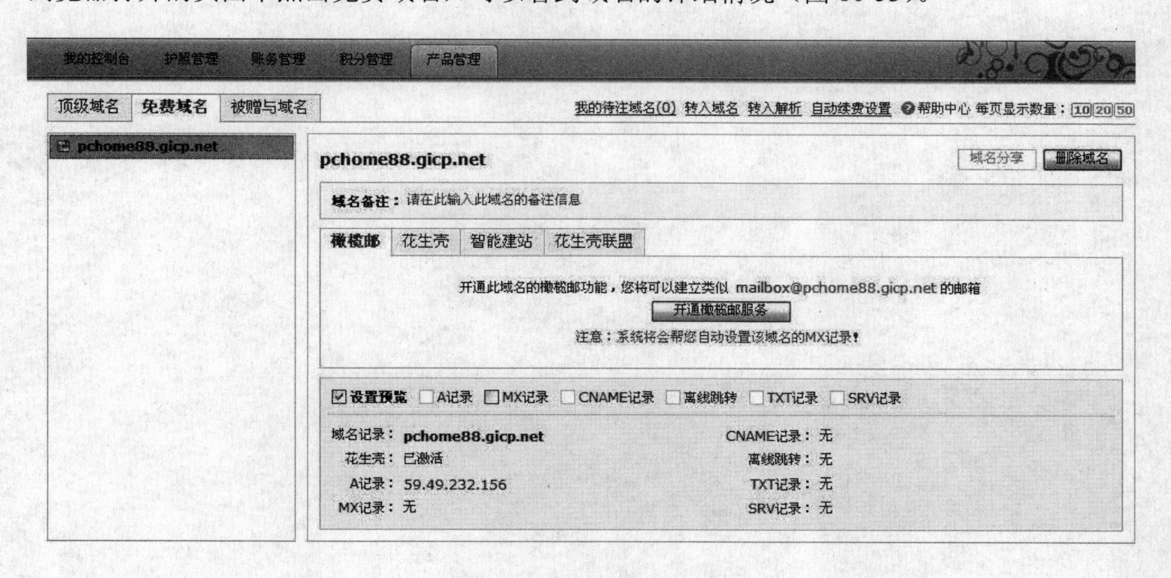

图 10-53　域名详细情况

(6) 诊断域名　可以通过系统自带的工具来诊断域名是否设置正确。右键单击 pchome88.gicp.net，在弹出的菜单中选择诊断域名（图 10-54）。

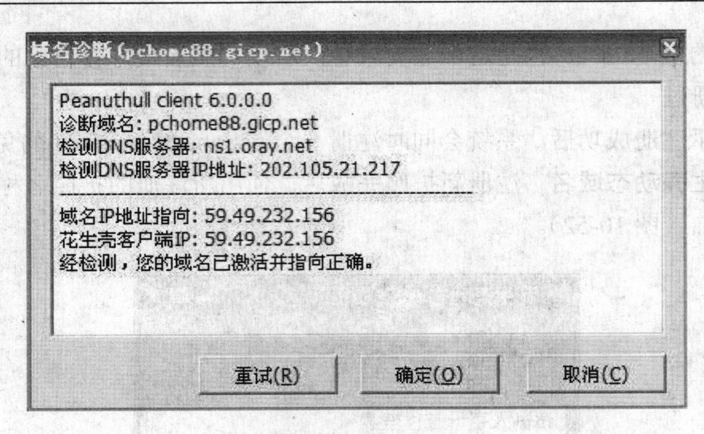

图 10-54　域名诊断结果

这时候，花生壳软件已经在线了，所申请的免费域名已经绑定到当前的公网 IP 地址，互联网可通过所申请的域名直接访问到当前主机的服务了。

第十一章 网络常见故障排除

在使用网络的过程中，难免会遇到一些故障，如不能上网了，或者网络不稳定等等。当网络遭遇故障时，最困难的不是修复网络故障本身，而是如何迅速地查出故障所在，并确定发生的原因。

网络故障诊断以网络原理、网络配置和网络运行的知识为基础，从故障的实际现象出发，以网络诊断工具为手段获取诊断信息，沿着 OSI 七层模型从物理层开始依次向上进行，逐步确定网络故障点，查找问题的根源，排除故障，恢复网络的正常运行。

网络故障症状包括一般性的（如用户不能上网、不能访问网上邻居等）和较特殊的（如路由器不在路由表中）。常见的网络排障思路如下。

第一步：识别并描述故障现象

分析网络故障时，首先要清楚故障现象，应该详细了解故障的症状和潜在的原因。例如，服务器不响应用户的请求，可能的故障原因是服务器配置问题、接口卡故障或路由器配置命令丢失等。收集需要的用于帮助隔离可能故障原因的信息，如广泛地从用户、网络管理系统、协议分析跟踪、路由器诊断命令的输出报告、软件说明书中收集。

第二步：制定诊断方案，列举可能导致故障的原因

可以根据有关情况排除某些故障原因。例如，根据某些信息可以排除硬件故障，从而把注意力放在软件上。

第三步：排除故障

认真做好每一步测试和观察，每改变一个参数都要确认其结果，确定问题是否解决。如果没有解决，继续下去，直到故障症状消失。

在诊断、排除故障的过程中，需要一些工具。本节将从硬件、软件两个方面来介绍常用的工具。

第一节　电缆测试仪

在进行局域网网络布线和线路维修时，通常使用网络电缆测试仪进行连通性测试。它的主要作用是测试电缆线的连通性，包括测试电缆线连接是否完好，电缆线连接是否正确，某些专业型的测试仪还可以测试双绞线的阻抗、近端串扰、衰减、回返损耗、长度等参数。作为家庭用户，一般不必购买太专业的型号。

因为不同的电缆测试仪用来显示测试结果的方式不同，所以它们的用法也稍有差别，譬如图 11-1 三凌 SC6106-A 电缆测试仪和图 11-2 三凌 SC8108-A 电缆测试仪，是采用液晶屏的方式直观显示测试结果。图 11-3“能手”电缆测试仪采用的是靠指示灯来显示测试结果是否正确。

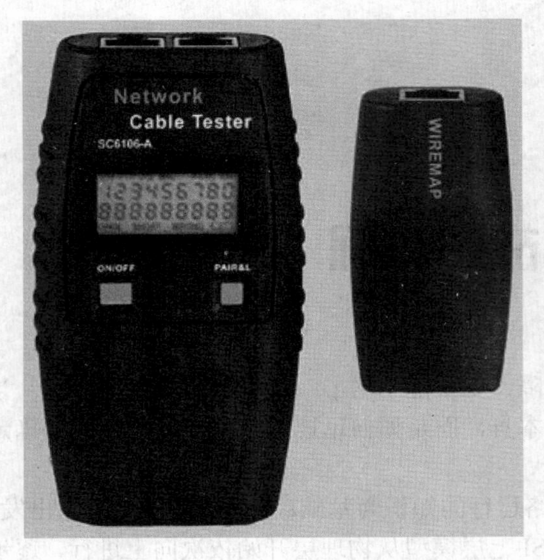

图 11-1　三凌 SC6106-A 电缆测试仪

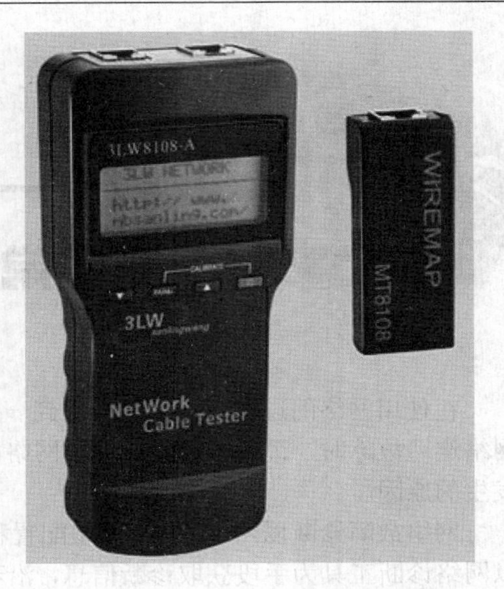

图 11-2　三凌 SC8108-A 电缆测试仪

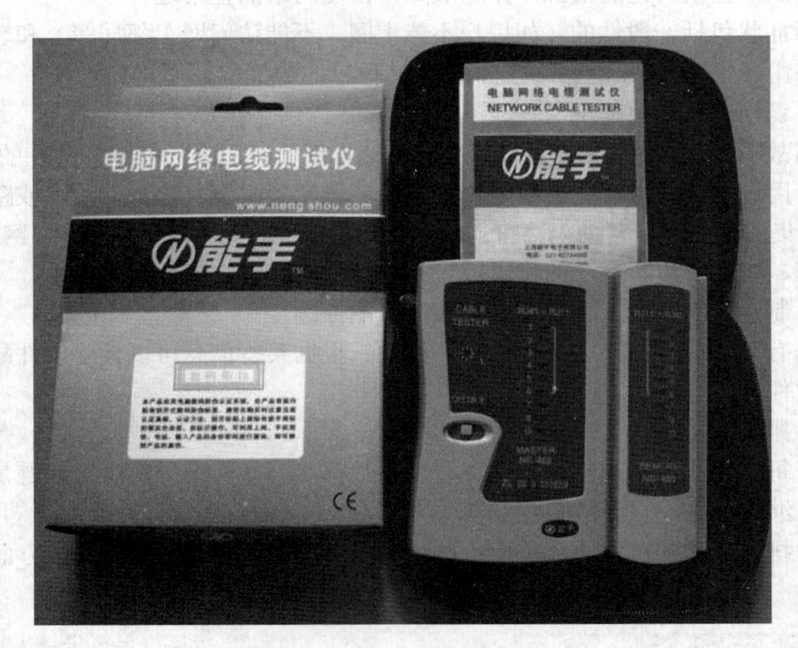

图 11-3　“能手”电缆测试仪

一般情况下，电缆测试仪都由两部分组成，稍大的叫主测试仪（或主测试端），是用来操作使用测试仪的主要部分，用来连接电缆线的一端，稍小的叫远端测试仪（或远程测试端），用来连接电缆线的另一端。

能手测试仪由于价格便宜，且使用简单，受到很多一般用户的欢迎。下面以图 11-3 所示“能手”电缆测试仪为例，说明电缆测试仪的用法。

如果是普通网线的话：

主测试端指示灯显示顺序是：1-2-3-4-5-6-7-8-G（这些数字是均与仪器上的指示灯对应，灯按该数字的顺序逐个亮下来）。

远程测试端指示灯显示顺序是：1-2-3-4-5-6-7-8-G。

如果是交差网线的话：

主测试端指示灯显示顺序是：1-2-3-4-5-6-7-8-G。

远程测试端指示灯显示顺序是：1-2-3-6-5-4-7-8-G。

例如，如果6号线路断路的话，则6号指示灯不亮；几号线路不通则几号指示灯不亮；最多不能超过六条网线不通，否则的话所有指示等都不亮。

如果主测试端和远程测试端指示灯顺序不一样的话，则说明网线有乱序。例如：

主测试端指示灯显示顺序是：1-2-3-4-5-6-7-8-G。

远程测试端指示灯显示顺序是：1-2-3-7-5-6-4-8-G。

则说明4、7两灯有乱序，这时候要拆开水晶头重新布线。

当2号线路出现短路时，则主测试端2号指示灯不亮，远程测试端2号指示灯以及与之短路的那一号线路指示灯也只是微亮；但是当三根或三根以上的线路短路时，则所有的指示灯都不会亮。

第二节　网络故障诊断基本命令

除了采用网络测试的硬件工具外，也可以用Win7系统解决网络连接的一般问题。

1. 无线网络

（1）查看网络连接信号　首先，打开无线网络连接的列表（图11-4），找到要连接的网络，单击选中，点击连接后会弹出一个输入密码的对话框（图11-5），输入密码后确定即可。

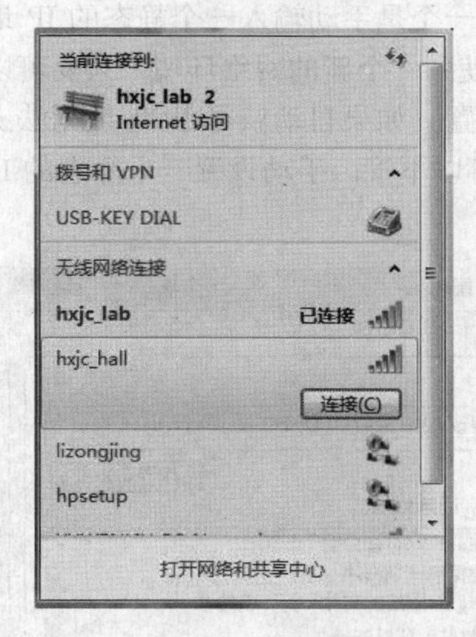

图11-4　无线网络连接的列表

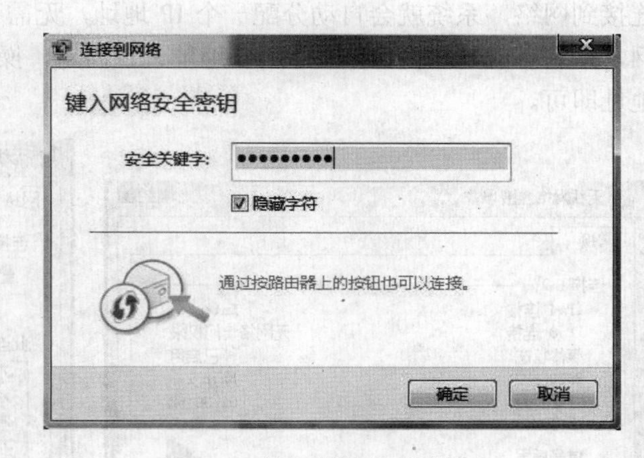

图11-5　输入密码的对话框

（2）查看网络是否畅通　如果状态为已连接，说明网络已经连接上，此时可以打开浏览器随便输入一个地址如：http://www.baidu.com，如果可以顺利打开，则网络已畅通，如果打不开，按下一步继续操作。

（3）网络仍然不畅通

步骤一：在桌面上找到网络，右键单击选择属性，然后会弹出界面（图11-6），点击无线网络连接图标，会弹出对话框（图11-7），可以观察是否有已发送和已接受的数据，一般如果网络连接不上，可能会有一个数据为0，此时可以先点击“诊断”按钮，系统会自动检测网络设置是否存在问题，检测完毕后可点击“禁用”按钮，禁用后再重新启用。

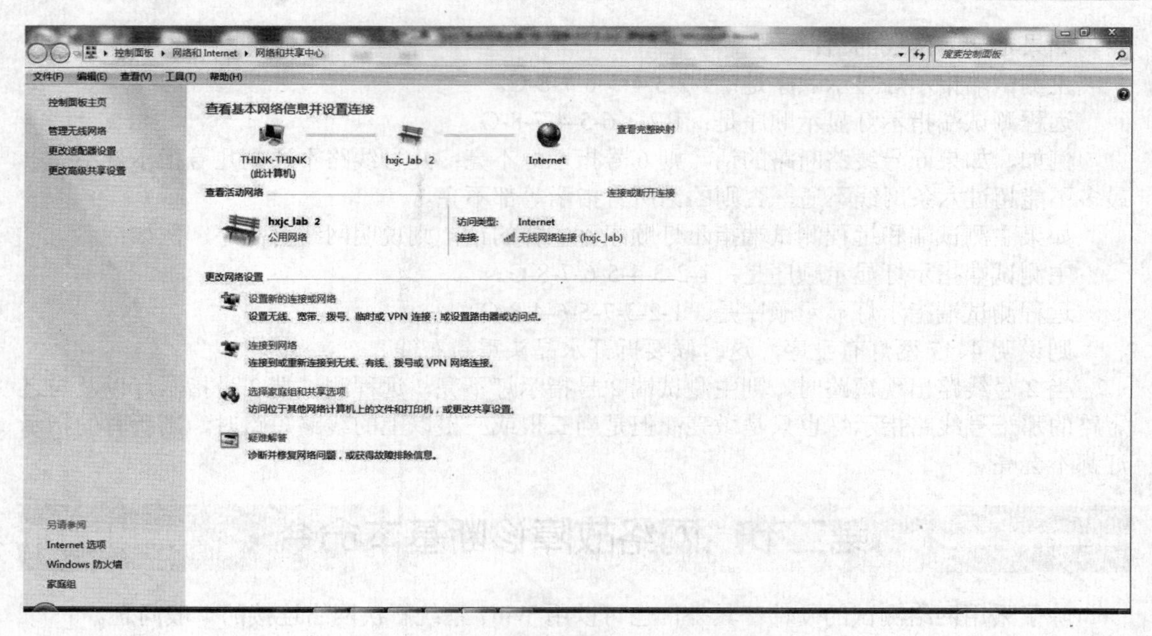

图 11-6　基本网络并设置连接对话框

步骤二：显示（图 11-7）点击“属性”按钮，弹出（图 11-8）对话框，选中 Internet 协议版本 4 （TCP/IPv4）,然后点击“属性”按钮，弹出图 11-9 所示对话框或者图 11-10 对话框，二者没有区别，只是前一个是自动获得 IP 地址，后面一个是手动输入一个静态的 IP 地址，正常情况下，选择“自动获得 IP 地址”即可，这样即使到一个新的网络环境，只要可以连接到网络，系统就会自动分配一个 IP 地址，无需手动设置。如果自动获得 IP 地址无法上网，这有可能是路由器中的 MAC 地址设置问题，操作上可以不管，手动设置一个静态的 IP 地址即可。

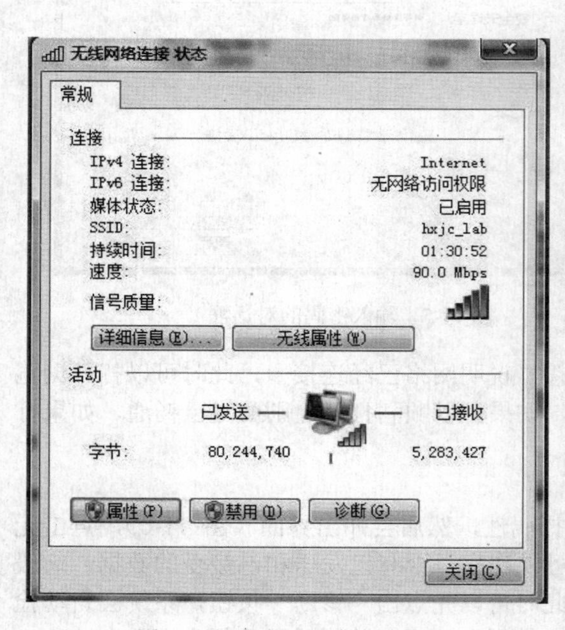

图 11-7　无线网络连接状态

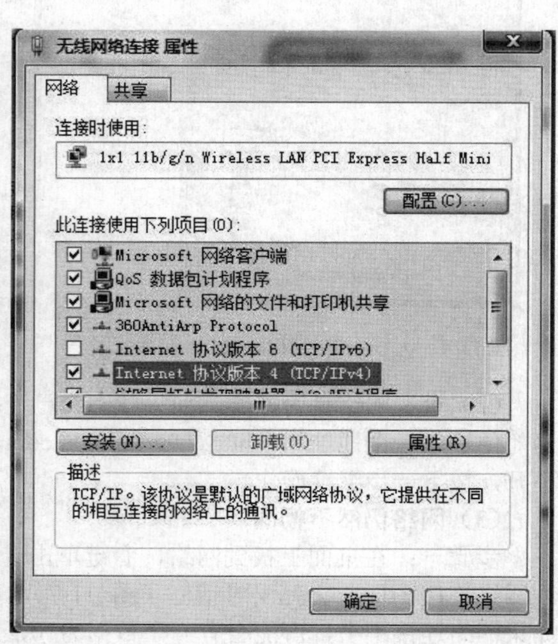

图 11-8　无线网络连接属性

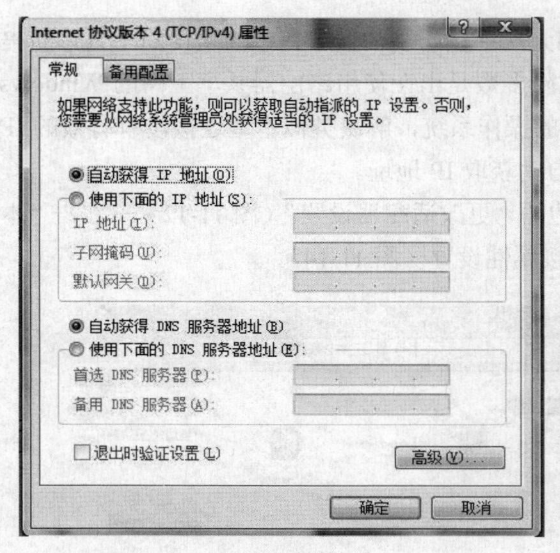

图 11-9　Internet 协议版本对话框（一）

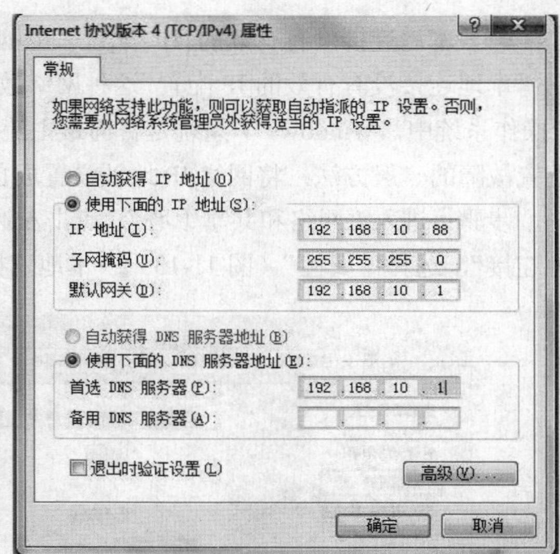

图 11-10　Internet 协议版本对话框（二）

步骤三：返回到对话框（图 11-7），点击“详细信息”按钮，会弹出图 11-10 所示对话框，这里可以查看当前电脑的 IP 地址，同时记下 IPv4 地址、IPv4 子网掩码和 IPv4 默认网关、IPv4 DHCP 服务器，然后回到对话框（图 11-9）中把该信息输入即可，除 IPv4 地址无需全部一致外，其他必须要跟获得信息完全一致，IPv4 地址可以设置成 192.168.xx.yy(注意：这里的 xx 是你的网段地址，如果你系统获得是“10”，就必须输入“10”，一般是 0 或者 1，yy 是需要设置的地址，这个值的范围一般是 1～255)，设置完毕后，确定即可。

2. 有线网络

（1）查看网络连接状态　检查网线是否已经正确插入，一般电脑网线入口处会有指示灯，如果指示灯闪亮，表示网线接入正确。如果没有指示灯，可以打开网络连接进行查看，操作方法是：点击桌面左下角“开始”Windows 图标，选择运行，输入 ncpa.cpl，回车即可弹出图 11-11 所示界面。如果找不到运行，可以用“Windows + R”快捷键打开运行对话框，同样输入 ncpa.cpl，效果也是一样。该界面是传统网络设置的界面，很多人可能看了会比较熟悉，这里有“本地连接”和“无线网络连接”，根据选择的联网方式，查看并设置相应的 IP。

图 11-11　网络连接界面

（2）本地连接没有有效的 IP 配置 电脑无法连接网络，使用自带网络诊断工具诊断提示:“本地连接没有有效的 IP 配置”这种网络故障多数是出在使用路由器共享上网的 Windows 7 操作系统中，Windows 7 系统是目前最主流的操作系统，解决类似本地连接没有有效的 IP 配置故障的一般方法：将网络 IP 地址设置成自动获取 IP 地址。

步骤：进入“网络和共享中心”，点击左边的“更改适配器设置”（图 11-12）→右击“本地连接”，选择“属性”（图 11-13）→本地连接属性设置（图 11-14）。

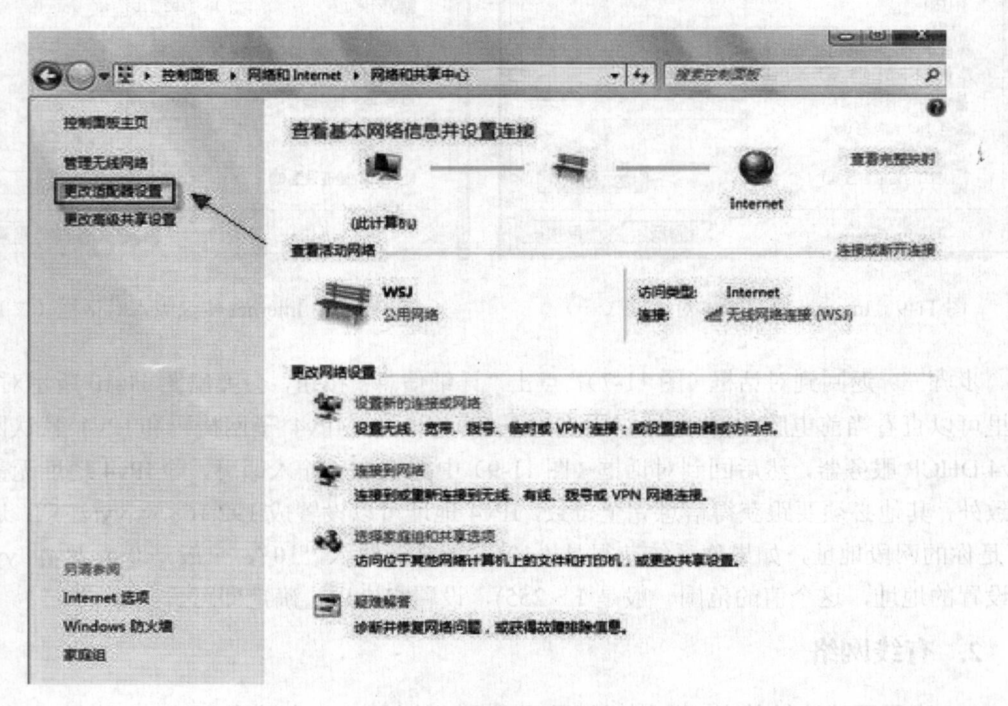

图 11-12 更改适配器设置

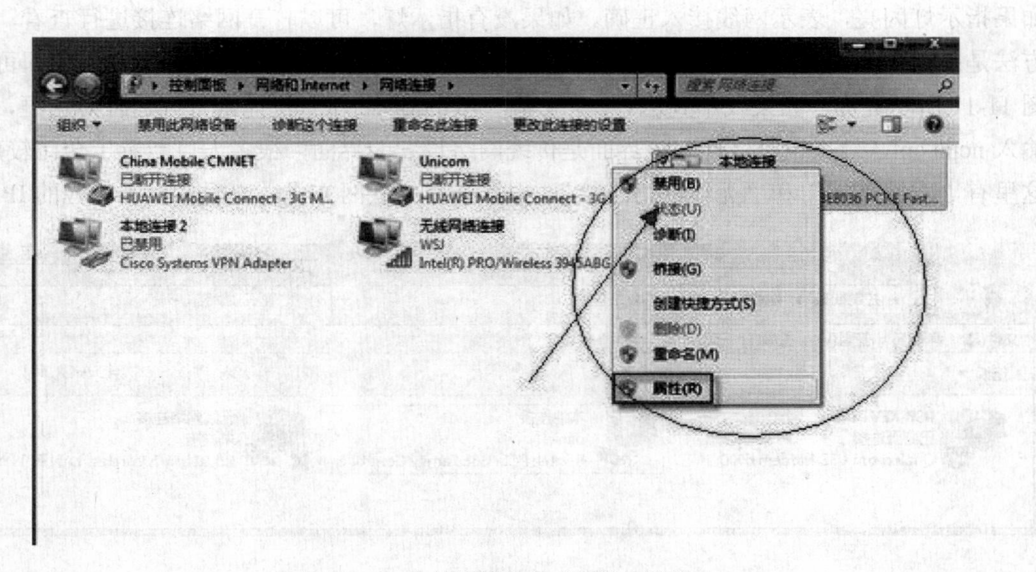

图 11-13 本地连接选择“属性”设置

按图 11-14 所示进入到 Windows7 本地连接属性设置界面，首先将“Internet 协议版本 6（ICP/IPv6）”前面的√去掉，然后选中“Internet 协议版本 4（ICP/IPv4）”点击下面的属性即可设置将 IP 地址设置成自动获取（图 11-15）。

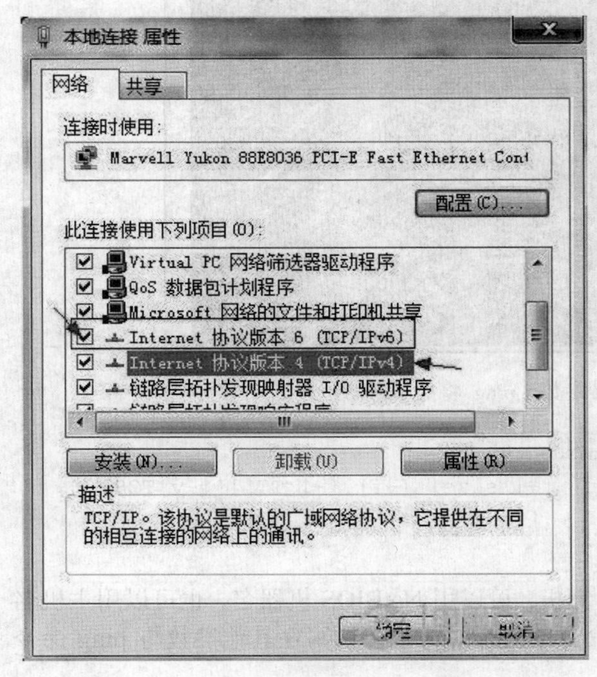

图 11-14　本地连接属性设置

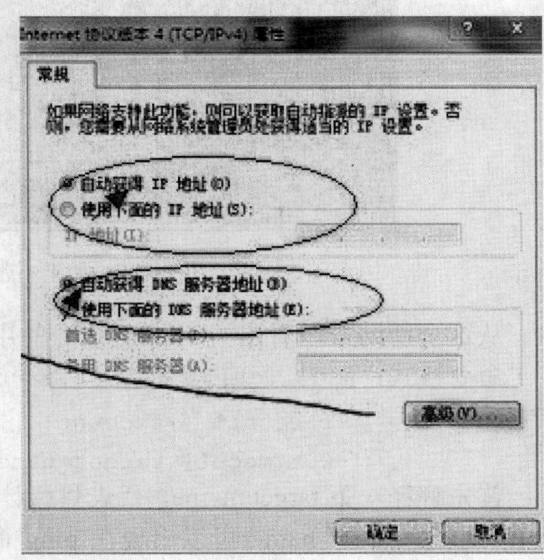

图 11-15　Win7 本地连接自动获取 IP 地址设置

一般来说，将 IP 地址设置成自动获取确认之后，电脑都可以恢复上网，如果以上设置均无效果，建议大家重点检查路由器设置，网络是否有问题，如直接使用猫拨号上网检查网络是否有问题，没有问题的话再检查路由器，最后依旧不行，建议重新安装网卡驱动。

接下来将认识 ping、ipconfig、tracert、arp 等命令工具来诊断网络故障。

一、ping 命令工具

网络一旦出现故障，首先就应该想到使用“ping”。该命令是专业人员经常用来查找故障原因的基本命令，用以确认能否通过 IP 网络与通信对象交换信息。该命令在每当出现无法接入目标服务器的故障时，对于了解故障情况非常重要。下面将结合 ping 命令的用法对此加以介绍。

ping 命令主要是用来验证与对方计算机的连接，通过向对方主机发送“网际消息控制协议”（ICMP），返回请求消息来验证与对方 TCP/IP 计算机的 IP 级连接。返回应答消息的接收情况将和往返过程的次数一起显示出来。ping 是用于检测网络连接性、可到达性和名称解析的疑难问题的主要 TCP/IP 命令。

ping 命令的用法：

如果不带参数，ping 将显示帮助，如图 11-16 所示。

```
命令提示符
C:\Documents and Settings\Bull>ping

Usage: ping [-t] [-a] [-n count] [-l size] [-f] [-i TTL] [-v TOS]
            [-r count] [-s count] [[-j host-list] | [-k host-list]]
            [-w timeout] target_name

Options:
    -t             Ping the specified host until stopped.
                   To see statistics and continue - type Control-Break;
                   To stop - type Control-C.
    -a             Resolve addresses to hostnames.
    -n count       Number of echo requests to send.
    -l size        Send buffer size.
    -f             Set Don't Fragment flag in packet.
    -i TTL         Time To Live.
    -v TOS         Type Of Service.
    -r count       Record route for count hops.
    -s count       Timestamp for count hops.
    -j host-list   Loose source route along host-list.
    -k host-list   Strict source route along host-list.
    -w timeout     Timeout in milliseconds to wait for each reply.

C:\Documents and Settings\Bull>
```

图 11-16　如果不带参数，ping 将显示帮助

从这个帮助可以看出关于 ping 命令的用法。

命令格式：`ping [-t] [-a] [-n count] [-l size] [-f] [-i TTL] [-v TOS]`

`[-r count] [-s count] [[-j host-list] | [-k host-list]]`

`[-w timeout] target_name`

首先解释一下 target_name，代表目标计算机，可以用 NetBIOS 机器名，也可以用主机名或 IP 地址。target_name 可以出现在 ping 命令的最后面，也可以写在其他参数与 ping 命令之间。

例如：ping 目标计算机的名字

这种用法，也就是格式里的 ping target_name

作用：显示本机与 target_name 所指示的目标计算机的连接情况，默认发送 4 个报文。

在图 11-17 中，hainanu-52adb2d 是目标主机的 NetBIOS 机器名。

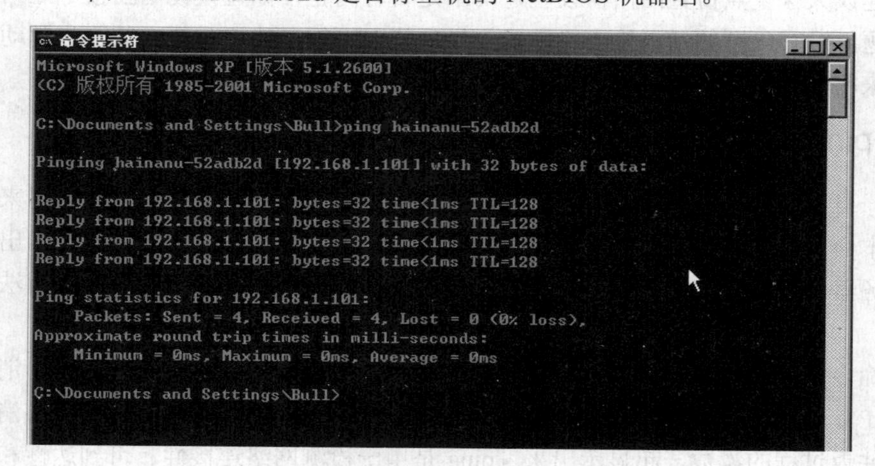

图 11-17　ping 目标计算机的 NetBIOS 机器名（或 IP）

target_name 部分，除了可以用目标主机的 NetBIOS 机器名之外，也可以用它的主机名或者 IP 地址来指定。

请看表 11-1、表 11-2 所列 2 个例子。

表 11-1　ping 目标计算机主机名

```
E:\>ping www.google.com
Pinging www-china.l.google.com [64.233.189.147] with 32 bytes of data:

Request timed out.
Reply from 64.233.189.147: bytes=32 time=44ms TTL=243
Request timed out.
Request timed out.
Ping statistics for 64.233.189.147:
    Packets: Sent = 4, Received = 1, Lost = 3 (75% loss),
Approximate round trip times in milli-seconds:
    Minimum = 44ms, Maximum = 44ms, Average = 44ms
```

表 11-2　ping 目标计算机 IP 地址

```
E:\>ping 64.233.189.147
Pinging 64.233.189.147 with 32 bytes of data:

Reply from 64.233.189.147: bytes=32 time=39ms TTL=243
Request timed out.
Request timed out.
Request timed out.
Ping statistics for 64.233.189.147:
    Packets: Sent = 4, Received = 1, Lost = 3 (75% loss),
Approximate round trip times in milli-seconds:
    Minimum = 39ms, Maximum = 39ms, Average = 39ms
```

各个参数或选项的含义：

-t——持续 ping 指定的计算机，直到停止。在此命令执行期间，如果要临时中断以查看统计信息然后继续，请按 Ctrl + Break 组合键，如果要停止命令，请按 Ctrl+C。见表 11-3。

表 11-3　-t 参数，可以持续 ping 指定的计算机

```
E:\>ping www.google.com -t
Pinging www-china.l.google.com [64.233.189.99] with 32 bytes of data:

Reply from 64.233.189.99: bytes=32 time=42ms TTL=243
Reply from 64.233.189.99: bytes=32 time=43ms TTL=243
Reply from 64.233.189.99: bytes=32 time=44ms TTL=243
Reply from 64.233.189.99: bytes=32 time=43ms TTL=243
Reply from 64.233.189.99: bytes=32 time=43ms TTL=243
Reply from 64.233.189.99: bytes=32 time=43ms TTL=243
Reply from 64.233.189.99: bytes=32 time=43ms TTL=243
Reply from 64.233.189.99: bytes=32 time=41ms TTL=243
Reply from 64.233.189.99: bytes=32 time=41ms TTL=243
Reply from 64.233.189.99: bytes=32 time=43ms TTL=243
```

续表

```
Ping statistics for 64.233.189.99:
    Packets: Sent = 10, Received = 10, Lost = 0 (0% loss),
Approximate round trip times in milli-seconds:
    Minimum = 41ms, Maximum = 44ms, Average = 42ms
Control-C
^C
```

-a——将指定的 IP 地址解析成主机名，如果解析成功，将显示主机名。

-n count——count 是准备发送的显示请求消息的数目，默认为 4。见表 11-4。

表 11-4 -n count 参数的用法

```
E:\>ping www.google.com -n 5

Pinging www-china.l.google.com [64.233.189.99] with 32 bytes of data:

Reply from 64.233.189.99: bytes=32 time=40ms TTL=243
Reply from 64.233.189.99: bytes=32 time=42ms TTL=243
Reply from 64.233.189.99: bytes=32 time=42ms TTL=243
Reply from 64.233.189.99: bytes=32 time=40ms TTL=243
Reply from 64.233.189.99: bytes=32 time=42ms TTL=243

Ping statistics for 64.233.189.99:
    Packets: Sent = 5, Received = 5, Lost = 0 (0% loss),
Approximate round trip times in milli-seconds:
    Minimum = 40ms, Maximum = 42ms, Average = 41ms

E:\>
```

-l size——size 是发送缓冲区的大小（以字节为单位），默认为 32，它的允许范围为 0～65500。见表 11-5。

表 11-5 -l size 参数的用法

```
E:\>ping www.google.com -l 30
Pinging www-china.l.google.com [64.233.189.99] with 30 bytes of data:

Reply from 64.233.189.99: bytes=30 time=40ms TTL=242
Reply from 64.233.189.99: bytes=30 time=40ms TTL=242
Reply from 64.233.189.99: bytes=30 time=40ms TTL=242
Reply from 64.233.189.99: bytes=30 time=37ms TTL=242

Ping statistics for 64.233.189.99:
    Packets: Sent = 4, Received = 4, Lost = 0 (0% loss),
Approximate round trip times in milli-seconds:
    Minimum = 37ms, Maximum = 40ms, Average = 39ms
```

其余一些参数，用得较少，不再赘述。

ping 是一条用于分析能否通过 IP 网络与特定计算机进行通信的命令。向 IP 地址所指定的对象发送信息，然后等待对方的应答。

如果能够正常地收到应答，就说明对方的计算机以及中间的线路是正常的。如果没有收到应答，或者收到应答所需的时间太长，就能推断网络的某个地方存在问题。

ping 命令的基本用法非常简单。在 Windows 系统中打开命令提示符（Windows 98/Me 为 MS-DOS 提示符），只需在 ping 提示符后面输入想要调查的能否进行通信的计算机的地址即可。

比如，要调查与 IP 地址为 192.168.4.100 的机器之间的通信情况时，只需在命令提示符后面输入“ping 192.168.4.100”即可。指定对方地址时，除 IP 地址以外，还可使用“John”等 Windows 计算机名称或“www.microsoft.com”等域名。

输入 ping 命令后，就会显示出相应的结果。所显示的结果共有 3 种。见表 11-6～表 11-8。

表 11-6 Replay from…

```
D:\>ping www.baidu.com
Pinging www.a.shifen.com [220.181.5.222] with 32 bytes of data:

Reply from 220.181.5.222: bytes=32 time=78ms TTL=244
Reply from 220.181.5.222: bytes=32 time=78ms TTL=244
Reply from 220.181.5.222: bytes=32 time=79ms TTL=244
Reply from 220.181.5.222: bytes=32 time=79ms TTL=244

Ping statistics for 220.181.5.222:
    Packets: Sent = 4, Received = 4, Lost = 0 (0% loss),
Approximate round trip times in milli-seconds:
    Minimum = 78ms, Maximum = 79ms, Average = 78ms
```

表 11-7 Request timed out.

```
D:\>ping www.adobe.com
Pinging www.wip3.adobe.com [192.150.18.60] with 32 bytes of data:

Request timed out.
Reply from 192.150.18.60: bytes=32 time=350ms TTL=244
Reply from 192.150.18.60: bytes=32 time=339ms TTL=244
Reply from 192.150.18.60: bytes=32 time=345ms TTL=244
Ping statistics for 192.150.18.60:

    Packets: Sent = 4, Received = 3, Lost = 1 (25% loss),
Approximate round trip times in milli-seconds:
    Minimum = 339ms, Maximum = 350ms, Average = 344ms

D:\>
```

表 11-8　Destination host unreachable.

```
D:\>ping 192.168.0.1

Pinging 192.168.0.1 with 32 bytes of data:

Destination host unreachable.
Destination host unreachable.
Destination host unreachable.
Destination host unreachable.

Ping statistics for 192.168.0.1:
    Packets: Sent = 4, Received = 0, Lost = 4 (100% loss),
```

（1）如果显示为“Reply from xxx.xxx.xxx.xxx: bytes=xx time=xxms TTL=xxx”，说明对方的计算机工作正常，中间的线路也正常。显示结果共有 4 行，后面显示的是测试结果的统计信息。在标准情况下使用 ping 命令，将反复 4 次发送 IP 信息并显示应答结果。

（2）如果显示为“Request timed out.”，表示在规定时间内因某种原因没有返回 ping 命令的应答。这种情况说明很可能是对方的计算机没有运行，或者中间线路不通致使信息没有到达对方那里。大多数情况下是企业防火墙等阻挡了 ping 命令中使用的 ICMP 信息。在这种情况下即便通信对象正在工作，ping 命令的结果也会显示 “Request timed out.” 的结果。

（3）有时在执行 ping 命令后，也会显示“Destination host unreachable.”。此错误信息表明执行命令的计算机没能将信息发送到对方那里。大多数情况是自己一方的计算机 LAN 连接线掉线，或者由于 IP 设置不对，而无法进行正常通信。

仅依靠这 3 种结果，就可在一定程度上了解网络信息，如果进一步使用 ping 命令选项，还能够用于解决网络故障。用户可用命令帮助选项“?”，列表显示可在 ping 命令中使用哪些命令选项。操作方法是“ping -?”或“ping/?”。

比如，如果输入并执行“ping xxx.xxx.xxx.xxx -t”，在用户按“Ctrl+C”组合键强制结束命令之前机器会连续执行 ping 命令。这种命令行可用于分析线路连接情况。当由于 LAN 布线相互缠绕而使人不知道目标计算机到底连接在 Hub 的哪个端口时，就可以使用-t 选项执行 ping 命令，逐个把每一根连接线拔出插入，查找拔掉插头后而没有应答的连接线。

二、ipconfig 命令工具

当怀疑自己的计算机网络 IP 地址配置不正确的时候，可以通过 ipconfig 这个命令来查看或修改相应的配置参数。当然，也可以在控制面板中选择“网络连接”，再选择你上网的时候所使用的连接（如“本地连接”）的属性，在“常规”选项卡里，选择“Internet 协议 (TCP/IP)”，再单击“属性”按钮。如图 11-18 所示。

然后在弹出的窗口中，对各项参数进行编辑，以修改成正确的配置。如图 11-19 所示。

下面介绍用命令行工具 ipconfig 修改这些参数设置。

该诊断命令显示所有当前的 TCP/IP 网络配置值。该命令在运行 DHCP 系统上的特殊用途，允许用户决定 DHCP 配置的 TCP/IP 配置值。

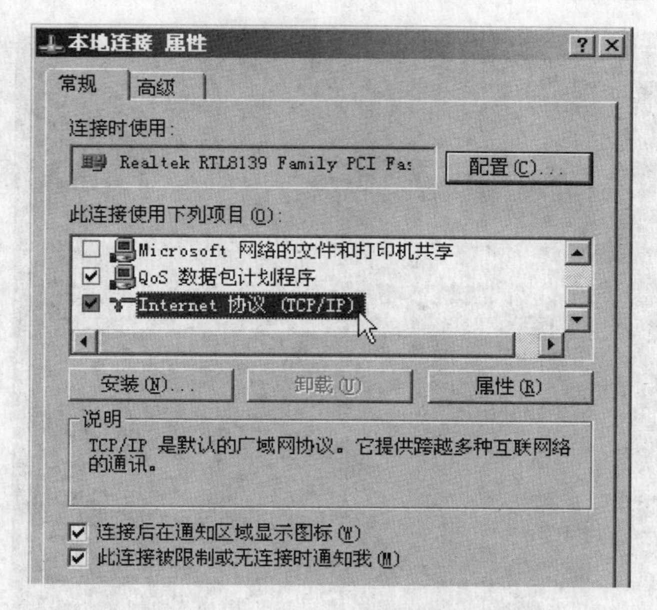

图 11-18　打开“本地连接”属性

输入 ipconfig /?，可以查看它的帮助信息（见图 11-20）。

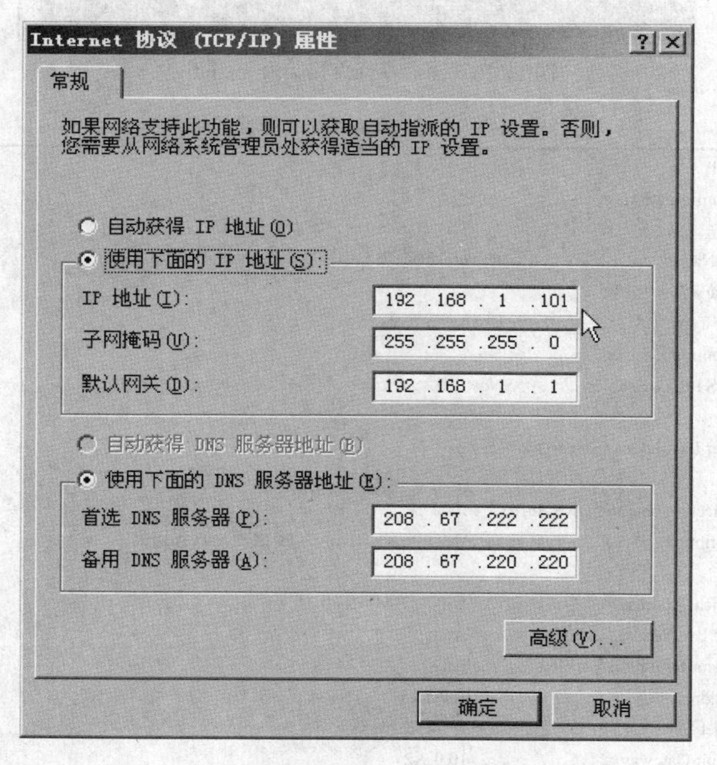

图 11-19　修改 TCP/IP 属性，设置网络的各项参数

下面解释各个参数或选项的含义：

/all——产生完整显示。在没有该开关的情况下 ipconfig 只显示 IP 地址、子网掩码和每个网卡的默认网关值，见表 11-9、表 11-10。

```
命令提示符

D:\>ipconfig /?

USAGE:
    ipconfig [/? | /all | /renew [adapter] | /release [adapter] |
              /flushdns | /displaydns | /registerdns |
              /showclassid adapter |
              /setclassid adapter [classid] ]

where
    adapter         Connection name
                    (wildcard characters * and ? allowed, see examples)

    Options:
       /?           Display this help message
       /all         Display full configuration information.
       /release     Release the IP address for the specified adapter.
       /renew       Renew the IP address for the specified adapter.
       /flushdns    Purges the DNS Resolver cache.
       /registerdns Refreshes all DHCP leases and re-registers DNS names
       /displaydns  Display the contents of the DNS Resolver Cache.
       /showclassid Displays all the dhcp class IDs allowed for adapter.
       /setclassid  Modifies the dhcp class id.

The default is to display only the IP address, subnet mask and
default gateway for each adapter bound to TCP/IP.

For Release and Renew, if no adapter name is specified, then the IP address
leases for all adapters bound to TCP/IP will be released or renewed.

For Setclassid, if no ClassId is specified, then the ClassId is removed.

Examples:
    > ipconfig                   ... Show information.
    > ipconfig /all              ... Show detailed information
    > ipconfig /renew            ... renew all adapters
    > ipconfig /renew EL*        ... renew any connection that has its
                                     name starting with EL
    > ipconfig /release *Con*    ... release all matching connections,
                                     eg. "Local Area Connection 1" or
                                         "Local Area Connection 2"

D:\>
```

图 11-20　在命令行直接输入 ipconfig/?

表 11-9　命令 ipconfig/all 看到的结果

```
C:\>ipconfig /all
Windows IP Configuration

        Host Name . . . . . . . . . . . . : hainanu-f631c7f
        Primary Dns Suffix  . . . . . . . :
        Node Type . . . . . . . . . . . . : Unknown
        IP Routing Enabled. . . . . . . . : No
        WINS Proxy Enabled. . . . . . . . : No

Ethernet adapter Local Area Connection:

        Connection-specific DNS Suffix  . :
        Description . . . . . . . . . . . : AMD PCNET Family PCI Ethernet Adapte
r
        Physical Address. . . . . . . . . : 08-00-27-64-45-40
        Dhcp Enabled. . . . . . . . . . . : Yes
        Autoconfiguration Enabled . . . . : Yes
        IP Address. . . . . . . . . . . . : 10.0.2.15
        Subnet Mask . . . . . . . . . . . : 255.255.255.0
        Default Gateway . . . . . . . . . : 10.0.2.2
        DHCP Server . . . . . . . . . . . : 10.0.2.2
        DNS Servers . . . . . . . . . . . : 10.0.2.3
        Lease Obtained. . . . . . . . . . : 2009 年 4 月 23 日 13:22:48
        Lease Expires . . . . . . . . . . : 2009 年 4 月 24 日 13:22:48
```

表 11-10　直接输入 **ipconfig** 看到的结果

```
C:\>ipconfig
Windows IP Configuration
Ethernet adapter Local Area Connection:

        Connection-specific DNS Suffix   . :
        IP Address. . . . . . . . . . . . . . . . . . . . : 10.0.2.15
        Subnet Mask . . . . . . . . . . . . . . . . . . : 255.255.255.0
        Default Gateway . . . . . . . . . . . . . . . : 10.0.2.2
```

/renew [adapter]——更新 DHCP 配置参数。该选项只在运行 DHCP 客户端服务的系统上可用。要指定适配器名称（adapter 部分），请键入使用不带参数的 ipconfig 命令显示的适配器名称。注意：adapter 部分，是可选内容，如果带上此参数，则表示更新此参数所指定的网卡的 IP 地址；而如果省略这一参数，则表示更新所有网卡的 IP 地址。见表 11-11。

表 11-11　重新从 **DHCP** 服务器获取配置参数

```
C:\>ipconfig /renew  " Local Area Connection"
Windows IP Configuration
Ethernet adapter Local Area Connection:

        Connection-specific DNS Suffix   . :
        IP Address. . . . . . . . . . . . . . . . . . . . : 10.0.2.15
        Subnet Mask . . . . . . . . . . . . . . . . . . : 255.255.255.0
        Default Gateway . . . . . . . . . . . . . . . : 10.0.2.2
```

/release [adapter]——释放当前的 DHCP 配置。该选项禁用本地系统上的 TCP/IP，并只在 DHCP 客户端上可用。Adapter 部分的使用，跟上述“/renew [adapter]”部分中的用法一样。见表 11-12。

表 11-12　释放当前的 **DHCP** 配置信息

```
C:\>ipconfig /release "Local Area Connection"
Windows IP Configuration
Ethernet adapter Local Area Connection:

        Connection-specific DNS Suffix   . :
        IP Address. . . . . . . . . . . . . . . . . . . . : 0.0.0.0
        Subnet Mask . . . . . . . . . . . . . . . . . . : 0.0.0.0
        Default Gateway . . . . . . . . . . . . . . . :
```

/flushdns——清除本地 DNS 解析的缓存内容。见表 11-13。

表 11-13　**ipconfig/flushdns** 可以清除本地 **DNS** 解析的缓存内容

```
C:\>ipconfig /release "Local Area Connection"

Windows IP Configuration
Ethernet adapter Local Area Connection:

        Connection-specific DNS Suffix   . :
        IP Address. . . . . . . . . . . . . . . . . . . . : 0.0.0.0
        Subnet Mask . . . . . . . . . . . . . . . . . . : 0.0.0.0
        Default Gateway . . . . . . . . . . . . . . . :
```

/registerdns——刷新 DHCP 租约，并重新注册 DNS 域名解析。

/displaydns——显示本地 DNS 域名解析缓存中的内容。见表 11-14。

表 11-14　ipconfig/displaydns 显示本地 DNS 域名解析缓存中的内容

```
C:\>ipconfig /displaydns
Windows IP Configuration
        1.0.0.127.in-addr.arpa
        ----------------------------------------
        Record Name . . . . . : 1.0.0.127.in-addr.arpa.
        Record Type . . . . . : 12
        Time To Live   . . . . : 593715
        Data Length . . . . . . : 4
        Section . . . . . . . . . . : Answer
        PTR Record    . . . . . : localhost

        www.google.com
        ----------------------------------------
        Record Name . . . . . : www.google.com
        Record Type . . . . . . : 5
        Time To Live   . . .  : 16
        Data Length . . . . . . : 4
        Section . . . . . . . . . : Answer
        CNAME Record . . : google.navigation.opendns.com
        www.google.cn
        ----------------------------------------
        Record Name . . . . . : www.google.cn
        Record Type . . . . . . : 5
        Time To Live   . . . . : 230
        Data Length . . . . . . .: 4
        Section . . . . . . . . . . : Answer
        CNAME Record . . . : google.cn
        localhost
        ----------------------------------------
        Record Name . . . . . : localhost
        Record Type . . . . . .: 1
        Time To Live   . . . .: 593715
        Data Length . . . . . . : 4
        Section . . . . . . . . . . : Answer
        A (Host) Record . . . : 127.0.0.1
```

/showclassid adapter——显示指定网络适配器（网卡）的 classid。

/setclassid adapter [classid]——修改指定网络适配器（网卡）的 classid。

ipconfig 命令的最常见用法，是带上/all 参数，即查看本机的 IP 地址相关配置。在故障诊断过程中，以确定本机的IP地址、网关、子网掩码、DNS等配置是否正确。

三、跟踪路由 tracert 命令

tracert诊断实用程序通过向目标地址发送Internet控制消息协议（ICMP）回显数据包来确定到目标地址的路由。在这些数据包中，tracert使用了不同的IP“生存期”（TTL）值。由于要求沿途的路由器在转发数据包前至少将TTL减少1，因此TTL实际上是一个跃点计数器(hop counter)。当某个数据包的TTL达到零(0)时，路由器就会向源计算机发送一个ICMP“超时”的消息。

tracert将发送TTL为1的第一个回显数据包，并在每次后续传输时将TTL增加1，直到目标地址响应或达到TTL的最大值。中间路由器发送回来的ICMP“超时”消息显示了路由。注意，有些路由器会丢弃TTL失效的数据包而不发出消息，这些数据包对于tracert来说是不可见的。

tracert将会显示一个返回ICMP“超时”消息的中间路由器的顺序列表。使用带有-d选项的tracert命令时，tracert将不会对每个IP地址执行DNS查找，这样，tracert将报告靠近的路由器接口的IP地址。

tracert通过递增“生存时间（TTL）”字段的值将“Internet控制消息协议（ICMP）回响请求”消息发送给目标可确定到达目标的路径。所显示的路径是源主机与目标主机间的路径中的路由器的近侧路由器接口列表。近侧接口是距离路径中的发送主机最近的路由器的接口。不带参数时，tracert显示帮助。

tracert命令的格式如图11-21所示。

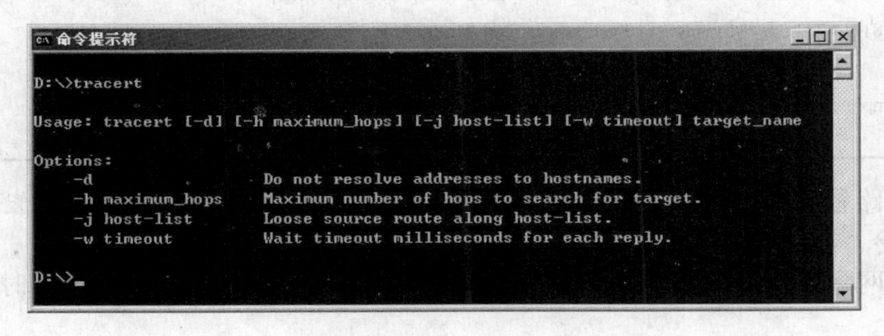

图11-21　tracert命令的格式

用法：

tracert [-d] [-h maximum_hops] [-j host-list] [-w timeout] target_name

各参数的含义：

-d——防止tracert试图将中间路由器的IP地址解析为它们的名称。这样可加速显示tracert的结果。

-h maximum_hops——在搜索目标（目的）的路径中指定跃点的最大数。默认值为30个跃点。

-j host-list——指定“回响请求”消息对于在主机列表中指定的中间目标集使用IP报头中的“松散源路由”选项。可以由一个或多个具有松散源路由的路由器分隔连续中间的目的地。主机列表中的地址或名称的最大数为9。主机列表是一系列由空格分开的IP地址（用带点的十进制符号表示）。

-w timeout——指定等待“ICMP已超时”或“回响答复”消息(对应于要接收的给定“回响请求”消息)的时间（以毫秒为单位）。如果超时时间内未收到消息，则显示一个星号（*）。

默认的超时时间为4000（4秒）。

target_name——指定目标，可以是IP地址或主机名。

-?——在命令提示符显示帮助。例如表11-15所列。

表11-15　查看本地计算机到www.yahoo.com所经过的路由

```
D:\>tracert www.yahoo.com
Tracing route to www.yahoo.com [204.71.200.75]
over a maximum of 30 hops:

1 161 ms 150 ms 160 ms 202.99.38.67
2 151 ms 160 ms 160 ms 202.99.38.65
3 151 ms 160 ms 150 ms 202.97.16.170
4 151 ms 150 ms 150 ms 202.97.17.90
5 151 ms 150 ms 150 ms 202.97.10.5
6 151 ms 150 ms 150 ms 202.97.9.9
7 761 ms 761 ms 752 ms border7-serial3-0-0.Sacramento.cw.net [204.70.122.69]
8 751 ms 751 ms * core2-fddi-0.Sacramento.cw.net [204.70.164.49]
9 762 ms 771 ms 751 ms border8-fddi-0.Sacramento.cw.net [204.70.164.67]
10 721 ms * 741 ms globalcenter.Sacramento.cw.net [204.70.123.6]
11 * 761 ms 751 ms pos4-2-155M.cr2.SNV.globalcenter.net [206.132.150.237]
12 771 ms * 771 ms pos1-0-2488M.hr8.SNV.globalcenter.net [206.132.254.41]
13 731 ms 741 ms 751 ms bas1r-ge3-0-hr8.snv.yahoo.com [208.178.103.62]
14 781 ms 771 ms 781 ms www10.yahoo.com [204.71.200.75]

Trace complete.
D:\>
```

要跟踪路径并为路径中的每个路由器和链路提供网络延迟和数据包丢失信息，使用pathping命令。

只有当网际协议（TCP/IP）在网络连接中安装为网络适配器属性的组件时，该命令才可用。

四、显示和修改地址解析协议arp命令

arp显示和修改“地址解析协议（ARP）”缓存中的项目。ARP缓存中包含一个或多个表，它们用于存储IP地址及其经过解析的以太网或令牌环物理地址。计算机上安装的每一个以太网或令牌环网络适配器都有自己单独的表。如果在没有参数的情况下使用，则arp命令将显示帮助信息。

用法：

arp [-a [InetAddr] [-N IfaceAddr]] [-g [InetAddr] [-N IfaceAddr]] [-d InetAddr [IfaceAddr]] [-s InetAddr EtherAddr [IfaceAddr]]

各参数的含义：

-a [InetAddr] [-N IfaceAddr]——显示所有接口（即网络接口，一般指网卡）的当前ARP缓存表。要显示指定IP地址的ARP缓存项，使用带有InetAddr参数的arp -a，此处的InetAddr代表指定的IP地址。要显示指定接口的ARP缓存表，使用-N IfaceAddr参数，此处的IfaceAddr代表分配给指定接口的IP地址。-N参数区分大小写。

-g [InetAddr] [-N IfaceAddr]——与-a 相同。

-d InetAddr [IfaceAddr]——删除指定的 IP 地址项，此处的 InetAddr 代表 IP 地址。对于指定的接口，要删除表中的某项，使用 IfaceAddr 参数，此处的 IfaceAddr 代表分配给该接口的 IP 地址。要删除所有项，使用星号(*)通配符代替 InetAddr。

-s InetAddr EtherAddr [IfaceAddr]——向 ARP 缓存添加可将 IP 地址 InetAddr 解析成物理地址 EtherAddr 的静态项。要向指定接口的表添加静态 ARP 缓存项，使用 IfaceAddr 参数，此处的 IfaceAddr 代表分配给该接口的 IP 地址。

/?——在命令提示符显示帮助。

说明：

InetAddr 和 IfaceAddr 的 IP 地址用带圆点的十进制记数法表示。

物理地址 EtherAddr 由六个字节组成，这些字节用十六进制记数法表示并且用连字符隔开（比如，00-AA-00-4F-2A-9C）。

通过-s 参数添加的项属于静态项，它们不会 ARP 缓存中超时。如果终止 TCP/IP 协议后再启动，这些项会被删除。要创建永久的静态 ARP 缓存项，在批处理文件中使用适当的 arp 命令并通过“计划任务程序”在启动时运行该批处理文件。

只有当网际协议(TCP/IP)在网络连接中安装为网络适配器属性的组件时，该命令才可用。

举例：如图 11-22 所示要显示所有网卡的 ARP 缓存表，可键入：

arp -a

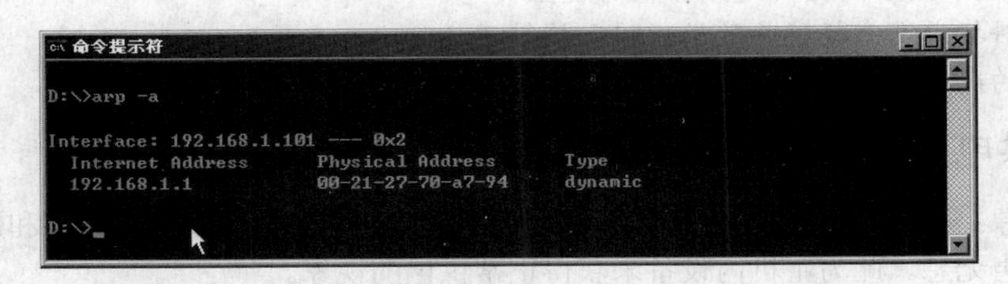

图 11-22　arp -a 命令可以显示所有网卡的 ARP 缓存表

对于指派的 IP 地址为 10.0.0.99 的接口，要显示其 ARP 缓存表，可键入：

arp-a-N10.0.0.99

要添加将 IP 地址 10.0.0.80 解析成物理地址 00-AA-00-4F-2A-9C 的静态 ARP 缓存项，可键入：

arp-s10.0.0.80 00-AA-00-4F-2A-9C

常用的网络命令还有如 netstat、route 等命令，但这些命令相对来说比较专业，对初学者来说只要掌握上述几个命令，一般来说排除简单的网络故障是轻而易举的事。

附录 计算机常见故障排除

第一节 启动黑屏的故障检修

“启动黑屏”是较常见的故障，大多是由于接触不良或硬件损坏造成的，可采用“最小系统法”并结合替换法检查维修。

新装机或更换硬件不当较容易发生黑屏，如果故障是更换硬件后产生的，请检查是否是由于下述原因造成：

- 硬盘或光驱数据线接反；
- 系统检测 CPU 出错（超频时较易发生）；
- 板卡斜插或没有插稳导致的短路和接触不良；
- 扩充的内存条不符合主板要求。

一、供电系统故障导致黑屏

故障现象：开机后主机面板指示灯不亮，听不到主机内电源风扇的旋转声和硬盘自检声，整个系统无声无息。此为主机内设备未获得正常供电的现象。

检查处理方法：供电系统故障可由交流供电线路断路、交流供电电压异常、微机电源故障或主机内有短路现象等原因造成。供电系统故障不一定是主机电源损坏所致，当交流供电电压异常（超压或欠压）、主机电源空载和机内有短路现象时，主机电源内部的保护电路启动，自动切断电源的输出以保护主机内的设备。

（1）供电系统出现故障时，首先检查交流供电电源是否接入主机。

（2）确认交流供电电源接入主机后，将耳朵靠近开关电源，短时间打开电源开关通电并注意听，如果听到电源内部发出“滋滋滋……”的响声，说明电源处于“自保护”工作状态，其原因是交流供电电源不正常或机内有短路现象，导致电源内部的保护电路启动。按下述步骤检查处理：

① 先用万用表交流电压挡 250V 挡检查连接主机电源插头的交流供电电压，如果交流电压较高（超过 240V，具体情况视电脑电源而定，下同）或较低（低于 150V），主机电源中的超压和欠压保护电路将启动，停止对机内设备供电，换用稳压电源或 UPS 电源为主机供电。

② 如交流供电电压正常，逐一拔去主机内接口卡和其他设备电源线、信号线，再通电试机，如拔除某设备时主机电源恢复工作，则基本能够确定是刚拔除的设备损坏或安装不当导致短路，使电源中的短路保护电路启动，停止对机内设备供电。

③ 如拔去所有设备的电源线后，电源仍处于无输出状态，说明是电源故障，维修电源。

说明：检修电源时至少应连接一个负载（如光驱或硬盘），如空载接通微机电源，微机电源空载保护电路将启动，停止输出。

（3）如果主机电源未工作，先检查安装在主机内机箱前面板上的主机电源开关是否正常，如电源开关完好，一般是电源故障。

二、不自检黑屏故障

故障现象：开机后主机面板指示灯亮，机内风扇正常旋转，但显示器无显示。启动时键盘右上角三个指示灯未闪亮过，听不到自检内存发出的“嗒嗒嗒……”声和PC喇叭报警声。

检查处理方法：由故障现象可以看出，主机电源供电基本正常（不排除主机电源有故障），但未能启动BIOS中的自检程序就发生了死机。应该主要检查显示器、显示卡、内存、CPU和主板。

由于不自检黑屏故障没有任何提示信息，通常只能采用“最小系统法”检查处理。“最小系统法”是指只保留主板、内存条、CPU、显示卡、显示器和电源等基本设备，先通电检查这些基本设备组成的最小系统，经检查确认保留的最小系统能正常工作以后，再进一步检查其他设备。

使用“最小系统法”时，在打开机箱拔去其他设备前，建议先用替换法检查显示器是否能正常工作。如果仅保留最小系统，通电后电脑还是不能正常工作，一般用替换法依次检查内存条、显示卡和CPU。确认显示器、内存条、显示卡和CPU能够工作后，故障源只剩下主板和电源，区分是主板故障还是电源故障的最简单方法是换一只好电源试试。

三、自检失败黑屏故障

故障现象：开机后主机面板指示灯亮，机内风扇正常旋转，能听到硬盘盘片的旋转声、自检内存发出的“嗒嗒嗒……”声和PC喇叭的报警声。看到主机启动时键盘右上角三个指示灯闪亮，但显示器无显示。

检查处理方法：由故障现象说明主机电源供电基本正常，主板的大部分电路没有故障，且内存的前64KB可以正常读写，BIOS故障诊断程序开始运行，且能够通过PC喇叭发出报警信号。此故障主要源于显示器、显示卡、内存、主板和电源等硬件出现问题所致。

此类故障大多能通过喇叭报警声判断故障的大概部位，由于不同版本的BIOS声音信号编码方式不同，本文以微星5158主板（AWARD BIOS）为例子，介绍其检查处理方法。

（1）如果听到的是“嘟嘟嘟……”连续短声，说明机内有轻微短路现象，请立即关机，打开机箱，逐一拔去主机内的接口卡和其他设备电源线、信号线通电试机，如拔除某设备时系统恢复正常，则是刚拔除某设备损坏或安装不当导致的适中故障。如只保留连接主板电源线通电试机，仍听到的是“嘟嘟嘟……”连续短声，故障原因有三：

① 主板与机箱短路，可取下主板通电检查；

② 电源过载能力差，换只电源试试；

③ 主板有短路故障，维修主板。

警告：插拔设备关闭电源，带电插拔会损坏设备。

（2）如果听到的是间断超长声（有些机器间断时间较长），说明是内存检测出错，用橡皮擦为内存条的“金手指”打扫卫生后，仅保留一条168线内存条或一组72线内存条（在586主板上安装72线内存条需2根为一组），重新插入安装好试试，如果还是不行，用替换法检查内存条。

（3）如果听到自检内存发出的“嗒嗒嗒……”声，看到键盘右上角三个指示灯闪亮后，PC喇叭不再发出其他响声，且能感受到硬盘在启动操作，说明自检通过，很可能是显示器故障，检查显示器电源是否接通、显示器电源开头是否打开、显示器的亮度和对比度旋钮是否被意外“关死”，排除上述可能后，最好将显示器连接到其他电脑上试试。

（4）如果听到的PC喇叭声为一长三短（或一长二短），属显示系统故障；快速一长三短（或一长二短）则是检测显示卡出错，通常是显示卡与主板插槽接触不良所致（有些486机为一长八短）；慢速成一长三短是检测显示器出错，检查显示器与显示卡的信号线插头是否接触良好，显示器接显示卡插头插针是否有折、断现象（有些显示器插头插针只有12根）。用橡皮为显示卡的“金手指”打扫卫生后重新插入或换只插槽试，若还是无显示，换一块好显示卡插上试试。

（5）如果听到的是其他报警声，注意不同BIOS检测出硬件故障时PC喇叭响声是不相同的，在确认显示器能正常工作后打开机箱，听听拔下显示卡前后PC喇叭的响声是否有变化，可帮助进一步判断故障源。

（6）经过上述检查之后，如果还不能解决问题，参见前“最小系统法”检查处理。

第二节　自检通过，启动失败的故障维修

在使用电脑的过程中有时会遇到硬盘无法启动的情况，大部分是由于电脑软故障造成的，如感染了病毒、CMOS参数丢失以及操作失误等。硬盘无法启动大致有以下几个方面的提示信息。

（1）开机后屏幕上出现提示“Device error”，这主要是由于CMOS掉电造成信息丢失引起的。处理方法首先打开机箱，观察电池是否松动，如果是，将其固定，再开机；如果不是，则可能电池有故障，换块好的电池，重新设置CMOS参数，硬盘就可以正常启动了。

（2）看到提示信息“Invalid partition table”或“Invalid drive specification”，应首先想到可能是病毒造成的，而且通常是致命性病毒将分区表和引导记录破坏引起的。如果是这种原因，用杀毒盘来清除病毒。如果杀毒盘启动后，找不到硬盘，这可能是CMOS中硬盘参数丢失。重新设置硬盘参数，再用杀毒盘引导，如果仍出现“Invalid drive specification”，可能是0磁道损坏，使磁盘中0柱面1扇区中分区表损坏。处理方法为重新建立分区，将引导分区改在1柱面，再对磁盘高级格式化。

（3）如果CMOS参数正确，出现“Error loading Operating System”或“Missing Operating System”等提示，这大多是由于系统文件错误造成的。如果硬盘是DOS操作系统，处理方法为用干净系统盘（版本与C盘一致）从A驱启动，删除C盘系统文件，利用SYS传送系统到C盘。考虑到现在使用DOS操作系统的人很少了，大部分都是Windows，所以一般可以采用Windows的安装光盘启动计算机，然后用系统修复功能修复操作系统。

还有可能的情况是引导扇区错误。处理方法为对C 盘进行格式化，重新安装操作系统。如仍不能正常启动，则需对硬盘进行低级格式化，重新分区后，再格式化，重新安装操作系统。必须说明的是，格式化会破坏逻辑驱动器上的所有数据，也就是说，格式化会使得失去逻辑驱动器上的所有数据，所以如果有用的数据，在格式化之前一定要备份数据！另外，低级格式化，会破坏整个物理硬盘上所有的数据，所以需要的话，在低级格式化硬盘前，先把整个物理硬盘上的有用数据备份到其他的硬盘或存储介质上去。至于如何备份，可以把有问题的硬盘拆卸下来，在另外一台能够正常使用的电脑上去备份。

（4）出现“Non-system disk or disk error”提示信息，主要是由于引导扇区中隐含文件名信息被破坏，或引导程序从磁盘根目录的开始扇区读取的前两个文件名与DOS引导扇区中数据保存的系统文件名不符。处理方法为，先用无毒系统盘启动，用Format C:/s命令重分引导分区，再把C盘上系统文件恢复就可以了。如果感染病毒，必须对硬盘低级格式化后，重新分区，再恢复系统文件。

（5）出现“Disk boot failure”提示信息，主要是由于引导扇区中数据格式或系统文件被

损坏，启动程序读入内存时发生错误。处理方法为首先听硬盘转动声音是否正常，若不正常或无声音，可能是磁头不到位，或者硬盘出现物理损坏。若转动正常，可采用第 4 种处理方法来解决。

对故障的检查、处理很重要，但平时要注意防范，如定期检测磁盘；尽量不使用外来盘，即使要用，也需先用杀毒盘进行检测，以预防病毒；做好原始数据如 CMOS 参数、分区表等的备份，这样即使出现硬盘故障，也能迅速加以排除。

第三节 多次开机失败的故障排除

首次开机总是不成功，要按 Reset 键或是关机以后再打开，才能成功，有的甚至要反复开关好几次，比较烦人。一般这种故障大概有以下这些原因：

一、如果是新购的机器

有的人是新买没几天的机器，因为开始 DIY 的时候忙着测试机器性能分数，装操作系统什么的，电脑老开着烤机，没发现这个问题。等到一切安定下来后，才发现开机的故障。这种问题，多半是电源跟主板或是显卡有冲突，或是供电不足造成的。

1. AGP 显卡与电源

因为现在 AGP 显卡随着性能的增强、速度的加快，要求的功率也相应地大了起来，加上硬件逐步降价，很多人又加装了刻录机、双硬盘等，整机的供电可能不足，所以就出现首次开机不成功的现象。

2. 主板的 BUG

另外一个可能的原因是，主板设计上或是 BIOS 里有些 BUG，因为 ATX 的电源，插头加上以后，电源就已经开始工作了，等按下 POWER 键的时候，主板因为无法提供开机所需足够的瞬间电压，导致了首次开机的失败。

参考的解决办法：先换一个功率较大的优质电源，如果不奏效的话，可以刷新 BIOS，再不奏效，就只能尝试在每次关机后，拔掉插头，然后在下次开机的时候才插上开机了。

3. 机箱设计不合理

有的廉价机箱内部空间太小，主板放进去以后，再加上装好硬盘、软驱等等，压迫了 Reset 键和 Power 键的位置，也可能会造成这两个键不能正常复位，导致开机异常。可以把主板拿出机箱外只加 CPU 和显卡、内存检查一下，如果能正常开机，可确认是这个原因无疑，换个好机箱。

二、旧机器或是升级后的问题

有的旧机器，原来使用一直正常，但突然出现这种开机不正常的现象，或是升级了某个部件（最常见的是刻录机或是硬盘）后出现这种故障。原因可能有：

1. 主板与新增硬件的冲突

新增加的 IDE 设备，有个和原来的 IDE 设备设置主从跳线的问题要注意。有的主板上，因为 BIOS 和架构的问题，不能把新硬盘设为主盘，否则就不能开机启动。

参考办法：尝试各种跳线接法，直到找到稳定方式为止。注意按部就班，不要把顺序搞混乱了。

2. CMOS 中 ACPI 管理影响

有的主板在刷新了 BIOS 后，ACPI 部分可能会被修改，或是进行系统优化的时候，不经意改了 ACPI 管理的选项，这都可能会引起电源的不正常，影响启动，可以尝试 LOAD 默认值试试。

3. 主板短路或是灰尘的影响

有的主板焊接做工不好或安装的时候马虎，刚买的时候还能凑合用，但天长日久就因为部件异常接触短路而导致电池很快掉电，在不能正常开机的时候经常伴随 CMOS 信息丢失，换新的电池也是很快就耗光电能。另外，由于有的人要超频散热或是拆卸硬盘拷贝数据，机箱是不加盖的，不注意保持清洁，积累了太多的灰尘，此时也可能会导致接触不良、开机异常。

参考的解决办法：检查主板的塑料支架是否脱落，导致主板和机箱直接接触了，另外用电工工具测一下主板是否有短路漏电的情况；清理灰尘，注意电脑所放位置的卫生。

第四节　13 种 BIOS 报错信息及排除方法

在电脑开机自检时，主板 BIOS 报错信息解析程序如发现故障，会显示相关的信息，用户在得知信息后可了解到故障所在。现列出一些常见的 BIOS 报错信息，以供大家参考。

（1）BIOS ROM checksum error-System halted

翻译：BIOS 信息在进行检查(checksum)时发现错误，因此无法开机。

解析：通常是因为 BIOS 信息刷新不完全所造成的，重新刷新主板 BIOS 即可。

（2）CMOS battery failed

翻译：CMOS 电池失效。

解析：这表示 CMOS 电池的电力已经不足，请更换电池。

（3）CMOS checksum error-Defaults loaded

翻译：CMOS 执行检查时发现错误，因此载入预设的系统设定值。

解析：通常发生这种状况都是因为 BIOS 设置发生错误所致，因此建议重新对 BIOS 进行设置。如果问题依旧，请检查主板电池电力是否充足，如电池不存在问题，那就有可能是 BIOS 芯片出现了问题，应找专业人员进行维修。

（4）Display switch is set incorrectly

翻译：显示开关配置错误。

解析：较旧型的主机板上有跳线（Jumper）可设定屏幕为单色或彩色，而此信息表示主机板上的设定和 BIOS 里的设定不一致，所以只要判断主机板和 BIOS 谁为正确，然后更新错误的设定即可。

（5）Press Esc to skip memory test

翻译：按 Esc 键跳过内存检测。

解析：如果在 BIOS 内并没有设定快速启动的话，那么开机就会执行对物理内存的测试，如果不想等待，可按键盘上的 Esc 键略过或到 BIOS 中开启 Quick Power On Self Test(快速启动)功能。

（6）HARD DISK initializing 【Please wait a moment…】

翻译：正在对硬盘做初始化 (Initialize) 动作。

解析：这种信息在较新的硬盘上根本看不到。但在较旧型的硬盘上，其动作因为较慢，所以就会看到这个信息。

（7）Hard disk install Failure

翻译：硬盘安装失败。

解析：遇到这种情况，先检查硬盘的电源线、数据线是否安装妥当，或者硬盘跳线是否设错(例如两台都设为 Master 或 Slave)。

（8）Hard disks diagnosis fail

翻译：执行硬盘诊断时发生错误。

解析：这种信息通常代表硬盘本身出现故障，可以先把硬盘接到别的电脑上试试看，如果问题依旧，那只好送修了。

（9）Floppy disks fail 或 Floppy disks fail（80）或 Floppy diskettes　fail（40）

翻译：无法驱动软驱。

解析：先检查软驱线有没有接错或松脱，电源线有没有接好，如果这些都没问题，那可能就是软驱本身的故障了。

（10）Keyboard error or no keyboard present

翻译：键盘错误或没有安装键盘。

解析：检查键盘连线有没有插好，把它插好即可。如问题依旧，则可能是键盘本身出现了质量问题。

（11）Memory test fail

翻译：内存测试失败。

解析：通常发生这种情形大都是因为内存不兼容或出现故障所导致，所以分别对每条内存进行检测，找出故障的内存，把它拿掉或送修即可。

（12）Override enable-Defaults loaded

翻译：目前的 CMOS 设定如果无法启动系统，则载入 BIOS 的预设值。

解析：可能是 BIOS 内的设定并不适合你的电脑（如 PC100 的内存运行在 133MHz 的频率下），这时进入 BIOS 设定程序把设定以稳定为优先即可。

（13）Press TAB to show POST screen

翻译：按 Tab 键可切换屏幕显示。

解析：有一些 OEM 厂商会以自己设计的显示画面来取代 BIOS 预设的 POST 显示画面，而此信息就是要告诉使用者可以按 Tab 键把厂商的自定画面切换成 BIOS 预设的 POST 画面。

第五节　排除 Windows 7 无法启动故障

如果电脑的自检已经完成，但无法进入操作系统，这时需要采取一些与上面不同的故障排除手段。本书以 Windows 7 为例，简单列举了可能出现的问题以及解决问题的方法。

1. 使用 Windows 启动盘

如果启动问题是由于活动分区的启动记录或者操作系统启动所使用的文件被破坏造成的，启动盘就能够解决问题。具体方法如下：

创建 Windows 启动盘，找一台配置相似、工作正常的 Windows 7 机器，打开我的电脑，单击鼠标右键选择磁盘图标，然后在后续的菜单中选择格式化。当格式化对话框出现以后，保留所有缺省设置，然后点击开始按钮。当格式化操作完成后，关闭格式化对话框回到 My Computer，双击 C：驱的图标，访问根目录，将 Boot.ini、NTLDR、Ntdetect.com 三个文件拷贝到磁盘上。创建好了 Windows 启动盘之后，将它插入故障系统的驱动器内，按 Ctrl+Alt+Delete 重新启动计算机。

2. 使用最后一次的正确配置

还可以尝试用最后一次正确配置来启动操作系统。该功能让你取消任何在注册表 Current Control Set 键上做出的、导致问题的修改，这个键是定义硬件和驱动器设置的。“上一次正确的配置”功能用系统最后一次正常启动的 Current Control Set 键值来取代当前的键值。具体方法如下：

首先按 Ctrl+Alt+Delete 键，重新启动计算机。当你看到屏幕上出现“Please select the operating system to start”（中文版的 Windows 7 上显示的是“请选择要启动的操作系统”之类的提示，下同），或者听到计算机发出一声蜂鸣声，按 F8 键，屏幕上就会出现 Windows 高级选项菜单。从菜单中选择“上一次正确的配置”选项，然后按 Enter 键。要记住，只有一次机会使用“上一次正确的配置”功能。

3. 进行系统恢复

能够帮助解决 Windows 7 启动问题的另一个工具是系统恢复。系统恢复作为一项服务在后台运行，并且持续监视重要系统组件的变化。当它发现一项改变即将发生，系统恢复会立即在变化发生之前，为这些重要组件作一个名为恢复点的备份拷贝，而且系统恢复缺省的设置是每 24 个小时创建恢复点。具体方法如下：

首先按 Ctrl+Alt+Delete 键，重新启动计算机。当看到屏幕上出现“Please select the operating system to start”，或者听到计算机发出一声蜂鸣声，按 F8 键，屏幕上就会出现 Windows 高级选项菜单。现在从菜单中选择安全模式，然后按 Enter 键。当 Windows 7 进入安全模式之后，点击开始按钮，选择所有程序附件系统工具菜单，选择系统恢复。点击下一步，选择一个恢复点，启动恢复程序。

4. 使用 Recovery Console

如果 Windows 7 启动问题比较严重。可以使用 Windows 7 CD 启动系统，然后使用一个名为恢复控制台的工具。具体做法如下：

在故障电脑的 CD-ROM 驱动器中插入 Windows 7 CD，然后按 Ctrl+Alt+Delete 键重新启动计算机。一旦系统从 CD 上启动后，只要根据提示就能够很容易地加载启动所需要的基本文件。当看到 Welcome To Setup 界面的时候，按 R 键进入 Recovery Console。然后就会看到 Recovery Console 菜单。它显示了包含操作系统文件的文件夹，并提示选择打算登录的操作系统。需要在键盘上输入菜单上的序号，然后系统会提示你输入管理员密码，就会进入主 Recovery Console 提示页面。

第六节　电脑常见故障速查表

电脑出现故障的原因很复杂，有硬件因素的还有软件问题引起的，还有可能是网络等其他原因，这些故障要具体问题具体分析，附表 1-1 列出一些常见故障及处理方法。

附表 1-1 常见故障速查表

故障现象	可能的原因	处理方法
硬盘声音大	硬盘损坏或供电不足	硬盘、电源
硬盘时认时不认	硬盘或数据线有问题	硬盘、数据线
硬盘灯常亮	数据线接反	调整数据线
点不亮，风扇转但无显示	电源、主板、显卡、CPU、内存、开关短路	检查连接线
不加电，风扇都不转	电源、主板、开关线	检查连接线
频繁重启	病毒	内存、电源、杀毒、内存、主板、电源、系统
死机黑屏	板卡温度高、主板电源有问题	清洁板卡散热、换主板、电源
蓝屏	多由硬件引起	先软后硬解决、更换内存、重装系统
没声音没 MIC	驱动或跳线引起	重装驱动、BIOS 打开声卡、前置音频跳线、换主板
主机噪声大	CPU 风扇	风扇自动调速、清洁风扇、更换 CPU 风扇、加机箱散热风扇
进不了系统	系统文件丢失	重做
系统慢	有病毒、散热不良	杀毒、清洁散热设备、优化系统、重做系统
自动关机	CPU 温度太高	清洁风扇、更换 CPU 风扇
自动开机	主板引起	主板、电源、开关线、USB
USB 不能用	线或驱动导致	更换 USB 线、重装主板驱动、更换主板
保存不了时间	电池没电	换电池
键盘或鼠标认不上	键鼠、主板有问题	换键盘鼠标、换主板
3D 游戏死机	驱动、供电	换驱动、换显卡、换主板、换电源
屏幕闪	显卡引起	调整刷新率、换显卡

电脑的普及和社会的进步让更多的家庭使用上了电脑，但是电脑并不像电视、VCD 其他家电一样，它具有一定的交互性，硬件和操作系统的组件相对复杂。因此在使用过程中，会人为或者其他方式的去改变电脑的内部设置等，所以电脑就会出现很多让人头疼的故障。有些问题是需要专业人员来解决，也可以借鉴别人积累的经验或凭自己的经验来处理电脑故障，在用户参考了上面的故障排除法和思路后，就不会对这些故障产生恐惧感了。

参考文献

[1] 韩筱卿，王建锋，钟玮等. 计算机病毒分析与防范大全. 第2版. 北京：电子工业出版社，2008.
[2] 梁亚声等. 计算机网络安全教程. 第2版. 北京：机械工业出版社，2014.
[3] [美] Kevin D Mitnick, William L Simon. 入侵的艺术. 袁月杨，谢衡译. 北京：清华大学出版社，2007.
[4] 袁亮. 网上娱乐. 北京：中国水利水电出版社，1999.
[5] 谢希仁. 计算机网络. 北京：电子工业出版社，2003.
[6] 杨明福. 计算机应用基础. 北京：机械工业出版社，2001.
[7] 张耀疆. 聚集黑客——攻击手段与防护策略. 北京：人民邮电出版社，2002.
[8] 徐飞. 网上开店创业手册. 第4版. 上海：东华大学出版社，2007.
[9] 夏丽萍. 电子商务基础与应用. 北京：北京师范大学出版社，2008.